献给查理（Charlie）

盐烧与盐釉

［英］费尔·罗杰斯（Phil Rogers） 著

王 霞 译

上海科学技术出版社

图书在版编目（CIP）数据

盐烧与盐釉 / （英）费尔·罗杰斯（Phil Rogers）
著；王霞译. -- 上海：上海科学技术出版社，2023.7
（灵感工匠系列）
书名原文：Salt Glazing
ISBN 978-7-5478-6211-7

Ⅰ. ①盐… Ⅱ. ①费… ②王… Ⅲ. ①陶瓷－烧成工
艺 Ⅳ. ①TQ174.6

中国国家版本馆CIP数据核字(2023)第109225号

Salt Glazing by Phil Rogers
First published in Great Britain in 2002
Published simultaneously in the USA by
University of Pennsylvania Press
Copyright © Phil Rogers, 2002
This translation of *Salt Glazing* is published by arrangement with Bloomsbury Publishing
Plc. through Inbooker Cultural Development (Beijing) Co., Ltd.
上海市版权局著作权合同登记号　图字：09-2022-0284号

盐烧与盐釉

［英］费尔·罗杰斯（Phil Rogers）　著
王　霞　译

上海世纪出版（集团）有限公司
上 海 科 学 技 术 出 版 社 出版、发行
（上海市闵行区号景路159弄A座9F-10F）
邮政编码201101　　www.sstp.cn
山东韵杰文化科技有限公司印刷
开本 889×1194　1/16　印张 15
字数 450千字
2023年7月第1版　2023年7月第1次印刷
ISBN 978-7-5478-6211-7 / J·79
定价：195.00元

本书如有缺页、错装或坏损等严重质量问题，请向印刷厂联系调换

译者序

当我们浏览国外的陶艺专业图书，或者参观国外的陶艺作品展时，常能看到一种外观非常奇特的陶瓷作品——色调丰富的釉面和星星点点的细小白斑交相呼应，仿佛璀璨的星河一般撩人心弦，这就是源自欧洲的盐烧和盐釉作品。它与我国的传统烧成方式及釉色差异极大，后者以木柴、电和气为主要燃料，釉色取自植物或矿物质。盐烧的燃料虽与我国传统烧成的燃料无显著差异，但其"取釉"环节却相当特殊，是在高温阶段将盐投入窑炉中，依靠钠蒸气与陶瓷坯体外表面发生化学反应来生成的特殊效果。

盐烧在欧洲陶瓷历史上扮演过极其重要的角色，曾在18世纪、19世纪和20世纪初的工业陶瓷领域盛极一时。后因盐烧过程中会挥发大量蒸气，让环保主义者心存芥蒂而逐渐退出历史舞台。面对环保大计，艺术陶瓷界的很多同仁不懈地探索盐的替代品，这才衍生出了时下流行的另外一种蒸气烧成形式——苏打烧。

关于环保问题，本书作者特辟一章进行了专门的论述，收录了大量来自作者本人、其他陶艺家及多位陶瓷工艺学家的实验数据和研究成果，诚如作者所述，相信读者们阅读、思考后会得出自己的判断。

《盐烧与盐釉》是一本内容详尽的专业著作。其范围既包括理论知识也包括技法和步骤，以图文并茂的形式介绍了原料、审美、窑炉、烧成、环保、佳作等各个相关领域的知识。本书既是我国陶艺界同行了解欧洲传统盐烧和盐釉的绝佳资料，也能为我国现代陶艺从业者打开一扇通往新世界的大门。

王　霞

致谢

本书顺利出版要感谢很多人，没有他们的慷慨付出，本书不可能面世。除了要发自内心地对这些人表达谢意之外，我也对每一位阅读此书并从中学习有益知识的人由衷地说一声谢谢。

书中收录的每一位艺术家都花费了大量的时间和精力，向我提供了详细且全面的信息。他们将宝贵的经验无偿地分享出来，这种无私奉献、相互扶持的精神也是全球陶艺家共有的优秀品质。

特别感谢威尔·辛卡鲁克（Wil Shynkaruk）和珍妮特·曼斯菲尔德（Janet Mansfield）授权转载《环境问题》（*Environmental Concerns*），此文章首次发表于《陶瓷艺术与感知》（*Ceramics Art and Perception*）杂志。感谢吉尔·斯滕格尔（Gil Stengel）不厌其烦地回复电子邮件。感谢乔希·沃尔特（Josie Walter）、艾斯温·沃特金斯（Islwyn Watkins）和杰克·特洛伊（Jack Troy）无比耐心地提供帮助。感谢亚瑟·罗瑟（Arthur Rosser）和比尔·范·吉尔德（Bill Van Gilder）提供窑炉设计图。感谢波士顿普克（Pucker）画廊的伯尼（Bernie）和苏·普克（Sue Pucker）委托优秀摄影师马克斯·科尼利奥（Max Coniglio）为本书拍摄照片。

在陶艺家的职业生涯中，几乎没有人不受益于同行的智慧和经验，我也不例外。借此机会感谢这些年来编写本书时对我的求助给予热情回应的每一个人。投我以桃报之以李，每当有同行需要我帮忙时，我也尽力而为，正是陶艺家之间的这种情谊让陶瓷文化得以传承并取得辉煌的成就。

最后，感谢A&C布莱克出版有限公司，以及我的编辑艾莉森·斯塔斯（Alison Stace）和琳达·拉姆伯特（Linda Lambert），感谢他们的宽容和耐心。

费尔·罗杰斯（Phil Rogers）

《花瓶》

高：27.5 cm。作者在坯料内添加了长石熟料，长石熟料经过烧制后在坯体的外表面上熔融成一系列珍珠状白色斑点。装窑时将此花瓶横倒放在三个贝壳上，木灰缓缓地飘落其上。装饰花瓶的化妆土由同等比例的高岭土和高铝球土简单调配而成

在通常情况下，距离窑具最近的部位不易受到钠蒸气的冲击，该区域呈浓艳的橙色及红色，与器皿肩部流淌的灰釉的冷绿色形成鲜明对比

目录

译者序   5

致谢   7

第一章　基础知识   11

第二章　适用于盐烧的坯料   21

第三章　适用于盐烧的化妆土和釉料   33

第四章　适用于盐烧的表面装饰技法   49

第五章　盐釉窑   57

第六章　盐釉窑的装窑方法   89

第七章　盐釉窑的烧成方法   97

第八章　盐烧可能造成的环境问题   111

第九章　盐烧陶艺家及其代表性作品赏析   119

- 约瑟夫·本尼恩（Joseph Bennion）   120
- 汉斯·博杰森（Hans Børjeson）和 比吉特·博杰森（Birgitte Børjeson）   124
- 迈克尔·卡森（Michael Casson）   128
- 史蒂夫·戴维斯·罗森鲍姆 （Steve Davis-Rosenbaum）   133
- 理查德·杜瓦（Richard Dewar）   137
- 马丁·戈尔格（Martin Goerg）   141
- 伊恩·格雷戈里（Ian Gregory）   145
- 简·哈姆林（Jane Hamlyn）   150
- 马克·休伊特（Mark Hewitt）   155
- 卡西·杰斐逊（Cathi Jefferson）   160
- 沃尔特·基勒（Walter Keeler）   164
- 玛丽·洛（Mary Law）   169
- 桑德拉·洛克伍德（Sandra Lockwood）   173

- 珍妮特·曼斯菲尔德（Janet Mansfield）   177
- 布莱尔·米尔菲尔德（Blair Meerfeld）   183
- 伊娃·穆尔鲍尔（Eva Muellbauer）和 弗兰兹·鲁佩特（Franz Rupert）   186
- 杰夫·欧斯特里希（Jeff Oestreich）   190
- 保琳·普洛格（Pauline Ploeger）   194
- 佩特拉·雷诺兹（Petra Reynolds）   198
- 菲尔·罗杰斯（Phil Rogers）   203
- 米奇·施洛辛克（Micki Schloessingk）   208
- 威尔·辛卡鲁克（Wil Shynkaruk）   213
- 吉尔·斯滕格尔（Gil Stengel）   217
- 拜伦·泰普勒（Byron Temple）   221
- 露丝安妮·图德波尔（Ruthanne Tudball）   225

附录   231

- 烧窑日志   231
- 配方   234
- 正文中提到的黏土介绍与分析   235
- 扩展阅读   238
- 测温锥和温度换算表   238

布莱尔·米尔菲尔德（Blair Meerfeld）
《带流的酒壶》
高：25 cm。器身下部施灰釉

第一章
基础知识

"……滚滚浓烟使路人不得不摸索着前行，看上去就像在伦敦的浓雾中慢跑一样，烟雾的浓度'与维苏威火山爆发不相上下'。在窑炉周围的脚手架上，每一个烟道口对面都站着几个工人，他们将盐铲进炉膛中，仿佛把舞动的火焰喂进滚烫的嘴里。驱车驶离一段路后回首眺望，可以看到工人们身着被水浸湿的衣裤，脸上包着湿布，这些都是出于防护的考虑。"

——摘自：《古代英国制陶艺术》（*The Art of the Old English Potter*），梭伦（M. L. Solon），1883 年

时光飞逝！

我撰写本书是为了研究盐烧陶艺家们的各种工艺技法。让每一位致力于盐烧的同行获取有益的信息，并在此基础上探索个性化的艺术道路。希望能帮大家扫平探索道路上那些代价高昂、令人苦恼的路障。我的目的不是要编纂一本冗长的技法手册。比起技法部分，我更希望读者在阅读本书的"盐烧陶艺家及其代表性作品赏析"章节时找到自己需要的信息。

盐烧和其他烧成方式一样，没有统一的规则。我在介绍代表性盐烧陶艺家的各类工艺技法时，一并介绍了多种备选方案，供大家实践时根据需求择优选用。1977 年，彼得·斯塔基（Peter Starkey）撰写过相同主题的专著，他这样形容自己——"我不是专家，我只是一个狂热的爱好者"。对此，我深表认同。盐烧没有统一的规则，硬要找的话，也不过一两条最基本的原则。读者可以从书中选取需要的内容，并将其运用到创作中。

我们为什么这样做

纵观陶瓷史，尽管陶工能做出精美的器皿，但有些时候他们对各种情况的发生原因不明就里，只知道按照惯例操作就会产生相应的结果。在盐烧过程中亦如是。很少有人真正了解烧窑过程中到底发生了什么。虽然我们知道生成釉料的最基本的化学原理，但是变数太多。盐烧陶艺家聚会时，话题总是在探究意外的发生原因。或许正是这种不可预测的特性及尚待开发的吸引力，驱使我们持续探索，期待下一次完美的烧成。

马克·夏皮罗（Mark Shapiro）
《盖罐》
高：27.5 cm。柴烧盐釉。先拉制一个无底的圆桶，之后趁坯体柔软时塑造罐型。罐子的底和盖子顶部的外表面装饰是后期添加的。收藏于阿尔弗雷德（Alfred）国际陶瓷艺术博物馆（International Museum of Ceramic Art）

盐烧或许是所有陶瓷工艺中最难以预测结果的一种。从一方面来讲它很简单，从另一方面来讲它又需要细致入微的控制、对烧成时间具有敏锐的感知力和对烧窑方法具有深入的理解。在现代陶艺家或陶瓷工艺学家手中，盐烧或可成为伟大创造力的催化剂。实验范围无穷无尽，本书中收录的各种方法就是最好的证明。外表面的肌理和颜色丰富多样、无与伦比、潜力无限。

具体方法因人而异，每个人都可以选择最适合自己的类型。事实上，这些方法各有千秋，不同艺术家的作品肌理和颜色存在细微差异，这也从侧面展现了他们的烧成方式各具特色。很难保持一致是盐烧的典型特征，但确保每次烧窑都能保持一致又是成功的关键。

陶艺家是解决问题的能手——他们经常独立工作，必须练就一身化解难题的本领。作为盐烧陶艺家，了解基本的釉料化学知识极有必要，当某种意想不到的情况发生时，无论是谁都想找出原因。但我个人认为盐烧陶艺家没必要提前学习太多理论知识，遇到问题时再学习也不晚。我的意思是应该从实践中学习，而不是死记硬背一长串"什么该做，什么不该做"的所谓经验，这种学习方法过于枯燥乏味。

烧成效果绝佳的盐烧陶瓷，外观具有摄人心魄的美，即便是用美得让人"窒息"来形容也不为过。但反过来说，当烧成效果很糟糕时，那种痛苦也是一样的真切。好在盐烧陶艺家都是不惧风险的勇者，当他们装好窑静待点火时，那种无比期待的兴奋感早已冲淡了一切阴霾。

我问过很多盐烧陶艺家，据说最吸引他们的是制陶的基本要素，即黏土、火、

萨拉·沃尔顿（Sarah Walton）
《一组盐烧日用器皿》
高（最高处）：约20 cm。沃尔顿是前哈罗（Harrow）学院毕业生，自20世纪60年代中期以来为复兴盐烧做出了重大贡献。她是众所周知的盐烧专家，对工艺的各个方面都进行过深入探索，对盐釉、造型和体量之间的关系有独到的见解。为了让器皿呈现出"令人心仪"的外观，她会花费大量时间，不厌其烦地用干、湿碳化硅砂纸反复打磨坯体的外表面

蒸气在高温环境中发生的不可思议的神奇反应。把电窑烧成或还原气窑烧成和盐烧加以比较，我觉得前两者像外观质朴的现代家用轿车，而后者像气质酷炫的敞篷跑车。没错，就是那种疾风吹过面颊，周遭景物飞驰而过，一切皆在掌控中的感觉！

普普通通的盐可以在陶瓷坯体的外表面上生成釉料，这一点连我这个从业者都觉得神奇。可见在非专业人士眼里，这应该是一种更加神奇的存在。光顾我工作室的客户们经常问我其中的原理。他们通常会误认为是盐熔融成液体并在陶瓷坯体的外表面上生成光洁的釉层！这种想法太荒谬了。

什么是盐釉

普通的盐由钠和氯结合而成，这两种元素在窑温的作用下会分离开来，并做好了与其他元素结合的准备。钠像钙或钾等其他碱性助熔剂一样，通常用于制备"普通"釉料。在适宜的条件下，钠会对二氧化硅（生成玻璃相的主要氧化物）产生助熔作用。在这种情况下，二氧化硅或存在于黏土内，或存在于化妆土中，抑或同时存在于它们两者中。钠、二氧化硅和黏土中的另外一种元素——氧化铝结合后可生成铝硅酸钠，换言之就是釉料。

因此，可以说盐釉是由坯体最外层的物质转变而成的，可视为坯或釉熔合物。典型的炻器釉层是釉料和黏土的共享区，氧化铝的含量通常高于釉料的含量，该区域的物质既不是釉料也不是黏土，而是处于二者之间的状态。盐釉层通常较薄，无法提取有效样本，所以很难进行分析。但也正是由于釉层超薄，加上氧化铝含量较高，故而能让它展现坯体外表面上的每一处细微痕迹，甚至可以在一些古老的盐烧制品上发现制作者的指纹。

盐釉的上述特征令陶艺家们很难在烧成之前准确预测其外观。刚接触盐烧的人很容易低估窑火的力量，总会在作品上添加过多装饰性元素。殊不知盐釉的美根本不需要过度装饰，把展示的舞台留给釉料和黏土才是正确的做法。

起源

据我所知，目前尚未发现记录盐烧陶瓷起源的文献资料。世界上最早的盐烧器皿似乎诞生于13世纪末或14世纪初的德国。我的观点是（此处郑重声明，这纯粹是我个人的猜想），某日，某位陶工正在烧制炻器［13世纪末，莱茵兰（Rhineland）地区已经开始生产玻化程度较高的炻器］，就在烧窑接近尾声时，却发现木柴全部用完了，他在万不得已的情况下将盛放咸食的木质容器——很可能是储存咸肉或鲱鱼的桶或盒子投入了窑炉中。出窑后，陶工注意到器皿的外表面上附着了一层薄薄的釉，他猜测这一定是"新"木柴惹的祸。刚开始时他还将这层釉视为烧成缺陷，但后来，他逐渐意识到这一发现大有潜力。好奇是陶艺从业者的天性。这种操作简单、投资

德式葡萄酒瓶或烈酒瓶，在德国亦被称为贝拉明（Bellarmine）瓶或酒保（Bartmannskrug）瓶，大约1650年

这种酒瓶产自16世纪中期的德国，用于盛装各种液体。直到18世纪初，约翰·德怀特（John Dwight）还在伦敦的富勒姆（Fulham）制作过此类器皿。酒瓶上通常饰有面具形纹样，据说是用于讽刺红衣主教贝拉明的。但其出现年代早于当事人，所以该传闻或许只是人们注意到二者的相似性后做的推测，并非事实！典型的盐釉具有橘皮肌理，而照片中这只瓶子的釉面几乎没有这种肌理，只能看到钠蒸气和火焰在窑炉内流动时形成的闪光肌理

状如球茎的瓶身由拉坯成型法塑造而成，极富动态美。制作者都是陶艺界享有盛名的传奇人物，对艺术陶瓷运动产生过深远的影响

丽莎·哈蒙德（Lisa Hammond）
《带捏塑小孔的瓶子》
高：15 cm。丽莎·哈蒙德的陶瓷
厂坐落在伦敦，她用碳酸钠（纯
碱）而不是氯化钠（盐）"取"釉。
将生坯缓慢烧至400℃。窑温达到
1 000℃后开始烧还原气氛，在1.5
小时内将窑温提升至7号测温锥的熔
点温度。将1 kg碳酸钠（纯碱）溶
于沸水中，并在2.5小时内将其喷入
窑炉中。10号测温锥融熔弯曲后保
温烧成1.5小时，维持中性气氛直至
11号测温锥熔倒。烧成就此结束，
先将窑温降至1 100℃，过36小时
之后开窑

极少、速度超快（在此之前必须施行的素烧都可以免去了）的新型烧成方法一经发
现，便对生活困窘的陶工们产生了巨大的吸引力，盐烧就此诞生了。

　　大多数陶工会借助化妆土营造肌理和颜色。如果不使用添加物的话，同一种坯
料经过盐烧后，颜色和肌理趋于雷同，这也是盐釉的特点之一。过去的陶工并不把
艺术性放在首位，也很少考虑釉面，他们的关注重点是每个批次的制品外观能否保
持一致。为了能烧制出更加丰富或更加吸引人的颜色，在行业竞争中立于不败之地，
即便是最普通的日用陶瓷也会被陶工们施化妆土。当地的陶器黏土常被当作化妆土
使用，它能赋予制品一种暖褐色调。采用上述方法制作出来的盐烧卫生洁具、排污

产品和排水管在世界上享有盛名。

18世纪，斯塔福德郡（Staffordshire）的陶工努力探索白色盐釉的烧成方法，这和代尔夫特（Delft）的陶工努力探索白色锡釉的烧成方法一样，目的都是为了仿制昂贵的瓷器。他们最终开发出两种方法：一种方法是在斯塔福德郡出产的耐火黏土坯体上施化妆土［由德文郡（Devonshire）出产的白色球土和燧石调配而成］，这种方法成本虽低效果却不错；另外一种方法成本较高，很可能是40年前约翰·德怀特（John Dwight）在富勒姆（Fulham）烧制白色盐釉时传下来的，是将产自英格兰西南部的白色耐火球土和燧石混合在一起制成坯料。斯塔福德郡的陶工通过往陶器坯料中添加燧石提升制品的白度。盐烧陶瓷上的纯白色饰面为后期烧制釉上彩纹饰奠定了良好基础，使仿制中国五彩和粉彩瓷器成为可能。

18世纪和19世纪，产自德比郡（Derbyshire）和诺丁汉（Nottingham）的盐烧陶瓷的装饰形式与前面介绍的品类刚好相反，是在浅色坯体的外表面上施深褐色和栗色化妆土。滚压的精美几何纹饰和贴塑纹饰充分展现了盐釉薄且透的特性。从装饰奢华的咖啡壶到果酱罐再到简陋的痰盂，很少能在数量庞大的日用器皿上烧制出预期的纯正棕褐色。原因是盐釉过于难掌控，易生成变幻莫测的鲜橙色闪光肌理或在器皿顶部生成流淌状的黑色釉珠，外观酷似从窑顶上滴落的糖浆。

《咖啡壶》，大约1840年

高：25.5 cm。一款产自英格兰切斯特菲尔德（Chesterfield）地区的咖啡壶，光亮的棕褐色釉面与产自德比郡的盐烧罐外观非常相似。德比郡的陶工使用当地的耐火黏土——一种从煤矿附近挖掘的富铁耐火黏土——深色调即由此而来。烧成后呈浅蜜糖色的浅色黏土多用于制作器型别致的物件，例如烤面包架、农舍和篮子的模型

照片由乔希·沃尔特（Josie Walter）提供

　　伦敦作为盐烧陶瓷的生产中心，其主导地位一直持续到20世纪。大多数陶瓷厂位于伦敦西部，靠近泰晤士河，距离约翰·德怀特在富勒姆创建的陶瓷厂不远。在为数众多的工厂中，最著名的可能是坐落在兰贝斯（Lambeth）的道尔顿陶瓷厂（Doulton's），该厂后更名为皇家道尔顿（Royal Doulton）。厂里的产品类别丰富，从极具装饰性的酒具到粗陋的排水管一应俱全。19世纪末，道尔顿陶瓷厂摒弃了只生产实用性器皿的旧观念，与兰贝斯艺术学院建立合作关系后，开始生产更具时尚感、更富装饰性的"艺术型"产品。在乔治·丁沃斯（George Tinworth）、查尔斯·诺克（Charles Noak）、弗洛伦斯·巴洛（Florence Barlow）和汉娜·巴洛姐妹（Hannah Barlow）（巴洛姐妹）等艺术家和设计师的协助下，诞生了维多利亚和爱德华时代最经典的装饰艺术陶瓷。

　　美国18世纪末和19世纪的盐烧陶工大多是欧洲后裔，很多来自德国。因此，当时的许多制品能让我们联想到欧洲传统器皿，例如，钴蓝色装饰纹样与产自德国韦斯特瓦尔德（Westerwald）和某些产自佛兰芒（Flemish）的制品极为相似。杰克·特洛伊（Jack Troy）撰写过一本介绍美国炻器历史的著作，他在书中这样描述盐烧陶瓷：

马丁兄弟陶瓷厂的罗伯特·华莱士（Robert
Wallace）
"怪诞风格（grotesque）"盐烧作品《托比
水罐》

马丁兄弟是业界公认的第一批"艺术陶瓷"
作者。沃尔特·马丁（Walter Martin）和
埃德温·马丁（Edwin Martin）曾在道尔
顿陶瓷厂工作过，在那里学习盐烧的基础知
识，部分作品深受道尔顿风格的影响。但华
莱士和埃德温·马丁的后期作品却逐渐转变
为一种奇特甚至怪诞的风格。华莱士沉醉于
怪诞和哥特样式，埃德温·马丁是一位技艺
超群的装饰设计师，他们创作奇幻的鱼、鸟
和花，对盐釉的发色掌控得十分精准。保
罗·赖斯（Paul Rice）在其著作《英国艺
术陶瓷》中这样写道：马丁兄弟的影响力更
多地体现在观念上，而不是作品本身。该厂
的某些陶工不以追求商业利润为出发点，只
单纯地创作自己感兴趣的作品。他们是艺术
家而非工匠，其作品是艺术品而非产品。每
一件作品从设计到烧成，所有环节都由马
丁兄弟独立完成。这与其他陶瓷厂的生产模
式——不同的环节（设计、拉坯、修坯、装
饰、施釉和烧成）由不同的能工巧匠合力完
成大不相同。该观念迅速成为20世纪陶艺
界的主导观念
照片由伦敦邦瀚斯和布鲁克斯有限公司
（Bonhams and Brooks Ltd）提供

左图：

《道尔顿爱之杯》，大约1860年

高：约20 cm。贴塑工艺是道尔顿陶瓷厂当时的主打产品的典型装饰手法，被许多工厂仿制。除了杯口上浸一圈富铁黏土（可能是伦敦出产的红色黏土）之外，杯身上未施化妆土。坯料可能是产自北德文郡的球土（后来多用于砌筑管道或烟囱），烧成后呈美丽的蜜糖色并反射珍珠般的光泽

右图：

考登（Cowden）和威尔科克斯（Wilcox）

《4加仑水罐》，1857年至1887年

高：42.5 cm。考登和威尔科克斯在宾夕法尼亚州的哈里斯堡制作了这只漂亮的水罐。当时美国盐烧陶瓷最典型的特征是在坯体的外表面上绘制钴蓝色装饰纹样。自由、生动的艺术表现力可谓民间装饰艺术的最佳例证。据史料记载，这种水罐在1867年的售价为45美分

照片由杰克·特洛伊（Jack Troy）提供

"尽管产自本宁顿地区（Bennington）的早期陶瓷使用赭石进行装饰，但后期彩绘和挤泥浆装饰的主要着色剂为二氧化钴制成的'粉蓝（powder blue）'。有些时候，二氧化钴被用于擦洗法，烧成后呈均匀的深蓝色。除此之外，它还被添加到拉坯剩余的泥浆中……规模较大的陶瓷厂似乎使用了'苏麻离青（smalt）'——一种熔块，由长石或碳酸钠（纯碱）和二氧化钴及二氧化硅混合而成。先煅烧成块，之后研磨成装饰原料。"

——杰克·特洛伊（Jack Troy），《盐烧陶瓷》（*Salt-glazed Ceramics*），1977年

从南部的北卡罗来纳州到东海岸的马里兰州，从宾夕法尼亚州和纽约到新英格兰，上述地区虽然都出产过盐烧陶瓷，但到1900年时已全部停产。当时的美国陶工创作了很多有史以来最经典的盐烧日用陶瓷产品。其中最有代表性的当属造型饱满的罐子，由早期的贝拉明式（Bellarmine）器皿传承而来。在成型环节注重低成本，在装饰环节讲究高品质，这种令人钦佩的态度成就了质的飞跃，很多制品甚至后来被返销到其发源地。无论从哪个角度来讲，这些作品都可与世界上最好的民间手工艺品一争高低。

纵观盐烧陶瓷的历史，我们可以看到从业者一直试图掌控釉色，至少也希望每一窑作品的色调保持一致。当代盐烧陶瓷的一项显著进步是很多陶艺家为了实现某种装饰需求，开发了令人兴奋的新技术。他们中的很多人在本书中分享了独家秘方，在此表示由衷感谢。

盐釉窑

要想烧制盐釉，必须建造适用于这种烧成方法的窑炉。我会按照盐釉窑的特定要求提一些建议，让大家能借助最简单易行的方法和最适中的成本建造各种体量的盐釉窑。除此之外，我还会概述烧窑流程。但正如前文所述，大家得在众多方法中找出最适合自己的那一种，同时牢记釉面效果、装窑位置与原料、黏土等因素之间的内在关联。

窑炉可能是陶艺家最重要的设备，花费时间、金钱和精力为自己建造一座私人窑炉是完全值得的。其体量须与作品的尺寸相适宜，参考本书内容，选择最适合的建窑材料。做决定之前，可以先听听此领域内有经验的同行的建议。切不可急于求成。

窑炉内部的砖砌结构会影响烧成效果，燃料的类型也会影响烧成效果，可以说除了电窑之外的其他任何窑炉都能烧制盐釉。精通烧窑的陶艺家可以通过技巧和操控让窑炉发挥最佳状态，烧制出最理想的作品。有种现象很普遍，即我们烧别人的窑炉时很可能会"失手"，反之亦然。盐烧陶艺家必须和窑炉建立起一种亲密的伙伴关系，深谙窑炉的特性，知道在哪些位置放哪类化妆土和釉料能生成最佳的烧成效果，知道哪些位置的窑温较高，知道不同区域的投盐量，只有这样才能使作品呈现出丰富多样的颜色和肌理。

盐烧是一项极其艰苦的工作。创作普通类型作品的陶艺家仅需要作陶并按照传统方式烧窑，这和盐烧比起来实在是简单太多！盐烧涉及很多繁重的体力劳动——清洁窑炉以备日后使用，还有出窑后挨个清理、打磨残留在坯体底部的氧化铝填充物。盐烧比普通类型的烧成耗时更长，烧窑者距离热源更近，投入的体力和精力更多。烧成接近尾声时，人往往已筋疲力尽。除此之外，往炉膛里投盐时也存在很多危险因素，烧窑者应该采取必要的预防措施，如佩戴紫外线护目镜和耐高温手套，尽量把安全隐患降至最低。

但回报之丰厚远超想象，足以弥补一切为之付出的辛苦。一代又一代的盐烧陶艺家和柴烧陶艺家倾心于此，他们将全部身心投入其中。盐烧被越来越多的年轻陶艺家所青睐，这些年轻陶艺家被丰富多变的釉色和肌理所吸引。自15世纪诞生以来，盐烧的魅力从未衰减，陶艺家被其无限的创作潜力吸引着。我觉得最具吸引力的因素是与历史和传统之间的直接、单纯、有形的接触。我希望通过本书揭开盐烧的神秘面纱，鼓励从未涉足此领域的同行尝试。同时，也给有一定经验的同行提供更多有益的信息。

一座容积仅有 0.28 m³ 的小盐釉窑
它毗邻工作室，仅用了两天时间就建好了。窑炉上设有两个常压丙烷燃烧器，烧成效果非常稳定，体量虽不大，但用于实验或对于非全职陶艺家而言极为合适。对于初次尝试建窑的人来讲也是理想的参照物

费尔·罗杰斯（Phil Rogers）
《带耳盐烧瓶》
高：25 cm。为了和白色化妆土形成鲜明对比，我特意选择了一种深色富铁坯料。为了获得致密的白色装饰面，我在瓶身上施了三层化妆土。化妆土层干透后，我用尖利的梳齿划穿其表层，以营造纹饰。素烧出窑后，我在整个坯体上薄薄地施一层志野釉

第二章
适用于盐烧的坯料

"……由燧石和产自比迪福德（Biddeford）的黏土制成的陶瓷器皿，呈色虽然很白，但火力过猛或突然升温时很容易开裂。为了解决这一问题，陶工们开始使用当地的某些黏土和质地极细腻的莫勒·库普（Mole Cop）白色熟料，这一举措大大地提高了产品的质量。"

——摘自：《斯塔福德郡陶瓷史》（*History of the Staffordshire Potteries*），西蒙·肖（Simeon Shaw），1829年（本书讨论道将球土和燧石粉混合在一起提升坯料的白度可以令它更适用于盐烧。）

几乎所有能承受炻器温度的黏土都能生成具有一定美感的盐釉。一面是陶艺家用富铁低温陶器黏土做盐烧实验；另一面是诸如英国陶瓷工艺学家伊恩·格雷戈里（Ian Gregory）一众盐烧专家用高温坯料（例如T型材料）做盐烧实验。T型材料富含氧化铝，最初应用于非陶瓷行业的工业领域，由于具有干燥强度高和收缩率极低的特性，特别适用于创作形态复杂的雕塑型作品。即便是在最极端的烧成条件下，坯体也不易坍塌，原因是T型材料的配方内含有大量煅烧高岭土熟料。正如弗兰克·哈默（Frank Hamer）和珍妮特·哈默（Janet Hamer）在其著作《陶艺家的材料与技术辞书》（*The potter's dictionary of materials and techniques*）中所述：

马克·夏皮罗（Mark Shapiro）
《带凹槽的绿色椭圆形盖罐》
高：16 cm。盐烧陶瓷，使用的窑炉为双窑室交叉焰柴窑。铜釉在钠蒸气的作用下充分熔融，丰富的釉色将盖罐的造型衬托得更加简洁、硬朗。8号测温锥融熔弯曲后，将5.5 kg细盐放在与炉膛等长的角钢凹槽内投入窑炉中。共投三次盐，每次间隔15～20分钟。夏皮罗的工作室位于美国马萨诸塞州，配方参见后文
摄影：马克·夏皮罗（Mark Shapiro）

"煅烧高岭土熟料产自英国瓷泥公司（English China Clay）。煅烧温度为1 500℃，由莫来石和不规则的石英玻璃构成，不含结晶二氧化硅。由于热膨胀率既低又均衡，所以添加到炊具和盐烧坯料中后，可以有效提升其抗热震性能。"

上述类型的材料属于极端样本，大多数陶艺家使用的坯料相对"适中"。选择坯料的时候除了要考虑是否适用于盐烧之外，对于陶艺家而言，更加重要的是思考与设计让它赋予作品怎样的颜色、肌理和强度。

我们需要了解哪些问题

让我们先思考什么样的坯料适用于盐烧。首先，最重要的因素或许是二氧化硅的含量，特别是其含量与氧化铝的含量之间的关系。二氧化硅是主要的玻化剂，存

保琳・普洛格（Pauline Ploeger）
《椭圆形盘子》

长：35 cm。这只盘子的釉面上布满
"橘皮"肌理，堪称盐釉范本。钴蓝
色化妆土上的肌理与装饰层下的浅
色坯体（铁含量较少）形成强烈的
对比。橘皮肌理的强烈程度取决于
化妆土的吸盐量。一般来说，吸盐
量越多，橘皮肌理越明显。盘子内
部的釉色偏橙色色调，是志野釉（配
方内的铁含量适中、铝含量较高、
钙含量极少或不含钙）的典型反应
摄影：雅普・奥洛夫（Jaap Olof）

在于所有类型的黏土和釉料中。也正是由于坯料或化妆土中存在二氧化硅和少量氧
化铝，才得以与钠蒸气结合后生成盐釉。简而言之，原料中二氧化硅的含量越高，
釉面越光滑、光泽度越好。和大多数碱性釉料一样，光亮且光滑的盐釉很容易出现
釉面开裂现象。

橘皮或虎皮肌理的形成得益于二氧化硅和氧化铝之间存在一种平衡关系。橘皮
肌理是一种缩釉形式。缩釉通常被视为烧成缺陷，常见于使用氧化铝含量较高的釉
料的情况。这种釉料具有较高的表面张力，熔融时具有黏性。钠与二氧化硅发生反
应并形成玻璃相，与此同时从坯料内吸收大量氧化铝。氧化铝令熔融的釉料具有黏
性和较高的表面张力，进而呈现出橘皮肌理。

坯料的含沙量会对橘皮肌理效果造成影响。简单来说，沙粒越大，橘皮肌理越
明显。除此之外，坯料的含铁量也是一项非常重要的因素，盐釉最终能呈现何种颜
色和肌理取决于二氧化硅、氧化铝、铁、沙子在配方中所占的比例及烧成方式。

当黏土开始玻化，钠的熔融作用能轻易地影响二氧化硅时，才会生成盐釉。我
在实践中发现，窑温达到1 080℃左右时，窑炉内残留的盐（之前烧窑时炉膛内残留
的盐）开始熔融并转化成升腾的蒸气。窑温达到1 100℃左右时，将试片从炉膛内取
出来观察，会发现外表面上刚刚显露出一点点盐釉形成的迹象。可以据此推断出，
坯料已经彻底熔融，1 130℃左右可生成盐釉。随着窑温不断提升，黏土的玻化程度
和热塑性越来越高。窑温超过1 250℃后将盐数次投入炉膛中，钠对二氧化硅的影响
越来越大，逐渐形成更厚实、玻化程度更高的釉面。

坯料的耐火性是很重要的考虑因素，须确保可以在窑温达到1 250℃时出现良好
的玻璃相。我们会在实践中发现，炻器坯料的主要成分为球土或球土和二氧化硅的

马库斯·奥马奥尼（Marcus O'Mahony）
《方盘》
边长：13 cm。这只手工切割的盘子上带有刻线装饰纹样，虽然整个盘身由同一种坯料制成，且施了同一种化妆土，但因为不同位置的吸盐量不同，所以呈现出极其明显的对比效果。这只盘子是和另外五只盘子叠摆在一起烧制的，上下两层盘子间夹垫四个填满黏土的贝壳。盘子的左侧带有明显的橘皮肌理，右侧因吸盐量较少而呈现光滑的缎面肌理。铝含量较高的化妆土，例如这只盘子上的化妆土，当它距离钠蒸气的主气流较远时，通常会生成浓艳的橙色到红色。奥马奥尼的工作室坐落在爱尔兰的沃特福德郡（County Waterford）

混合物（含量占配方总量的62% ~ 68%），除此之外还可能包含少量高岭土或煅烧高岭土、石英（必要时）、沙子及微量的长石。值得注意的是，附着在坯体外表面上的任何一种化妆土，都会或多或少地"消耗"一些二氧化硅或氧化铝。当然，坯料中的各种成分也会对化妆土的烧成效果造成显著影响。

因此，通常而言，坯料或化妆土中的二氧化硅含量越高，釉面越光滑，光泽度也越好。当二氧化硅的含量低于建议值，而氧化铝的含量较高时，烧成后呈亚光状；当上述两种元素在配方中的比例较极端时，烧成后几乎不会形成釉面，可能只会呈现出些许闪光肌理。极端案例为：无论是坯料还是化妆土，当配方内的氧化铝含量特别高时，烧成后的外观干涩至极、状如砂纸。这种现象颇奇怪，因为从逻辑上讲似乎不太合情理。我认为这可能与盐的反应及不合适的烧成方式有关，即局部窑温过高导致坯体外表面上的细微孔洞全部被密封，无法吸收钠蒸气。特别是当化妆土中的二氧化硅含量较高时，上述现象尤其突出。

当化妆土中的氧化铝含量较高，且主要成分为高岭土和球土时，可以利用氧化铝和铁的特殊关系"设计"装饰效果，烧成后外观呈一系列优美的粉色至橙色，釉面上极少出现橘皮肌理。

请注意，尽管盐釉的形成得益于坯料内富含二氧化硅，但在窑温冷却的过程中，游离二氧化硅过量极易引发烧成缺陷。有些时候，盐烧坯料会在降温的过程中炸裂，原因是二氧化硅的含量高于平均值，会在降温环节生成大量形态不稳定的石英（即方石英）。将窑温快速降至1 050℃左右或以下，可以有效避免上述问题并促进莫来石（一种不易引发烧成缺陷的二氧化硅）的形成。莫来石是在烧成的过程中坯料内自然生成的硅酸铝类物质。其晶体呈相互交织的长针状，能有效提升坯体的强度和抗热震性能。可以通过往坯料配方内添加煅烧高岭土引入莫来石。后文讲盐烧时，我会详细介绍这方面的内容。

陶艺家做盐烧实验时，通常会选用二氧化硅含量占配方总量25%的坯料。但在实践中，很多陶艺家喜欢使用二氧化硅含量更高的坯料，原因是这类坯料能烧制出更厚实、更平滑的釉面。当二氧化硅与氧化铝的比例约为1：3时，作品外观可以呈现出典型的橘皮肌理。

卡伦·帕马雷（Cullen Parmalee）在其著作《陶瓷釉料》（*Ceramic Glazes*）一书［艾伦图书公司（Allen）1951年出版］中引用了巴林格（L. E. Barringer）在1902年撰写的一篇学术论文。巴林格分析了大量盐釉样本并据此得出结论：适用于盐烧的坯料配方内二氧化硅与氧化铝的最佳比例介于1：4.6～1：12.5之间。上述比例对应下列百分比数值：

一种18世纪晚期或19世纪早期生产的瓶子，用于盛装墨水或上光剂

高：13.5 cm。这只小瓶子的外表面上虽未施化妆土，但呈现出浓艳的橙色。产地很可能是伦敦的富勒姆。产自德文郡和多塞特郡（Dorset）的黏土会顺着运河发往伦敦和斯塔福德郡的陶瓷厂。虽然制作这只瓶子的黏土具体产自哪个地区无从考证，但从发色可以断言这是一种球土（当时多用于砌筑管道/烟囱），配方内的氧化铝含量高于平均值（差不多与高岭土的氧化铝含量等值），铁含量大约为1%至2%。在英国，选用诸如海默德（Hymod）球土、埃克塞尔西奥（Excelsior）球土或普拉弗洛（Puraflow）WB型球土或许能生成类似的烧成效果

材　质	百分比
二氧化硅	62%～77.5%
氧化铝	23%～12.5%
碱类物质	15%～12%

很多球土的硅含量都在合适范围内，可以用它们制备适用于盐烧的坯料。英国两大黏土生产商向客户免费提供相关数据资料。各种黏土以化学成分百分比的形式呈现，二氧化硅、氧化铝及铁在配方内所占的比例一目了然。可以根据预想的烧成效果，如可塑性、颜色和肌理等细节，为某件作品"量身"开发外观和性能均符合要求的坯料。

关于制定坯料配方，我的建议是越简单越好。可以从直接引用或改造某位同行的坯料做起，前提是喜欢其烧成效果并知道该坯料可行。在此之后，随着实践经验不断积累，想开发能够满足特定需求的新坯料时可以小批量地制备一些样本，并于每次烧窑时试烧以观其效。本书中收录了很多坯料配方，其内容大都非常简明易懂。

以下内容可以让大家直观地了解到坯料配方内不同成分的预期烧成效果：

理查德·杜瓦（Richard Dewar）
《与底座相连的两只花瓶》
高：22.5 cm。配方参见后文

二氧化硅与氧化铝的比例	釉面效果
3：1	釉面呈缎面亚光状，外观非常柔和，带有细碎的橘皮肌理
4：1	釉面光滑，光泽度好，带有轻微的橘皮肌理
5：1	釉面的光泽度极高

铁

以下数值取决于烧成过程中窑炉内的气氛及单件坯体的吸盐量。铁含量较高的坯料经过氧化气氛烧制后能呈现出非常细腻的质地。

坯料中的铁含量	烧成效果
1%	淡淡的金色
1.5%	浓重的金色，未接触钠蒸气的部位带有红色闪光肌理
2%	中等浓度的棕褐色，与产自德比郡的器皿色调极为相似
2%～2.3%	铁含量超过3%时呈深褐色，釉面不明显

坯料添加物

氧化铁（FeO）

除了二氧化硅之外，坯料中最重要的成分或许是氧化铁，它会影响盐釉的品质。铁对坯体及化妆土的颜色影响十分明显，特别是采用还原气氛烧制时表现尤甚。

当烧成温度高于或等于9号测温锥的熔点温度时，往坯料中添加铁（特别是红色氧化铁），哪怕只添加1%，也会导致发色明显变暗。当坯料内添加了大量氧化铁（2%～5%）并采用还原气氛烧制时，如果是烧制诸如茶壶或砂锅之类的日用陶瓷，那么这些陶瓷在降温环节及日常使用的过程中极易出现炸裂现象。

梅·琳·彼兹摩尔（May Ling Beadsmoore）
《储物罐》
高：22.5 cm。当坯料内的氧化铁含量超标时，覆盖其上的化妆土会受此影响发色偏暗。想避免这种情况的话，要么选用铁含量最低的坯料，要么采用氧化气氛烧窑

　　当坯料内的氧化铁含量超过5%并采用还原气氛烧制时，可以生成非常浓重的褐色，甚至黑色。氧化铁具有排斥钠元素的特性，坯料内的氧化铁含量越高，越不易生成良好的釉面。就对釉面光泽度的影响而言，经研究发现，氧化铁的添加量减少1%等同于二氧化硅的添加量增加7.8%。

　　由于我使用的球土内含有高于平均含量的氧化铁，所以往往只需要再添加1%，就能将其总含量提升至3%。我制备的坯料经过烧制后发色深暗（我称之为"巧克力

费尔·罗杰斯（Phil Rogers）
《茶碗》
高：11 cm。制作这只茶碗的坯料为正文中提到的"巧克力坯料"。还原气氛结合富铁坯料生成的红褐色与粉引肌理形成鲜明对比。施白色化妆土之前，可以先在坯体的外表面上薄薄地施一层由当地红色黏土调配的泥浆，目的是强化坯体与装饰层之间的对比效果。施完白色化妆土后，再薄薄地施一层志野釉，该釉料既能提亮化妆土的白色调，也能让笔触保持清晰

坯料"），可以与覆盖其上的浅色化妆土形成鲜明对比。虽然我的坯料从未出现过任何问题，但得提醒一句，用含铁量高于上述数值的坯料制作日用陶瓷，当这些陶瓷器皿接触滚烫的液体时，极有可能炸裂。将氧化气氛和还原气氛加以比较，这种坯料更适合前者，原因是还原气氛会让氧化铁产生助熔作用，令坯体更加坚硬，玻化程度更高，进而更容易引发炸裂现象。除此之外，坯体经过氧化气氛烧制后呈浅色调，是理想的装饰载体，可以与覆盖其上的深色化妆土形成鲜明对比。商业生产的釉料着色剂很适合烧氧化气氛，生成的颜色既干净又鲜艳。

通常情况下，坯料中的含铁量少可算作优点。铁能赋予坯料温暖感和亲切感，不含铁的坯料虽然很白，但给人以冰冷感和生硬感。当然，有些陶艺家会为了获得某些特定的效果而选用含铁量极低的坯料，他们仔细考量坯料的成分，力争将铁含量保持在最低水平。

我建议通过添加两种或两种以上球土（其中一种球土的含铁量高于平均水平）时引入铁元素，而不是直接往坯料内添加氧化铁。当坯料的含铁量为1%～1.5%时，可以生成淡金色至棕褐色盐釉。当然，具体发色在很大程度上取决于烧成气氛，以及坯体的吸盐量。

高岭土/瓷石（$Al_2O_3 \cdot 2SiO_2 \cdot 2H_2O$）

往坯料内添加少量高岭土有两大优点。首先，高岭土可作为坯料的稳定剂。由于高岭土质地较粗糙且耐火性很好，所以能让坯体在干燥和烧成的过程中不出现曲翘变形现象。往坯料内添加一些氧化铝可以令烧成后的坯体发色偏暖，大量添加时可以在坯体的外表面上生成闪光肌理。我采用的氧化铝添加量通常不超过10%，但

很多陶艺家为了追求某些特殊的烧成效果会添加更多。需要注意的是，氧化铝的添加量越多，坯料的可塑性越差，坯体经过烧制后多呈亚光状。在特殊情况下，高岭土的添加量超过25%仍能生成盐釉。具体添加量在很大程度上取决于我们想让作品呈现出何种效果或颜色，以及坯料配方内其他成分的二氧化硅含量。上述问题很难具体表述，原因是审美具有多元性，某位陶艺家眼中的烧成缺陷或许正是其他陶艺家所追求的。

与只添加高岭土这一种物质相比，添加高岭土和煅烧高岭土的混合物效果更佳（可以选用100目的煅烧高岭土，粒径大于此数值时会在烧成后的坯体外表面上生成难看的白色斑点）。虽然煅烧高岭土的价格比高岭土贵很多，但优点显而易见，这对于盐烧炊具而言尤其重要。

石英/燧石（SiO_2）

少量添加时可以提升坯料的二氧化硅含量。当条件受限，可供选择的基础黏土很少，且二氧化硅含量不足时，可以通过添加石英或燧石来解决。与普通坯料相比，盐烧坯料的二氧化硅含量相对较高。但正如前文所述，这一特性很可能导致坯体在降温环节炸裂。因此，在制备坯料时，必须让二氧化硅的含量达到某种平衡，即既要足以生成盐釉，又不能引发烧成缺陷。以海普拉斯（Hyplas）71球土或普拉弗洛（Puraflow）BB型高硅球土作为坯料的基础成分时，无须添加二氧化硅。遇特殊情况不得不添加时，须同时添加高岭土或含铝球土，以便将二氧化硅的总量降至适宜水平。非英国读者，请参阅材料分析表，了解此类材料的替代品。

钾长石（$K_2O \cdot Al_2O_3 \cdot 6SiO_2$）

乍一看上面的化学分析，你可能会以为往化妆土或坯料中添加长石能提升二氧化硅的含量。实际上，长石对氧化铝的含量影响更加显著。长石是一种富铝物质，硅铝比大约为3∶1。长石类釉料之所以很坚硬，是因为配方内含有大量氧化铝。当配方中的氧化铝取自其他物质时，可将长石作为二氧化硅的补充添加物。

作为一种坯料添加物，我认为长石的作用酷似海绵，它能"吸收"或结合可能引发烧成缺陷的游离二氧化硅，令后者充分熔融，进而将潜在的危险降至最低。添加长石也等于添加了碱类物质，碱是重要的助熔剂，它能让长石更好地发挥作用。必要时可以将长石作为助熔剂使用，它能令坯体在较低或更适宜的温度下玻化。在这一点上，霞石正长石是最理想的材料。

由于霞石正长石的含碱量较高，所以其熔点低于钠长石或钾长石，且因氧化铝及二氧化硅的比例较高，所以很容易烧制出一系列橙色和棕褐色。往坯料中添加少量长石或霞石正长石，可以起到良好的助熔作用，添加量不宜超过10%。

费尔·罗杰斯（Phil Rogers）
《茶碗》
高：11 cm。装窑时将这只小茶碗横倒放在三个填满黏土的贝壳上。贝壳的残痕也是装饰纹样的组成部分，浓重的颜色源自高铝化妆土的吸盐量较少。我在坯料中添加了长石颗粒，它们在烧制的过程中熔融并在坯体的外表面上生成珍珠般的白色斑点。长石颗粒的获取途径有两条：一是作为专业原料在陶艺用品商店出售；二是作为鸡砂在农业用品商店出售

砂子

出于自己的审美取向，我希望坯料具有些许"咬合面"或肌理。我选用的是完全没有色斑的纯白色硅砂，这种材料与耐火砖熟料不同，后者会在还原气氛中生成过多铁锈斑，对装饰面造成不良影响。我使用的40目硅砂因粒度太大而无法用作玻化剂。但是，此粒度却能让接近坯体外表面的硅砂形成橘皮肌理的"种子"。想得到图案更大的橘皮肌理时，可以选用粒度更大的硅砂，或者可以把细砂和少量粗砂混合在一起使用。卡伦·帕马雷（Cullen Parmalee）在其著作中提出，往坯料内添加砂子"对提升盐釉的品质极为有效"，我认为他在此处指的就是橘皮肌理。

粒度较大的砂子能让坯体呈现出粗糙的外观，特别是口沿或棱边部位，原因是粒径过大，无法被钠完全熔融。我发现，用质地细腻的碳化硅海绵快速打磨坯体的外表面，可以在不损伤釉面的情况下去除砂砾。

我个人觉得釉面上随机分布少量铁锈斑比较美观。如前文所述，用耐火砖熟料替代白色硅砂，生成的斑点可能如"麻疹"般密集。要么添加少量含有二硫化铁的耐火黏土，要么根据自己希望的斑点数量往坯料内混合适量的熟料。

适用于低温盐烧的坯料

大部分盐釉的烧成温度介于9号至12号测温锥的熔点温度之间。坯料达到峰值温度后开始玻化，这也是它最容易吸取钠蒸气的时刻。也可以通过往坯体外表面上施釉或往坯料内添加助熔剂降低熔点，进而在相对较低的窑温下提前实施盐烧。

有些陶艺家，例如美国的保罗·索尔德纳（Paul Soldner）和法国的大卫·米勒（David Miller）将盐引入了乐烧工艺，方法是在普通乐烧器皿的外表面上施由低温碱性熔块配制的化妆土，这种化妆土通常与氧化铜（存在于化妆土或盐中）结合在一起使用。经过烧制后能呈现出令人惊叹的粉红色和红色闪光肌理。

把其他类型的长石换成霞石正长石添加到坯料中后，可以将熔点降至1号至5号测温锥的熔点温度之间。霞石正长石是一种长石类矿物，由于碱含量和硅铝比高于钾长石或钠长石，所以能在1 100～1 200℃时熔融。因此，可以把霞石正长石作为坯料助熔剂使用，让坯体在低于常规烧成温度的状态下吸取钠蒸气。杰克·特洛伊（Jack Troy）曾介绍道，大多数德国大型盐釉窑的烧成温度介于4号至6号测温锥的熔点温度之间，可以据此推断，这或许也是美国早期日用炻器产品的烧成温度。

乔伊斯·米肖（Joyce Michaud）《捏塑瓷瓶》

高：10 cm。装窑时将这只造型优美的瓶子横倒放在贝壳上。瓶身上未施化妆土，颜色源自吸盐量极低，以及瓷器坯料中含有高岭土

瓷器

由于瓷器坯料内含有大量高岭土，而高岭土中含有大量氧化铝。同时，其他部分内含有二氧化硅，所以经过烧制后生成的盐釉光泽度特别好。即便坯体的外表面上未施化妆土或釉料，盐烧瓷器也能呈现出令人惊叹又耐看的柔滑感和细腻感。即便是中等体量的器皿，其洁白的色调也让人联想到大理石雕塑。有些时候，经过强还原气氛烧制后会闪现珍珠般的光泽，原因是坯料内富含高岭土。不含氧化铁能让化妆土和釉料呈现出最纯正的色相。由于二氧化硅含量较高，所以能生成光滑的缎面亚光釉，器皿口沿和棱边部位的釉面易出现"断裂"现象。未施任何化妆土的瓷器坯料与最少量的钠蒸气接触后，会生成柔和的粉红色和橙色。由于吸盐量必须得微乎其微才能出效果，所以陶艺家会选用某些能与瓷器黏土和其他黏土搭配使用的特殊化妆土，并采用"残盐烧成法"烧制。它和普通盐烧的步骤一模一样，唯一的区别是达到峰值温度后无须投盐。盐釉的形成完全依靠之前烧窑时炉膛内残留的盐。

虽然本书不会详述制作瓷器时的每一种困难，但烧制盐釉瓷器却会不可避免地面对某些问题，其中比较有代表性的是富硅坯料极易炸裂。我在实践中发现的最突出的问题是，瓷器坯体会与垫在其底部或盖子和器身之间的填充物牢牢地黏合在一起。当填充物附在器皿上时，最好将其打磨掉，而不是敲掉，因为敲击很可能会导致部分器身一并破损。我发现，放置填充物之前先往器皿底部薄薄地刷一层氧化铝（类似于往硼板上刷的氧化铝），烧成后分离二者相对容易些。

大卫·利奇（David Leach）开发的瓷器坯料，经过盐烧后可以生成纯净、柔和的缎面亚光釉：

瓷器坯料材料	份　额
高岭土	55
钾长石	25
石英	15
膨润土	5

用于装饰瓷器坯体的化妆土宜稀不宜稠，有些配方的稠稀程度甚至和牛奶差不多。但和大多数陶瓷类型一样，诸如此类的细节得陶艺家在烧成效果、窑炉类型、所选材料的基础上慢慢摸索。

以上大部分内容只是理论知识。我在前文中讲过，几乎任何一种黏土都能生成盐釉，问题是成品的外观是否符合预期，以及坯体是否依然保持完整。将理论知识落实到实

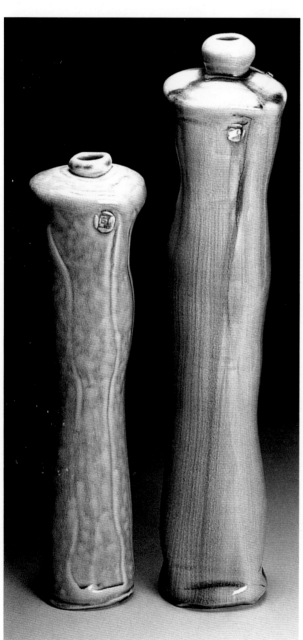

桑德拉·洛克伍德（Sandra Lockwood）
《两个瓷瓶》
高（最高处）：46 cm。柴烧盐釉
摄影：拉塞勒斯（J. Lascelles）

践中：首先，把不同种类的球土和不同质量的上述物质混合在一起制备成数种坯料。
然后，试烧并观察其效果及品质。最后，从中选出一种最满意的，并借鉴前文中介
绍的添加物信息进一步开发。

　　当不具备自己制备坯料的条件时，可以购买商业生产的现成坯料。先根据供应
商提供的商品目录索要少量样品。理想的坯料应符合以下几点要求：铁含量低，二
氧化硅含量高，含有白色细砂而不是耐火砖熟料。遇到任何疑问时，可向供应商咨
询相关信息。

　　最后，在出售新出窑的盐烧器皿之前，先逐个用沸水彻底地检测一遍，以确保
将日后使用过程中有可能出现的炸裂风险降至最低。

费尔·罗杰斯（Phil Rogers）

《三耳高瓶》

高：27.5 cm。我的常规做法是先素烧，出窑后在每个坯体的外表面上施化妆土。但也有例外，有时，我也会通过刮擦化妆土层暴露出覆盖其下的坯体本色。本图中这只瓶子上的梳齿纹样是在素烧之前就刻画好的，出窑后薄薄地施一层化妆土。用80目过滤网将纯木灰筛落在坯体顶部，并在口沿处的灰釉层上涂一圈氧化钴。化妆土配方和烧成细节参见后文

摄影：马克斯·科尼利奥（Max Coniglio），图片由波士顿普克（Pucker）画廊提供

第三章
适用于盐烧的化妆土和釉料

1733年，伯斯勒姆的陶艺家拉尔夫·肖（Ralph Shaw）申请了一项专利：他将各种矿物、黏土和其他黏土类物质混合成质地细腻的坯料，经过盐烧后能呈现出非常奇特的外观，器皿的外壁是布满白色条纹的巧克力色，而内壁则是纯白色的，酷似棕色陶器。

将完全未施釉且不施任何化妆土的陶瓷坯体放入盐釉窑中烧制，可以获得令人惊叹的外观。但把同一种坯料制成的作品放进同一座窑炉中烧制，只能得到非常相似的颜色和肌理，外观上的细微差别来自钠蒸气的游走方向和速度。钠蒸气能沉淀出多厚的釉层取决于单个坯体及坯体之间的堆叠位置，以及钠蒸气流出窑室的方式。这种由钠蒸气生成的釉料本身是无色的，与坯料中的氧化物（通常为铁）结合后才能生成颜色。坯料的硅铝比对颜色的影响很大。我认识的很多陶艺家自己制备坯料，他们不往坯体的外表面上施任何化妆土，仅靠装窑方式、窑炉的设计结构和烧成方法营造釉色变化。我所说的装窑方式是指将坯体横倒摆放或者局部放进匣钵中，让坯体的某些部位无法接触钠蒸气。可以把氧化铝含量高于平均值的黏土和霞石正长石混合在一起，将这种混合物作为实验用的基础坯料。巧妙地借助烟囱挡板或选用交叉焰窑（而不是倒焰窑），引导和控制钠蒸气的游走方向和速度，通过上述方法获得生动多变的釉面效果。

显然，就正常情况而言，如果仅依赖坯料影响盐釉的颜色和肌理，那么我们只能烧制出外观非常相似的作品。

当代盐烧陶艺家通过化妆土控制作品的颜色和肌理，化妆土的配方组成与覆盖其下的坯料的配方组成并不相同。化妆土可以是某一种黏土，可以是多种黏土与长石、霞石正长石或石英的混合物，还可以是经过改良（更利于接受钠蒸气的助熔作用）的某种传统炻器釉料。化妆土和前一章介绍的坯料一样，组合方式不胜枚举，可供实验的范围相当宽广。

我在我居住的地方找不到能顺利生成盐釉的黏土，甚至红色黏土和河口淤泥也都不适用。这里出产的黏土含铁量较高，单独烧制时可以呈现出深暗的色调，有些时候甚至可以散发出金属般的光泽。与球土或高岭土等浅色矿物

卡捷琳娜·伊万杰里杜（Katerina Evangelidou）
《直立器皿》
高：25 cm。卡捷琳娜·伊万杰里杜的作品造型简洁、纯粹，变幻莫测的窑火进一步强化了切割形体的立体感。燃料为木柴和废污油。坯料名为土石，产自爱尔兰的斯卡瓦（Scarva）。在经过素烧的坯体外表面上薄薄地施一层化妆土，该化妆土由高岭土、氢氧化铝和霞石正长石混合而成。由于高岭土、氢氧化铝的含量比较高，霞石正长石的含量比较低，故而作品呈现出一种干涩的外观

费尔·罗杰斯（Phil Rogers）
《茶碗》
高：11 cm。我的工作室坐落在威尔士中部，我将工作室对面山谷里发现的含铁黏土作为化妆土，不仅用它装饰盐烧陶瓷，也用它装饰还原釉炻器。当图片中的这只茶碗处于半干状态时，先在外表面上施一层化妆土，待涂层干透后，用大毛笔蘸白色化妆土画一圈简单的装饰纹样。素烧出窑后，往白色区域薄薄地施一层志野釉。由当地黏土制成的化妆土烧成后呈浓郁的栗色，它与附着其上的白色化妆土纹饰形成极其鲜明的对比，我很喜欢这种视觉效果。这只茶碗深受15世纪和16世纪韩国捏塑陶器的影响
摄影：马克斯·科尼利奥（Max Coniglio），图片由波士顿普克（Pucker）画廊提供

混合在一起烧制，可以生成更多颜色变化；与长石和/或石英混合在一起烧制，可以生成带条纹的"釉料"，外观酷似由灰釉生成的影青釉。建议大家制定详细的实验计划，通过这种方式找出最有效的材料组合，之后根据自己的审美取向选择最佳方案。

是否需要素烧

在详细介绍化妆土的公式之前，得先做一个基础决定。采取素烧还是打算采用"一次烧成法"——将生坯、素烧坯和施釉坯体放进同一座窑炉中盐烧？

纵观数世纪以来最常见的盐烧方法，会发现素烧并非必要选项。对颜色和肌理造成主要影响的化妆土由黏土构成，在半干甚至干透的坯体上浸化妆土没有任何问题。当然，带盖器皿或深碗的内壁需要喷涂传统的炻器釉料——由于钠蒸气不会渗透到被遮蔽或封闭的区域内，所以大多数炻器釉料都适用。在各类"泥釉"中，黏土含量较高的志野釉效果尤其好，它能承受坯体干燥过程中产生的收缩张力。我发现还原炻器灰釉吸收钠蒸气后外观更美。但钠蒸气的助熔作用会导致釉面的流动性高于"正常"值，因此，可能需要进行一些微调以增加黏土的含量。

美国的市面上曾有过一种阿尔巴尼（Albany）天然黏土，通常被用作盐烧的"底釉"。这种材料目前已停售，它会在8号测温锥的熔点温度下熔融成釉，杰克·特洛伊（Jack Troy）曾进行过如下分析：

坯料成分	份　额
黏土材料	38
长石	13
燧石	28
镁、钙、钾	15
铁	6

以下是卡伦·帕马雷（Cullen Parmalee）给出的化学分析数据：

坯料化学成分	份　额
二氧化硅	56.75
氧化铝	15.47
氧化铁	5.73
碳酸钙	5.78
氧化镁	3.23
二氧化钛	1.00
碱	3.25

英国的大自然中有类似的材料。我曾用布里斯托海峡的河口淤泥烧出深棕色釉料，用塞文河口悬崖上的黏土烧出几近完美的天目釉。

如果打算用"泥釉"装饰坯体的话，有很多切实可行的技法。我特别喜爱的一种技法是，趁化妆土涂层湿滑时随意地划扫其表面，将覆盖其下的坯体本色隐隐约约地透出来。由于往半干的坯体上浸化妆土，涂层不会在短时间内干透，所以很容易操作。有趣的是，我发现在素烧过的坯体上使用上述技法，可以获得更随机、更生动的装饰纹样，原因是坯体经过烧制后具有一定的吸水性，操作者几乎没有多余的时间去"深入"思考和规划。任何一种切割型装饰纹样都只能在坯体柔软时进行。但我发现，往切割纹饰上施化妆土，会加倍提升其美感，因此，必要时可以先将坯体素烧一下。

往未经素烧的生坯上施化妆土会出现很多问题，之后一次烧成时也容易出现问题，可以通过素烧避免之。

首先，非常脆弱的作品或坯体上非常细小的部位（例如轻薄的把手或其他精致的配件）不适合浸化妆土，因为再次接触水分极易导致其破损。想在浸化妆土时降低损失，最好使用素烧坯体。不过素烧得投入额外的时间和成本，所以需要在两种损失之间取得平衡。

其次，需要妥善规划盐烧方案。素烧会将坯料内的碳和硫等具有破坏性的物质排出，盐烧的早期阶段亦会出现相同的反应。如果烧成不彻底且窑温未达到素烧的常规温度——我常选素烧温度为06号测温锥的熔点温度——坯体会出现膨胀和鼓包现象。烧成初期很重要，操作起来也不难，但耗时可能会相当长，长到包括我在内

上图：
费尔·罗杰斯（Phil Rogers）
《茶碗》
高：11 cm。我先在茶碗上浸瓷泥浆，之后在内壁和外壁上印氧化钴纹样。接下来，将茶碗再次浸入瓷泥浆中，让氧化钴纹饰位于两层泥浆之间。瓷泥浆是我最喜欢和最常用的化妆土。采用中等还原气氛到强还原气氛烧窑，往坯料内添加少量氧化铁，能令作品呈现出最佳效果
摄影：马克斯·科尼利奥（Max Coniglio），图片由波士顿普克（Pucker）画廊提供

的很多人都觉得难以接受。

我和许多盐烧陶艺家一样，会将坯体全部素烧。我发现素烧环节的停顿周期与我的工作模式非常合拍。我很喜欢装素烧窑，很喜欢那种玩儿立体拼图般的挑战感。假如我能制作出既标准又坚固的炊具，或许会摒弃素烧，但对于目前的我及很多和我水平差不多的盐烧陶艺家而言，素烧仍然是整个制陶流程中不可或缺的一部分。幸运的是我的第二座窑炉容量非常大，素烧一次能烧出大量坯体。限于容积而不得不在一座小窑炉内反复地装窑、出窑、装窑……实在让人苦不堪言！对于专业能力还不是特别强的人来讲，素烧很有必要。个人认为，为方便起见，最好专门为盐烧陶瓷建造一座素烧窑。

我使用的所有化妆土亦适用于素烧器皿。由于化妆土的主要成分为黏土，所以基本上不会遇到黏合性差的问题。许多化妆土的配方里含有非可塑性材料，从本质上讲它们和釉料配方里的材料非常近似。我选择这种创作方式的另外一个原因是，我作品上的大多数装饰也是用黏土塑造的。从某种角度讲，它们在进入素烧窑后便完成了。之后要做的只是在坯体上浸适宜的化妆土，以及必要时往内壁上施釉。最后，将坯体放入盐釉窑中烧制。目前遇到的唯一的问题是，浇釉的时候不慎将化妆土涂层覆盖住了，而该区域原本并非是要施釉的地方。当然，遇到这种问题时不能用海绵擦，因为这样做极易伤及化妆土涂层。可以通过灵巧和熟练的浇釉技法，或者通过往浇釉区域周边涂抹液态蜡或乳胶避免之。

如果想尝试上述方法的话，务必牢记一点：必须先浸化妆土，后施釉。如果进行反向操作——先施釉，之后往釉层上施化妆土，那么装饰层很容易出现起泡现象。

下图：
理查德·杜瓦（Richard Dewar）
《带把手的椭圆形盐烧深盘》
高：32.5 cm。在施化妆土的过程中，把手没有因为再次遇水而受到损伤。把干透的坯体放在慢轮上，一边缓慢旋转一边用笔涂化妆土。不使用浸渍法的原因是，杜瓦觉得浸化妆土会让坯体吸收过多水分，很容易导致坯体开裂

仅用化妆土装饰的"泥釉"陶瓷拥有众多爱好者，我在前文中极力推荐盐烧陶艺家采用素烧。毫无疑问，这种观点难免会受到他人的批评和质疑。以"盐烧陶艺家及其代表性作品赏析"中的理查德·杜瓦（Richard Dewar）为例，他从不素烧，其作品看上去似乎也没什么问题。毕竟，对于早期陶工而言，一次烧成才是最有吸引力的。盐烧陶瓷因生产速度快、经济效益高、操作流程便利而成为18世纪和19世纪制造业中的"头牌"，数以百万计的实用器皿流传至今。致力于传承传统的陶艺家或许仍然会选择"一次烧成"，但我认为新一代陶艺家应该向前行进，探索新的方式。

当代陶瓷作品通常不适合"泥釉"装饰，对此我们必须做出调整，采用最适宜的创作方法。幸运的是，大多数当代陶艺家不必像前辈那样囿于成本问题，素烧已算不上特别奢侈的选项。虽然素烧或许会对环境造成一定危害，但从全球的角度来看，危害程度微乎其微。就陶艺家的投资成本而言，素烧只占整个烧成投资的一小部分，在时间和效益方面的回报足以弥补燃料方面的额外花费。素烧是完全值得的！

化妆土和釉料配方

过去的陶艺家在材料选择方面很受约束，因为无论是坯料还是化妆土，全部来自居住地附近。出于黏土及燃料（木材或煤炭）资源的双重原因，某些地区逐渐演变为制陶业中心，例如英国的斯塔福德郡或法国的拉伯恩（La Borne）。如今，得益于技术和先进的营销网络，陶艺家在材料选择方面几乎不受任何限制。

大多数陶瓷原料供应商出售各类球土和高岭土是以25 kg一袋的干粉形式。矿业公司向客户免费提供这类材料的化学分析数据，可以从中获取二氧化硅、氧化铝和铁的相对值。这些数值是能影响某种黏土盐烧特性的最重要的因素。我喜欢收集球土，每当我发现有趣的新球土时就会将它收集起来。目前，我的藏品已多达20余种，这也意味着在制作作品时，我有20余种选择，它们之间的细微差别令我着迷。

由多种黏土调配而成的化妆土非常好用。即便只由一种黏土构成，只要内部包含的二氧化硅、氧化铝和铁比例均衡，亦能达到令人满意的烧成效果。但通常来说，可以先将多种黏土混合在一起，之后或许还需要添加少量诸如长石或霞石正长石之类的助熔剂或者一些二氧化硅，用这种方式调配出来的化妆土效果最佳。请记住，二氧化硅的含量越高，釉面越光滑、光泽度越好。当二氧化硅的含量降低时，釉面上会出现独特的橘皮肌理。当二氧化硅的含量进一步降低时，釉面很光滑，但没有光泽。这类釉面呈美丽的亚光鲜橙色，手感和雪花石膏极为相似，能给人一种美妙且柔软的触感。当二氧化硅的含量特别低时，根本无法生成釉面，外观毫无光泽甚至很粗糙，但通常会呈现出一丝闪光肌理或灼烧痕迹，光斑的强弱程度取决于化妆土或坯料的含铁量。

有一点特别重要，请铭记，盐釉是一种极其不精确的媒介，陶艺家对其做出的任何预测通常都只能算作猜测。盐釉经常会呈现出与逻辑背道而驰的效果——这大概就是所谓的致命吸引力吧！盐烧和柴烧一样，都是收益与风险兼备。陶艺师很难准确地预测某种化妆土或釉料的烧成效果。

正如我在前文中讲过的，几乎所有黏土都能生成某种类型的盐釉，或者说选择一种球土和高岭土——也许是格罗莱戈（Grolleg）高岭土——再添加少量长石、霞石正长石和石英，将上述几种原料调配成简单的坯料。通过测试从中选取最有开发前景的若干种，并于每次烧窑时试烧、探索。我坚信最简单的配方或可成为烧成效果最好的那一个，没必要刻意追求复杂的配方。

以下照片向我们展现了两方面的信息：首先，即便是成分最简单的化妆土也能生成极其美丽的外观。其次，材料之间的差异即便非常细微，也会让颜色和肌理发生变化。

安妮米特·霍特肖伊（Annemete Hjortshoj）

《矩形面包盘》

长：25 cm。这只造型既简洁又巧妙的盘子是一件很有代表性的佳作，它充分展现了盐釉的微妙变化，能让最普通的实用器皿呈现出雕塑般的宁静感。盘身上的化妆土乍一看很普通，但分析其成分，就会发现还是比较复杂的：

瓷器坯料干粉：71.5%

高岭土：28.5%

可以在素烧过的坯体上薄薄地施一层

我做这些试片的主要目的是研究球土的发色范围（粉红色到橙色），我清楚地知道当氧化铝/铁的含量为何种数值时，该球土能生成我想要的色调。通过比较可以发现，除了海普拉斯（Hyplas）71球土含有大量二氧化硅之外，其他几种球土的成分非常相似。

事实上，这五个系列的化妆土烧成效果都很好，我会在日后一一使用它们。有

1. 系列一化妆土的基础球土为帕斯泰勒（Pastelle）BY型球土

2. 系列二化妆土的基础球土为海普拉斯（Hyplas）71型球土

一点非常有趣，即配方内含有霞石正长石（而不是长石）的化妆土更容易生成橘皮肌理，这是我偏爱的效果。产生这种现象的原因是霞石正长石的氧化铝含量高于长石。我的目标虽然很明确，但想让盐釉呈现出理想的效果绝非易事，原因是盐烧涉及的因素太多，尤其是坯料的成分、单个坯体在窑炉内所处的位置及坯体之间的位置关系，上述种种因素都会在一定程度上影响坯体的吸盐量。

值得注意的是，由海普拉斯（Hyplas）71球土制备的系列化妆土，由于铁含量较低，二氧化硅含量较高，所以发色较浅，比其他系列化妆土生成的釉面更加平滑。

五个系列的化妆土基础配方是相同的，只有黏土材料有所区别。从左到右依次为：

	成分	份额
1（左一）	球土	100
	高岭土	90
	长石	40
2（左二）	球土	100
	高岭土	90
	长石	40
	石英	20
3（右二）	球土	100
	高岭土	90
	霞石正长石	40
4（右一）	球土	100
	高岭土	90
	霞石正长石	40
	石英	20

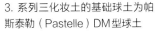

3. 系列三化妆土的基础球土为帕斯泰勒（Pastelle）DM型球土

4. 系列四化妆土的基础球土为普拉弗洛（Puraflow）WB型球土

5. 系列五化妆土的基础球土为普拉弗洛（Puraflow）FR型球土

除此之外还有一项显著特征，即化妆土吸盐量较多的部位不仅橘皮肌理更加明显，且发色更加深暗，由"橙色"转变为棕色或黑色。系列一的外观效果最佳，橙色很浓郁，即便是吸盐量较多的部位也可以保持纯净且鲜亮的色调。

我在做实验时发现，当二氧化硅的添加量小于10%时，不会对釉料外观造成显著影响。

反之，有一点倒是很明显，即盐烧本身那变化无常的特质比其他任何单一因素的影响力都要大。请注意，让化妆土生成橙色、红色或粉色的前提条件是：配方内含有大量氧化铝，并且用还原气氛烧制时尽量少接触钠蒸气。

后文收录了很多化妆土配方，可以从中挑选一两种进行尝试，当烧成效果较理想时，可以在其基础上优化开发个性化配方。

化妆土和普通炻器釉料一样，二氧化硅、氧化铝和铁这三种元素的比例关系是否平衡是盐釉烧成效果的影响因素。将同一种化妆土装饰在不同坯料制成的作品外表面上，生成的盐釉外观并不相同。除此之外，烧成气氛、盐的使用量及钠蒸气在窑炉内的游走路线也会对化妆土造成影响。将放置在无法接触钠蒸气窑位上的坯体和完全暴露在钠蒸气中的坯体加以比较，会发现它们的外观完全不一样。

许多陶艺工作室内常见的其他材料亦适用于制备化妆土，它们能让盐釉呈现出更加多变的外观。以下列出了常见可添加材料用量及烧成效果。但请注意，大量制备某种化妆土或釉料之前，最好先从调配少量实验样本做起。

常见可添加材料	用　　量	烧成效果
二氧化钛	3.5%～10%	可能会生成裂纹及斑驳的肌理，也可以让橙色化妆土转变为黄色。该材料与适宜的化妆土搭配使用时能生成极其美丽的外观，参见布莱尔·米尔菲尔德（Blair Meerfeld）的作品，但当二氧化硅超量时会生成很难看的"油滑"外观
金红石	3%～10%	金红石是二氧化钛的天然形态，氧化铁含量高达15%。效果近似二氧化钛，但发色通常更深，且会在坯体棱边和口沿处的釉面上生成蓝色和黄色条纹
碳酸钙	5%～10%	会对盐釉的生成起到抑制作用，使作品外观呈浑浊的亚光结晶状，当内部含有铁元素时表现尤甚
碳酸镁	最高10%	效果近似钙
硅灰石	最高15%	外观呈亚光结晶状
滑石	最高15%	外观呈缎面亚光状
氢氧化铝	5%～20%	会强化釉面的亚光效果，但对橙色及红色有促进作用
锂云母	最高可为配方总量的20%，或者任意一种长石的含量达到50%	氧化铝含量超过25%的类长石物质。对橙色的促进作用酷似霞石正长石
叶长石		
锂辉石	适量长石	效果近似叶长石和锂云母。也可作为盐烧坯料添加剂使用，可将游离状态的二氧化硅引入不易炸裂的莫来石中

美国陶艺家约翰·尼利（John Neely）在研究盐烧和柴烧降温方式对生成红色和橙色外观的影响时，也一并研究过上述材料与盐接触时的反应。随后，他撰写了论文《烧成、盐釉、降温和发色》（*Firing, Salting, Cooling and Flashing*）［发表于《陶瓷艺术与感知》（*Ceramics Art and Perception*）杂志1990年第2期］。他注意到，坯体上几乎不接触钠蒸气的部位通常呈浓郁的红色和橙色。他开发了一系列坯料和化妆土，其配方都遵循一条基本准则：营造红色和橙色的好方法不是靠减少盐的使用量，而是使用能抑制盐釉生成的材料。感谢他在上述碱性材料和锂长石方面的研究及论述。除此之外，他还给我们提供了以下配方，可将其作为进一步探索的起点：

费尔·罗杰斯（Phil Rogers）
《印坯成型的瓶子》
高：27.5 cm。把素烧过的瓶子浸入伯纳德·利奇（Bernard Leach）开发的蓝色化妆土中，着色剂为氧化物。化妆土层的厚度与常规的炻器釉层的厚度相仿。中等至强还原气氛加上充分吸盐能令其呈现出最佳效果。吸盐量不足时会生成深棕色至黑色釉面，仔细观察瓶子的肩部可以清楚地看到，盐釉层越厚，灰、蓝色调越明显

上图：
约翰·尼利（John Neely）
《油/醋瓶》
高：15 cm。盐釉结合硅灰石化妆
土，烧成温度为11号测温锥的熔点
温度

下图：
这只小杯子展现了坯体过量吸附钠
蒸气后的外观效果。铁元素的深色
调几乎被完全漂白了，釉面呈浅绿
色，看上去好像浓稠的粥一般

硅灰石盐烧坯料成分	份额
含铁耐火黏土	48
田纳西#9球土	35
硅灰石	17

硅灰石黄色化妆土成分	份额
老矿（Old Mine）#4球土	32
AP格林（Green）密苏里耐火黏土	28
泰勒（Tile）#6高岭土	23
硅灰石	12
卡斯特（Custer）长石	5

由添加物生成的颜色

　　到目前为止，我们已经看过一些化妆土发色的实
例，颜色源自黏土中天然蕴含的少量氧化铁，以及氧化
铁与黏土中其他成分的相互作用。球土的含铁量通常介
于0.5%～2.5%，虽然比例较低，但与不同量的二氧化硅
和氧化铝混合后，能生成一系列颜色：柔和的浅粉色、黄
色、橙色、棕色和褐色等。如果用花园里或路堑中那种含
铁量足够高的黏土制备化妆土，可以生成深褐色、红褐色
甚至黑色等。当然，窑炉内的气氛（无论是还原气氛还是
氧化气氛）、峰值温度、投盐量，以及被化妆土层覆盖的
坯料，都会对发色产生影响。

　　绝大多数盐烧陶瓷都是用还原气氛烧制的。在英国

卡罗尔·罗瑟（Carol Rosser）
《茶壶》

高：14 cm。这只造型略呈方形的茶壶是用拉坯成型法制作的，壶身上的树叶纹饰由乳胶和泡沫塑料印章拓印而成。通过喷和挤的方式将化妆土施在坯体的外表面上。卡罗尔·罗瑟和亚瑟·罗瑟（Arthur Rosser）采用"快速烧成"法烧窑，燃料为桉树和黑木。窑温达到9号测温锥的熔点温度后开始投盐，过程持续1.5小时，共使用6.4 kg盐。投盐结束后打开炉膛门，让坯体在氧化气氛中保温烧成一段时间。之后，在1.5小时内将窑温降至900℃

的制陶史上，很多盐烧陶瓷是用氧化气氛烧制的。由于白色盐烧陶瓷的售价非常高，所以陶工之间的竞争异常激烈，大家都想烧出最纯净的白色。陶工把浅色球土和燧石混合在一起——要么作为坯料，要么作为和深色坯料搭配使用的化妆土——采用氧化气氛烧制时可以仿制出酷似东方瓷器的制品。在此情况下，若采用还原气氛烧制反而会令作品呈现出完全相反的外观。当化妆土的含铁量超过2%并采用还原气氛烧制时，会生成非常浓重的深褐色，特别是当二氧化硅含量偏高时表现尤甚。釉层越厚，上述特征越明显。当化妆土完全暴露在钠蒸气环境中时，令人愉悦的黄色或橙色会转变为深褐色，釉层较厚处会出现漂白反应，釉面呈非常淡的绿色或彻底失色。

当化妆土内含有钴和铁之类的着色氧化物时，适量吸盐更有利于发色。陶艺家可以利用此类知识，在特定的区域内放置最适宜的坯体，充分利用窑火的潜力，进而深入了解窑炉特性。

如果把陶瓷领域常用的金属氧化物也纳入添加物的范围，那么可以在很大程度上拓展颜色的区间。钴、铜和锰的应用范围非常广，既能单独使用也能组合使用，

梅·琳·彼兹摩尔（May Ling Beadsmoore）
《两只手工成型的带纹饰花瓶》
彼兹摩尔的工作室坐落在德比附近。窑温达到1 200℃时，将3～4 kg碳酸钠（纯碱）溶液喷入窑炉中。还原烧成起始于1 000℃，结束于10号测温锥的熔点温度，窑温超过1 200℃后换用氧化气氛长时间保温烧成。较高的花瓶外表面上施含铜化妆土和橙色化妆土；另一个花瓶以橙色化妆土为主，点缀少量含铜化妆土。借助汽车喷漆工具将化妆土溶液喷到坯体的外表面上

高温烧成时能生成一系列颜色。金红石和二氧化钛也是常见的着色剂，最高添加量为10%，能生成略偏蓝色或略带金属光泽的黄色、橙色和棕色的斑驳肌理。在盐烧领域使用氧化着色剂时，需要注意其添加量通常都特别少。钴的添加量仅为0.5%时已能生成中等色调甚至非常深的蓝色。将1%～3%的锰和钴混合在一起使用时，可以生成中等色调的蓝色或灰色。

　　我在盐烧实践中发现了一个非常奇怪的现象：即钠蒸气会将釉料中铁元素的深色调漂白。例如，把天目釉放入盐釉窑中烧制，釉色会转变成非常美的、淡雅的青瓷色。这种现象不受窑位的影响，铁总会与游离状态的氯结合并流出窑炉外。还有

一部分铁会沉积在坯体的外表面上，此时仿佛是瓷器坯体涂上了淡橙色腮红，假如坯体的颜色不是特别白的话，几乎不会注意到它。铁也是顺着窑炉烟囱排出的。卡伦·帕马雷（Cullen Parmalee）在其著作中提到，用大型工业窑炉烧制产品，有些时候铁甚至能在烟囱口上空形成红棕色的烟雾。

但是，如果把铁添加到坯料或铝质化妆土内却是另外一番反应，其着色能力强得惊人。帕马雷介绍说往坯料中添加5%的铁可以生成红褐色。如果烧还原气氛的话，只需要添加3%就足够了。但天目釉是个特例，虽然坯料里的含铁量高达6.5%，却会被钠蒸气漂成淡淡的青瓷色。把硅含量较高和铝含量较高的化妆土或釉料加以比较可以发现，前者中的铁更易流失，原因是釉料、化妆土或坯料中的分子键相对更稳定。

可以往盐中添加着色剂，将盐和着色剂的混合物一并投入窑炉中。效果最好的着色剂是硫酸铜，唯一麻烦的是这种物质会强行施展其着色能力：烧成结束后，很有可能看到窑炉内的所有位置和放在里面的物件都被它着色了。特别是当浅色坯体上施硅含量较高的瓷泥浆时，更容易受其影响。亚光釉会转变成污浊的深色。针对这一问题，可以采用以下方法避免：在某些坯体旁的立柱上涂少量氧化铜，这样，铜元素只会在邻近的几个坯体上形成一抹红晕，不会影响到距离较远的其他坯体。

盐烧会因自身的特性而生成颜色和肌理丰富多样的作品。这个神奇的过程极具吸引力。即便是施了同一种化妆土的坯体也会因窑位不同而呈现出不同的外观，原因是坯体的吸盐量有区别。有些坯体比其他坯体更易受到钠蒸气的影响。若将这些现象与温度和还原气氛的强度结合起来，便可以开发出能生成各种颜色和肌理的盐釉。

化妆土也有类似反应，不同的化妆土需要吸收不同量的钠蒸气才能生成令人满意的釉面，原因是配方内的成分不同（例如长石之类的助熔剂不同），所需要吸收的钠蒸气量也不同。钠蒸气以一定的速度在窑炉内流动。尽管可以通过烟囱挡板控制其流动速度和路线，但不可避免的是，我们无法让钠蒸气均匀散布于窑炉中的每一个角落，只有一侧坯体受到钠蒸气影响的现象很常见。该侧坯体会因过量吸盐而出现颜色、肌理变化，比另一侧釉面上的橘皮肌理明显很多。当化妆土中的氧化铝含量较高时，吸盐量较少的一侧相对更平滑、颜色也更浅。还有一种情况，当化妆土中的二氧化硅含量较高时，会生成特别光滑且橘皮肌理异常明显的釉面，外观酷似冻雨。当化妆土过度吸盐时会完全失色，只能生成布满厚重泡沫的难看的透明釉面。

再强调一遍，不要把盐烧化妆土的配方制定得过于复杂。几乎任何一种或多种黏土的混合物都适用于盐烧。适量添加简单的助熔剂（长石、霞石正长石、康沃尔

费尔·罗杰斯（Phil Rogers）
《瓶子》

高：35 cm。瓶身上施天目釉，用传统的还原气氛高温烧制时通常呈黑色。钠蒸气将釉料中的一部分铁元素漂白了，形成了现在照片中看到的带肌理的青瓷色。瓶子下部涂了一圈瓷泥浆。由于钠蒸气的漂白反应不受窑位影响，所以无论把瓶子放在什么位置它都会呈现出相同的色调

摄影：马克斯·科尼利奥（Max Coniglio），图片由波士顿普克（Pucker）画廊提供

本页图：

费尔·罗杰斯（Phil Rogers）

《瓶子》

高：15 cm。由于这只瓶子是放在敞口匣钵中烧制的，所以瓶颈处和瓶底处的吸盐量不同，外观差别极大。浓郁的橙色和红色是富铝化妆土吸盐不足时的典型发色。将瓶颈和瓶底加以比较可以发现，前者因吸盐较多而生成了更加明显的橘皮肌理，颜色也更深一些。可以从颜色变化中感受到钠蒸气的巨大影响力

下页图：

费尔·罗杰斯（Phil Rogers）

《印坯瓶子》

高：25 cm。盐釉突出展现了白色化妆土的笔触，强化了雕刻纹饰的轮廓线，令图案更具立体感

石）和二氧化硅，再加上一两种氧化着色剂就足够了。盐釉作为一种古老的陶瓷工艺，因简单和直观流行于世。话虽如此，但作为陶艺家，我们的部分职责是尝试拓展专业认知，不断质疑和探索专业领域内涉及的各种问题。对于艺术陶瓷从业者而言，盐烧过程中复杂的化学知识堪称重大挑战，即使用"炼金术"作类比也不为过。幸运的是，对于充满独创力和好奇心的现代陶艺家而言，没有什么能够阻挡我们追求知识、获取经验，每次出窑时的意外收获足以补偿心中的诸多失望。

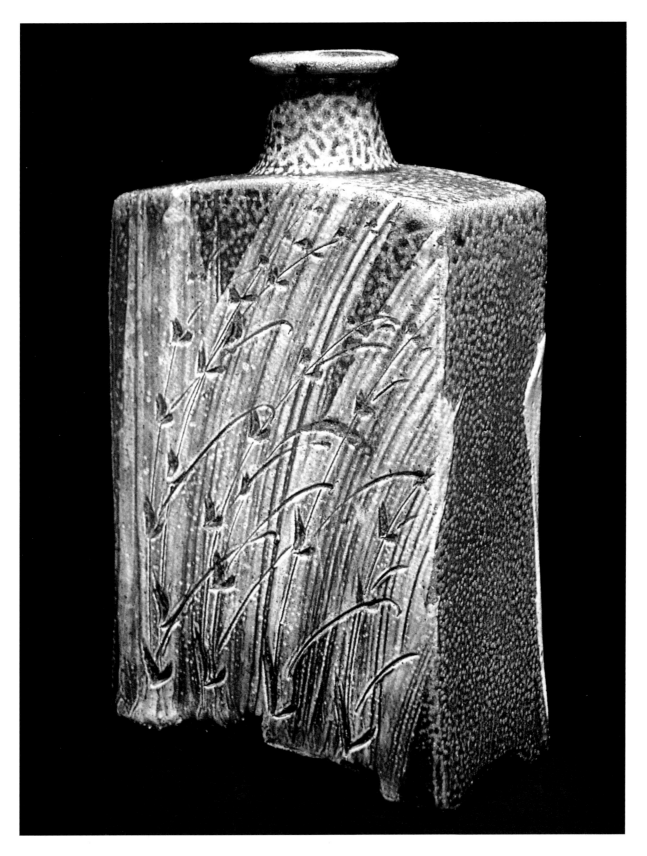

费尔·罗杰斯（Phil Rogers）

《印坯瓶子》（细节图）

我先在坯体的外表面上厚厚地施一层白色化妆土，之后用刻刀雕几支芦苇，刻意暴露出覆盖其下的坯体的深色调。素烧出窑后再薄薄地施一层志野釉。盐釉可以将装饰纹样中每一处最细微的元素清晰地展现出来

48

第四章
适用于盐烧的表面装饰技法

"……借助某些工具，在或湿或干的坯体外表面上刮擦纹饰或刻出线条；在模具成型或拉坯成型的造型上雕刻图案；刻之前先在坯体上施白色化妆土；借助胶带或模型，在化妆土涂层上拓印圆点、圆环、花朵和花边；借助模型切割图案；把可以在高温环境中燃尽的材料塑造成圆环或圆点形，将其嵌入坯体中。二者虽然高度齐平，但纹饰部分呈带结晶的棕灰色。"

——摘自《英国盐烧炻器概览——从德怀特到道尔顿》（*The ABC of English Salt-Glaze Stoneware from Dwight to Doulton*），该书由布莱克（J. F. Blacker）著于1922年，主要介绍19世纪后半期伦敦道尔顿陶瓷厂采用的各种装饰方法

我们区分不同陶艺家的作品时，通常会以装饰风格、造型及整体设计等具有个性化特征的几个方面作为参考。能在陶瓷装饰领域形成个人风格极为不易，很多人穷尽一生都没有做到过。我个人认为，对于陶艺从业者而言，建立某种个性化的、极具识别度的装饰风格远比刚接触专业时学习成型难得多。

提及装饰与盐釉的关系，我觉得二者之间存在一些非常重要的基本原则。盐烧和其他类型的陶瓷制品在釉面上有很大区别，这也是我们不惧艰辛地想要获得它的原因。同样，也正是因为盐釉很特殊，所以在创作过程中需要给予某些特殊的考虑。

造型

通读本书可以发现，可以利用盐釉渲染、突出作品上的某个部分。盐釉这种令人赏心悦目的装饰能以一种戏剧性的方式强化造型。除此之外，以某种特殊的方式将坯体放入窑炉中烧制能获得令人意想不到的外观。有些时候是将坯体横倒摆放，有些时候是将多件坯体嵌套在一起，有些时候是用一个预先制作的"罩子"将某件坯体罩起来烧制。可以将窑炉作为一种创造性的工具，操纵并引导火焰和钠蒸气"光顾"指定的区域。诸如桑德拉·洛克伍德（Sandra Lockwood）等陶艺家甚至为了获得个性化的烧成效果，专门设计并建造出烧成方式极其特殊的窑炉。

我十分关注盐釉作品的外观。因为釉面非常薄，所以即便是造型或设计中最轻微的缺陷也会被暴露出来。哪怕只有一点问题也会在盐釉外观上那细微的光影效果差别中露出端倪。由于盐釉会精确地展现作品的外轮廓线，所以造型不能出纰漏。

把手和其他附件是需要特别关注的部分。如果做工不完美，把手的曲线有偏差或口沿有问题，那么盐釉将所有不显眼的问题以分外明显的形式展露无遗。请牢记，无论向作品中加入了什么样的特征设计，盐釉都会发现并放大它们。滨田庄司（Hamada）曾经说，他之所以到了晚年才开始尝试盐烧，是因为他觉得年轻时的能力不足以驾驭盐釉，须等到足够优秀后才能冒这个险。

桑德拉·洛克伍德（Sandra
Lockwood）
《双面罐》
高：18 cm。为了让罐身两侧呈现
出完全不同的外观，洛克伍德专门
设计建造了一座长而窄的柴窑。钠
蒸气从炉膛出发顺着长长的窑身流
向烟囱，整个流动轨迹记录在这只
罐子的外表面上，是将窑炉作为装
饰工具的绝佳例证

当然，我们可以巧妙地利用上述特性并充分展现其优点，通过挤压、敲击、塑
形或切割等方式处理造型，既注重整体感，也不放过任何细节特征。如此一来便能
创作出融造型、平衡、装饰及柔和光影效果于一身的佳作。

体量

提及盐烧这样的主观性专业话题，人们总是习惯以个人的审美和喜好作为评判
标准。但实际上这样做不合适，正所谓仁者见仁智者见智，就像我的观点不可能得
到所有人的认可一样。我觉得，盐釉纹饰的尺寸与承载着它的作品体量之间有一种
非常密切的关系。直至今日也很少有陶艺家创作超大体量的盐烧陶瓷，这绝非巧合。
部分原因是烧制大体量的作品存在一定风险，对窑炉的要求也相对较苛刻，但更重
要的是陶艺家注意到，盐釉只有与适度体量的作品相结合时才能展现出最佳效果。

橘皮肌理有一定的比例范围，它很少"越线"。可以仔细观察迈克尔·卡森
（Michael Casson）创作的大水罐，不难发现他选择的这种化妆土烧成后绝大部分区
域仍然保持光滑。假如有一只大罐子从上到下布满橘皮肌理，那一定会很无趣。很
多初次尝试盐烧的人有一个认知误区，他们觉得如果坯体上没有生成橘皮肌理便是
失败。盐烧的美绝不能用如此简单的标准来评判，即便没有橘皮肌理，只要釉面视
觉效果丰富且令人愉悦，毫无疑问，这就是成功的。

露丝玛丽·科克拉内
（Rosemary Cochrane）
《碗》
直径：25 cm

化妆土

可以通过往坯体上施与坯料化学成分完全不同的化妆土，达到改变或影响盐釉颜色和肌理的目的。我们开发了很多化妆土，也通过研究掌握了如何控制其光泽度、光滑度或肌理密度的方法。本书中的许多配方能作为个人实验的参考。

过程

化妆土既适用于素烧坯，也适用于未经素烧的生坯。既可以通过浸、喷或浇等方式施在坯体的外表面上，也可以将上述方法组合在一起使用。既可以分层叠摞，也可以借助蜡液创作独立的装饰纹样，还可以趁湿擦拭。当我用带锯齿的半圆形软橡胶工具刮擦坯体的外表面时，可以获得独特的装饰形式。化妆土层被划破，进而暴露出覆盖其下的另外一种化妆土或坯体的本色。往半干的坯体上施化妆土，原因要么是想在其外表面上刻出肌理，要么是素烧过的坯体无法和厚厚的化妆土层牢固黏合。涂层干透后入窑素烧，之后还可以施另外一种化妆土或釉料。

在我看来，优秀的盐烧作品可以给人一种恰到好处的克制感。虽然窑炉和盐的馈赠十分慷慨，但我们却不能太贪心。

费尔·罗杰斯（Phil Rogers）
《扁壶》
高：30 cm。先在半干的坯体上厚厚地施一层白色化妆土，之后划破涂层，暴露出覆盖其下的坯体本色。我特意挑选了一种色调非常深的坯料，目的就是让坯体和化妆土层形成鲜明的对比。在素烧过的坯体上薄薄地施一层志野釉，之后盐烧至11号测温锥的熔点温度

肌理

　　许多陶艺家被盐釉固有的揭露（revealing）特性所吸引，他们要么在坯体上刻出肌理并施化妆土，要么在化妆土层上刻出肌理。在创作的过程中，我会借助各种各样的金属工具在坯体的外表面上制作出肌理，这些工具包括刀子、小段锯条、钉子、打孔器、锯齿形水泥抹刀和经过切割的信用卡等。每一种工具塑造的肌理都独具特色，可以把多种工具结合在一起使用。我经常在特别厚的化妆土层上刻出肌理，

露丝安妮·图德波尔（Ruthanne Tudball）
《两只瓶子》
高（最高处）：25 cm。图德波尔开发了很多种塑造肌理的技法。瓶子上的肌理是趁坯体湿润时，用弹簧沿着器壁由下至上切割出来的，外观丰富、块面分明。把原本厚重的瓶底改造成四点着地样式，从视觉上为造型平添了一份平衡和轻盈。两只瓶子的造型和装饰完美搭配，充满了动态美和吸引力

为的是让它呈现出融二维和三维于一体的效果，特别立体的肌理能让人形成视错觉，仿佛能从表面看到它的内在。

我喜欢用的另外一种技法是先在坯体的外表面上刻出肌理，之后往肌理上施化妆土。我塑造肌理的工具品种繁多，包括各种绳子、由诺斯福克（Northfolk）松针制作的编织品，以及自制的图章和滚轮。我最常使用的一种工具由卷笔刀的桶状内芯制作而成，我用它在坯体的外表面上滚压线条纹饰。

很多其他类型的陶艺技法亦适用于盐烧，例如用梳子在坯体的外表面上梳理纹

左图:
费尔·罗杰斯（Phil Rogers）
《瓶子》

高: 17.5 cm。拉坯之前，先将长石碎屑揉进坯料中。附着在坯体外表面上的长石熔融后生成珍珠般的小白点。化妆土内富含氧化铝，将这只瓶子放进敞口匣钵内烧制。由于瓶子下部被匣钵遮挡住，无法接触钠蒸气，所以铁结晶后会呈现出浓郁的深红色。将细木灰筛落在瓶子的肩部，熔融流淌的灰釉形成了极富"动感"的装饰

右图:
杰克·多尔蒂（Jack Doherty）
《姜罐》

高: 25 cm。多尔蒂用瓷器坯料制作苏打烧器皿。他制备了数种瓷器坯料，并在配方内添加少量着色氧化物。用拉坯成型法塑造形体，先在拉了一半的器皿上叠摞色泥薄片。之后继续拉坯，通过这种方式将色泥"镶嵌"到坯体中。经过旋压的色泥肌理自然而然地成为整个造型的视觉焦点。以铜作为着色剂——虽然只在罐子的内壁上使用着色瓷泥，但在还原气氛的影响下，铜元素穿越了器壁并在罐子的外壁上形成粉色肌理

饰，或者用带锯齿和无锯齿的木质工具在化妆土层上刻出肌理——我用锯条在木质工具的外表面上锯切线条，借此方式将其改造成各种各样的压印图章。有些时候，趁拉坯成型的罐子或瓶子达到最佳干湿状态时，用此类工具在其外壁上压印肌理也是不错的选择。

有一种制作图章的方法既简单又迅速，即把现成物品上的肌理压印在小泥块上。盐釉具有突出展现肌理的特性，掌控得当时能生成非常漂亮的图案。有些时候，我会在拉了一半的坯体外表面上压印图章纹饰，之后在不触动外壁的前提下继续拉坯，只向外顶压内壁，以此方式将纹饰放大。这种技法和在瘪气球上写字，充气后字体便会膨胀同理。可以用这种方式放大包括块面在内的任意类型的肌理和图案。

黏土添加物

我在自制的大部分坯料中添加了长石碎屑。这些砾石状杂质可在高温环境中熔融，并在坯体的外表面上生成珍珠般的白点，外观酷似日本志贺町的陶瓷制品。我还尝试过往坯料内添加玄武岩碎屑，这种矿物能生成巧克力色斑，有些时候色斑周围的坯体会爆裂。除此之外，我还见过很多有趣的作品，它们的坯料内添加的材料原本与陶艺无关: 锯末、米粒、聚苯乙烯颗粒，以及宠物床垫填充物和纸纤维，上述材料在烧成后均能生成特殊的外观。我还曾见过有些同行往瓷器坯料内添加含铁石屑，盐烧后的效果非常独特。

盐烧的实验范围无穷无尽，我确信目前大家尝试过的技法仅仅是冰山一角。在强还原气氛中降温对作品的影响颇深，能生成极有趣的盐釉。匣钵盐烧值得深入研

卡捷琳娜·伊万杰里杜（Katerina Evangelidou）
《深槽纹花瓶》
高：25 cm

究，可以先在密封的匣钵内放一些盐和其他可燃物，之后放入盐釉窑或其他类型的窑炉中烧制。我在本书中简要介绍了约翰·尼利（John Neely）的作品，他在化妆土内混合了很多不同寻常的添加物。坯料添加物、塑造肌理和营造对比效果领域还有很大的研究空间。

　　大胆享受游戏过程：看看旅途的终点到底在哪里。有些时候，只有敢于失败才能获得成功。唯一的遗憾是，我们的生命太短暂了！

梅·琳·彼兹摩尔（May Ling Beadsmoore）

一座容积为 1.13 m³ 的苏打窑。这座窑炉的建造材料极为合理——铝含量为 42% 的重质耐火砖——即便用于建造苏打窑，使用寿命也相当长。在谨慎操作和定期维修保养的前提下，它至少能完成 200 次烧成任务。除此之外，给窑炉建造一个能遮风挡雨的窑棚，以及将周边环境打理得整洁有序亦很重要——从安全角度来看，这些都是十分必要的

第五章

盐釉窑

"……据说从窑炉里冒出来的浓烟和火焰十分惊人，着实吓坏了伯斯勒姆（Burslem）的居民们。人们无比恐慌，甚至让埃勒斯（Elers）先生逃离了自己的住所。该窑炉上共设有五个观火孔，但无一位于烟道或挡火墙的上侧，因此它们都不适合作为投盐孔使用。这座窑炉上也没有建造供人投盐时站立的脚手架。"

——摘自：《斯塔福德郡陶瓷史》（History of the Staffordshire Potteries），西蒙·肖（Simeon Shaw），1829 年

事实上，盐釉需要在与其烧成方法相适宜的窑炉中烧制，而且最好由陶艺家本人设计建造。电窑并不适合烧盐釉，气窑、油窑或柴窑等"明火"窑炉是最理想的选择，其中又以气窑为最佳。通常来说，很难在市面上购买到适合烧盐釉的窑炉。原因是商家们不会选用重质耐火砖建造窑炉，此类使用寿命较短的窑炉绝非商业首选。

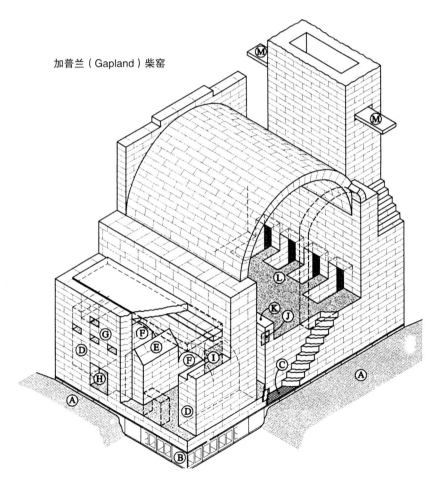

加普兰（Gapland）柴窑

比尔·范·吉尔德（Bill Van Gilder）的交叉焰柴烧盐釉窑剖面图。比尔·范·吉尔德的工作室坐落在美国马里兰州加普兰市（Gapland）

A　20 cm 厚砂砾
B　8×8 混凝土砌块
C　重型箔纸（防潮层）
D　前后耐火砖台
E　中部耐火砖台
F　前后喉拱
G　9 个面积为 6 cm×11.5 cm 的一次风进风口
H　两个灰坑口
I　主投柴孔
J　投盐孔
K　挡火墙
L　4 个烟道出口
M　前后烟囱挡板

我曾见过一座由旧电窑改造而成的盐釉窑。拆下电热丝，为燃烧器设置的端口通常位于窑底且方向与地面垂直。必须建造烟道，烟道的位置通常位于窑炉后部的窑底齐平处，外部设置耐火砖支撑结构并用角钢固定。在金属外壳上切割投盐孔。在高温绝缘耐火砖砌筑的内壁上涂氧化铝粉或耐高温涂料。

我和伊恩·格雷戈里（Ian Gregory）用了一天时间在韩国建造了一座非常小的实验窑。我们先在直面热源的窑壁上铺一层陶瓷纤维，之后再铺一层隔热板。烟囱虽然是一根旧空调管道，使用寿命不会很长，但效果好得令人惊讶。左下角处的燃烧器端口清晰可见，投盐口设在窑门上方。这座窑炉能在8小时内烧至11号测温锥的熔点温度，特别适合试烧坯料（放在窑顶左侧的那只啤酒瓶虽不是烧窑必需品，但对建窑者来说却是必不可少的！）

让盐烧陶艺家亲手建造窑炉，对于新手来说简直令人"听"而生畏，但实际上窑炉的构造并不似想象中那般复杂。建造窑炉是一项体力活，难度并不大，除非我们想把它建造得复杂一些。

我曾多次仅用了数天时间就建造出烧成效果很好的窑炉。虽然它们的体量不大，但原理和大窑炉相同——只是在耗时和用料方面更多一些而已。盐烧陶艺家具有勇于挑战自我的精神，建造窑炉也不会把我们吓倒。建窑用的耐火砖尺寸通常相同，只要制定好方案并有条不紊地实施就不会遭遇太多麻烦。做好记录，以便遇到问题时有据可查并及时纠正，放松心态迈出第一步。

盐釉窑

对陶艺家而言，窑炉是最重要的设备。把倾注了大量时间和精力的作品放入不合格的窑炉中烧制，出窑后的效果与设想中的形象相去甚远，着实令人无法接受。最让人感到心碎的莫过于数周的辛勤劳作和艰苦的烧窑换来一场空。尽管我们不能保证每一次烧窑都成功，但也应该尽量采取足够的预防措施，尽量避免连续性的失败导致心情低落和财务压力。

虽然没有人会刻意建造不合格的窑炉，但陶艺家，特别是处于职业生涯初期的陶艺家，往往会用不明成分的废旧耐火砖建造窑炉，这样做相当于在成功道路上设置障碍。这种节俭行为的常规原因是迫于财政压力，也有一些人喜欢用少花钱甚至不花钱的方式建造窑炉，在他们眼里这可能是一种挑战，他们享受长期摸索后获得效益的满足感！

我的观点是，如果想拥有一座能长期使用且压力和精力投入也最少的盐釉窑，那么最好使用能负担得起的最优质的新材料建造，或者至少，如果不得不使用二手材料的话，要确保其来源和成分都是已知且安全的。

陶艺家在材料方面的花销通常都不高，甚至根本不花钱，但在时间和体力方面的投入却很多。其实很有必要把创作过程中付出的时间和体力投资在建窑材料上，用成分正确、质地纯净、使用寿命为100%的耐火砖建造窑炉，它带给我们的回报更加可观。

尽管有很多人持不同意见，但经验告诉我，这类用废旧耐火砖"东拼西凑"起来的盐釉窑使用寿命都不长，原因通常是砖体材料已遭破坏。绝缘性能下降导致使用效率低下，烧窑成本升高。对于盐釉窑而言，建窑材料正确与否是最重要的考虑因素，盐釉的生成环境相对特殊，钠蒸气对耐火砖的腐蚀作用不容小觑。

购置耐火砖和所有建造过程中的必备工具确实花费不菲。我的建议是，尽量使用能负担得起的最好的材料。先制定一份包括建窑预算在内的详细计划，之后从银

迈克尔·卡森（Michael Casson）的盐釉窑

这座窑炉和我的窑炉结构非常相似，前部中心处设有"辅助烟囱挡板"。该挡板由一块或多块砖组成，抽开后能让空气直接流入与烟囱相连接的烟道。将空气引入烟道的作用相当于传统烧窑环节中将烟囱上的挡板闭合住，即通过减小烟囱的抽力营造还原气氛。进入烟道的冷空气取代了窑室中的热空气，烟囱的抽力随之降低。抽力不足导致窑炉无法吸收足量的二次风。燃料因无法摄入足量的氧气而出现燃烧不充分的现象，当烟囱接近其最大吞吐量时会产生背压，窑门上的观火孔里会冒出蓝色的火焰。启用辅助烟囱挡板是一种非常有效的控制手段，它可以有效缩减窑室与烟囱之间的气流交换。想了解更多还原气氛的相关理论及烧成效果，请参阅尼尔斯·洛（Nils Lou）的著作《烧成艺术》（The Art of Firing）

坐落在俄亥俄州立大学的盐釉气窑，于1994年由吉尔·斯滕格尔（Gil Stengel）设计建造

行里提取足够的现金。

选址

最理想的情况是将窑炉建造在尽可能靠近工作室的地方，以便装窑。虽说选址以陶艺家的主观意愿为主，但决定性因素却是空间和主导风向。除此之外，周边建筑物、树木和邻居等环境因素也会产生一定影响。盐烧本身并不会对植被造成伤害。以我的盐釉窑为例，附近的树木和灌木丛生长得非常繁茂。当然，如果窑炉的烟囱太高、太靠近树枝的话，那么从烟囱里排出来的热气可能会对植物造成伤害。人们似乎夸大了盐烧对环境的影响，实际上这种影响微乎其微，有关这方面的内容我会在后文中作详细介绍。在烧窑的过程中，烟囱里会排出带气味的白烟。除了关系特别要好的近邻之外，我想大部分人都会介意，所以在这一点上建议处理好邻里关系，避免产生纠纷。这也是盐烧陶艺家和柴烧陶艺家将工作室建造在远离市区处的原因。假如从事的不是盐烧而是苏打烧，或许没有上述顾虑，因为二者相比，苏打窑排放的烟雾几乎无色无味。由于盐烧时会产生难闻的气味，所以最好不要把窑炉建造在工作室内，除非房间里安装了良好的通风设备，以及使用非食用盐烧窑。

在室外建造窑炉时需要搭建永久性的窑房，以保护窑炉免受外界因素的影响。不能让雨雪或从地面蔓延上来的湿气影响到窑炉。窑炉上的耐火砖，特别是直面热源的耐火砖受潮后极易受损，原因是水在高温环境中转化成的水蒸气无法迅速排出。不单单是这些耐火砖会开裂、迸渣，情况严重时还会殃及放置在窑炉内的作品。即便耐火砖本身不破损也有问题，烧成时间会延长，燃料的损耗率会加大，进而导致成本提升。

与英国相比，某些国家的气候条件相对较好，上述问题不太明显。在气温较高、气候较干燥的国家建造室外窑炉时顾虑较少。有时只需要搭建简易的窑棚即可，除了烧窑之外，诸如施化妆土和施釉之类的工作也能在窑棚下完成。

我的数座窑炉都建造在工作室旁边的一座旧农场建筑内。地基由混凝土砌块铺就，上面浇筑了混凝土地板。如果大家也想在地面上建造窑炉的话，我强烈建议采用下列方式建造地基：铺一层碎石块（厚度至少为15 cm），往石块上铺一层混凝土板或混凝土砌块。如果雨季易出现地表水流通不畅的问题，则还需要建造某种形式的排水渠，以便将窑炉周围的地表水及时排尽。

确保在窑炉周围及窑棚下预留出足够的空间，用于存放装窑和烧窑相关的所有工具。每次烧窑后将硼板、立柱、燃烧器、测温锥、盛放化妆土或釉料的桶、测温计等物品整齐地收纳在远离危险或潮湿的地方。如果打算在窑炉旁边施釉，还必须规划出一片区域，以免在工作的过程中伤及作品、设备和自身。务必确保窑炉的周边环境井然有序。盐烧和其他类型的烧成方式不同，它更容易产生大量"窑渣"。因此，每次出窑后都要及时打扫卫生，保证给后续烧窑工作营造出干净整洁的环境。那些在窑炉周围杂乱堆放的窑渣会严重影响陶艺家的心情和工作效率，是事故的隐患，极可能毁掉某件好作品。

材料

当把盐投入窑炉中后，窑炉内的蒸气具有高度腐蚀性。每烧一次窑，窑炉的使用寿命就会缩短一些，这一点有别于普通窑炉。耐火砖，特别是炉膛区域的耐火砖会被逐渐侵蚀掉，随着时间的推移，窑壁的厚度会逐渐变薄，窑体也会随之失去稳定性。除此之外，硼板和立柱的使用寿命也很有限，这也是盐烧陶瓷的售价高于普通陶瓷的原因之一。窑炉的持久性和使用寿命在很大程度上取决于建窑材料的质量、每次烧成后的维护保养，以及烧成方法是否得当。

我们首先要思考的是选用何种建窑材料。近几年来，很多业内人士就如何选择耐火砖和其他材料撰写了不少著作并引发了广泛讨论，这些材料可能适合也可能不适合建造盐釉窑。他们先在高温绝缘轻质耐火砖和陶瓷纤维制品的外表面上涂适宜的耐火涂料，之后做盐烧实验，观察上述材料在钠蒸气环境中的反应。如果可用的话，其优势远超重质耐火砖——烧成速度更快、成本更低。但我通过实践遗憾地发现，无论是高温绝缘耐火砖还是各类陶瓷纤维制品，没有任何一种轻质、超级耐高温材料完全适用于建造盐釉窑的炉膛。

我想有些同行或许会根据个人经验提出不同的看法。我和很多盐烧陶艺家就各类轻质耐火材料和各类涂料做过组合实验，结果发现氧化铝或高岭土无法起到正面作用。我的看法是，选用何种类型的高温绝缘耐火砖非常重要，因为不同商家的产品成分有区别。单从表面上看，不同品牌耐火砖的温度等级或许相同，但在密度、坚固性及抗腐蚀性方面可能存在着很大的差异。

比较合理的做法是从供应商手里索要一些样品，正式建窑之前先在其他人的窑炉中试烧一下。质地较硬、重量较重且不易碎的高温绝缘耐火砖性能优于质地较软、疏松多孔的同类产品。我亲自测试过上述两种耐火砖，结论真实可信。少数美国同行告诉我，先在陶瓷纤维压缩模块外涂国际技术陶瓷有限公司生产的（International Technical Services Inc.）耐高温涂料，之后用这种模块建造苏打窑，使用寿命相当长。这种涂料共分为四个等级，不同等级的适用范围有所区别。关于该产品，我认为其制造商的声明最客观，他们声称该耐高温涂料更适用于传统窑炉，可以节省燃料消

杰克·多尔蒂（Jack Doherty）和琼·多尔蒂（Joan Doherty）的悬链线拱苏打窑

窑炉上曾架设过可拆卸的防雨棚，这在英国乡村花园的绿树丛中显得很突兀。鉴于英国反复无常的气候，现已重建了永久性的窑棚，用于保护窑炉和陶艺家免受恶劣天气的影响。这座窑炉是浇筑而成的，设计图和详细的建造方法参见露丝安妮·图德波尔（Ruthanne Tudball）的著作《苏打烧》（Soda Glazing）

重质耐火砖的外表面被严重腐蚀，这种现象通常出现在盐釉窑的炉膛内。窑炉的内壁可以用轻质绝缘耐火砖建造，但炉膛必须用高铝重质耐火砖建造，且高度不得低于窑室底部

耗及延长元件的使用寿命。

但说实话，我个人认为用上述轻质耐火材料建造新窑炉，在财力和人力方面的付出较大，也有一定风险。我发现把氢氧化铝和高岭土以2∶1的比例简单地调配在一起，作为高温绝缘耐火砖的保护涂层效果最佳。将这种混合物涂或浸在整块耐火砖上，可以有效延长其使用寿命。耐高温涂料密度更高，适用于保护盐釉窑的窑门区域。用轻质耐火砖建造窑门除了便于移动之外，还能在一定程度上降低燃料的消耗量。除了窑门之外，我不会用轻质耐火砖建造盐釉窑内的任何主要结构。原因是窑门很容易更换，甚至可以将其视为一次性的，但窑壁却做不到这一点。

我认为，高铝（42%）耐火砖是唯一一种适合建造盐釉窑内直面热源区域的材料。由于这种耐火砖的密度较高，所以非常重，需要耗费更多的燃料才能升温。但氧化铝含量高却也提升了它的抗腐蚀性，令其使用寿命明显长于氧化铝含量较低的同类产品。盐釉在低铝耐火砖上的沉积速度更快，反过来说，砖体会在更短的时间内被侵蚀掉。需要注意的是，由于不同商家生产的耐火砖质量存在显著差异，所以很有必要在其他窑炉中测试碎砖块，以评估其抗腐蚀能力是否能达到盐釉窑的建造要求。事实上，炉膛是窑炉内部受钠蒸气影响最大的区域，可以用高铝耐火砖建造或用高铝混凝土浇注。我用氧化铝含量为60%的耐火砖建造炉膛，效果非常显著。但值得一提的是，这种耐火砖的售价非常昂贵，在实践中，如果用氧化铝含量为42%的耐火砖建造炉膛，并于每次烧窑后往砖面上涂氧化铝浆的话，也能有效延长其使用寿命。

关于涂隔离剂的讨论

关于是否需要往窑室的内壁上涂隔离剂，业内存在两种观点。持第一种观点的人认为应该让窑壁"盐化"。但我的观点是，经过一段时间或连续烧窑后，窑壁上的釉越积越厚，盐会侵入耐火砖结构，窑身会随之损毁。我在前文中一再强调过炉膛是最需要关注的区域，其中又以窑底与窑壁相连接处最为关键，该区域最易受损。有些陶艺家认为，经过盐化或窑壁上有釉的窑炉更好用，可以烧制出质量越来越高、外观越来越"丰富"的作品。不能否认，把已经盐化的"老"窑炉和新建造的窑炉加以比较可以发现，前者的投盐量仅为后者的0.3倍至0.5倍，即可烧制出釉面厚度相同的作品。釉层淤积过厚，特别是窑室拱顶上的釉层淤积过厚时，会对坯体造成损害，原因是这层釉会在高温环境中再次熔融并滴落。出于这个原因，我更喜欢穹顶或罗马式拱顶，其弧度便于熔融的釉液顺势流下，而不是直接滴落在坯体上。我有一座悬链线拱顶盐釉窑，每次出窑后我都会用手斧砍掉拱顶上凝结的釉滴。

用优质高铝耐火砖建造窑炉，使用寿命相当长。我目前的窑炉使用的耐火砖中42%为"内特尔"砖（Nettle，氧化铝致密耐火砖）。我用这个窑炉已经烧了30次窑，迄今为止未出现明显损坏。保守估计至少可以烧100窑之后才需要大修，烧200窑之后才需要更换。我没在窑壁或窑顶上涂任何保护性涂料，只要建窑材料足够好，就可以这样做。我强烈建议不要舍本逐末，涂涂料这种做法不是最好的选择。只要在耐火砖上做足投资，那么窑炉的使用寿命将足以补偿其花费。当然，可以使用高温绝缘耐火砖砌筑外层窑壁。

持第二种观点的人认为应该在窑室内部涂氧化铝，目的是隔离钠蒸气。如此一来，既可以保护窑壁，又可以延长窑炉的使用寿命。但我对此持相反意见，不觉得这样做有什么益处。上述两种方法均能为炉膛提供一定保护，炉膛是最容易受到腐蚀的区域，可以说它的使用寿命等同于整个窑炉的使用寿命。假如选用第二种方法的话，得在每次烧窑时添加更多的盐才能烧制出令人满意的外观，有些时候，放在窑壁附近的坯体会呈现出吸盐不足的外观，这表明窑壁上的隔离剂会对坯体的吸盐量造成不良影响。

我还注意到以下几点有趣现象：我有两座窑炉，一座是盐釉窑，另一座是还原气氛焙器窑。容积为2.12 m³的还原窑略大于盐釉窑，由K23型轻质高温绝缘耐火砖建造而成。盐釉窑由氧化铝含量为42%的D型内特尔耐火砖建造而成。这两座窑炉里安装了相同类型的燃油燃烧器，可以互换。还原窑的载重量比盐釉窑的载重量大25%左右。

但两座窑炉的烧成时间却都是14小时左右（部分原因出于我的个人偏好），更重要的是，每次烧窑的燃油耗费量也都是227 L。尽管两座窑炉的燃料成本存在差异，但差异很小，所以我觉得使用轻质耐火砖建造盐釉窑意义不大。

灰浆

前文中介绍过的优质高铝耐火砖制造规格通常较高，尺寸也是统一的。但即便是这样，砖块之间也存在极其微小的尺寸差异，不借助灰浆很难保证砌筑结构准确无误。即便差异只有区区2 mm，不用灰浆单靠耐火砖本身，也无法砌筑出长度精准的窑壁。我建议使用灰浆，用它弥补砖块之间的尺寸差异。灰浆接缝越窄越好。专业泥瓦工的接缝宽度为1～2 mm。灰浆的最佳浓稠度类似高脂浓奶油，砌砖时的辅助工具为较重的橡胶槌。

可以购买商业生产的灰浆混合物，但我建议自己制备。把高铝耐火黏土或球土、高岭土、熟料（非沙子）混合在一起就是一种非常好的灰浆，优点是与含有固化剂的商业灰浆相比，前者在每次烧窑后更容易清理。我曾尝试过根据耐火砖的氧化铝含量制备与之匹配的灰浆，但对于盐釉窑而言，下述配方的灰浆适用范围更加

卡罗尔·罗瑟（Carol Rosser）和亚瑟·罗瑟（Arthur Rosser）的柴烧盐釉窑

此窑炉是奥尔森"速烧窑"的改良版，最初的建造者为米奇·施洛辛克（Micki Schloessingk）。除了在炉膛上设置窑门之外，这座窑炉与奥尔森"速烧窑"最主要的区别是，前者的火焰顺着窑壁从窑身两侧进入炉膛，而后者的火焰从窑身中部直接进入炉膛，相关细节请参阅弗雷德里克·奥尔森（Frederick L.Olsen）的著作《窑炉指南》（The Kiln Book）

广泛，不妨一试：

材　　料	份　额
球土（埃克塞尔西奥Excelsior球土或耐火黏土）	45
高岭土	10
耐火砖熟料（细）	30
煅烧高岭土（60目）	5

把灰浆调配至高脂浓奶油般的稠度。每砌一块砖之前，先把砖在清水中浸一两秒钟，注意别在黏结面上铺太多灰浆，之后把砖块上要黏结的那一面嵌入灰浆中。如果没把砖浸湿的话，它会吸收过量的灰浆。把砖块放在适当的位置后，用橡皮槌轻敲其顶面和侧面，直到接缝的宽度适宜为止。把溢出砖缝的灰浆清理干净。待完工后，用大海绵把窑壁砖缝里溢出来的灰浆全部清理干净。每砌一块砖便借助水准仪检查其水平和垂直角度，并在整个施工过程中借助瓦工线坠或瓦工直角尺密切留意窑壁的走向。

浇注料

高铝耐火浇注料为窑炉建造商提供了另外一种选择。耐火浇注料由黏土和骨料（通常为耐火砖熟料）混合而成，配方内还添加了固化剂。浇注料分为很多等级，粒度和氧化铝含量各异，适用于建造盐釉窑的高铝耐火浇注料品种繁多。

一般来说，浇注料仅用于塑造窑炉内的某些区域，作用是为该区域提供保护。例如，可以在炉膛底上铺一层5 cm左右的浇注料，除此之外，还可以用5 cm厚的预制浇筑板为炉膛壁铺内衬。炉膛内正对燃烧器的部分是重点保护区域，特别是油窑，火焰较长对耐火材料的侵蚀相对更严重。我在自己的油窑相应位置上浇筑了7.5 cm厚的保护层。

门，或者更准确地说是孔洞挡板，可以按照孔洞的形状自由浇筑。如此一来，每次烧窑时只需将其安装就位即可，就不必劳神费力地用数十块耐火砖封堵孔洞了。可以在浇筑体上预留观火孔。

耐火浇注料既能塑造整个窑身，也能塑造窑炉上的某些部件，具体方法主要包括以下两种：第一种是借助木质"模具"浇注窑壁或拱形结构；第二种是先把浇注料塑造成各种形状的模块，之后像砌砖一样堆塑造型。当窑炉的体量特别小时，可以把窑壁上的烟道口、观火孔和投盐孔先浇筑成独立的预制组件。之后将它们分别摆放在适宜的位置上，并借助金属支撑进行加固。

窑具

与建造窑炉的主体材料一样，硼板和立柱也会在盐烧的过程中受到严重侵蚀。这个问题几乎是无法避免的，所以这类窑具本身也有使用寿命。直至前不久，我还在用耐火黏土硼板烧盐釉，这种硼板通常用于烧制普通类型的陶瓷，我使用的窑具几乎都是二手的，这样做可以有效降低烧成成本。但即便如此，硼板或垫饼依然是盐烧陶艺家最主要的消费对象。

高铝浇注料适用于塑造炉膛的所有部位。为确保浇筑体牢固黏结，浇筑之前先把窑壁上的灰尘和附着的灰浆清理干净。炉膛内正对燃烧器的部位需浇筑得厚一些（10 cm），因为这是整个炉膛内最易受损的区域。浇筑作业完成后，很有必要往其外表面上涂一层氧化铝。炉膛底部的浇注厚度以5 cm为宜

铝含量为42%的耐火砖

外部保温层

炉膛

杰克·多尔蒂（Jack Doherty）正在"夯锤"悬链线形木质拱顶模具两侧的浇注料。每完成一个部位后便用保鲜膜将其包裹住，以此方式把不同层次的浇筑体分隔开来，目的是降低整体结构的内应力，进而将开裂的可能性降至最低。可供选择的高铝、高温浇注料类型多样，选购之前最好先咨询制造商，以便能找到最适宜的类型。多尔蒂使用的浇注料是他自己制备的，该配方已经过多次烧成测试，效果非常好：

成分	份额
耐火黏土	2
锯末	2
粒径为5 mm的熟料	2
氢氧化铝	0.5
硅酸盐水泥	0.5

杰克·多尔蒂（Jack Doherty）和琼·多尔蒂（Joan Doherty）的这座窑炉为悬链线拱苏打窑。详细的设计图参见露丝安妮·图德波尔（Ruthanne Tudball）的著作《苏打烧》（Soda Glazing）。杰克·特洛伊（Jack Troy）在其著作《盐烧陶瓷》（Salt-Glaze Ceramics）中详细介绍了类似的盐釉窑的浇筑方法

    我使用的立柱是建窑时剩余的D型内特尔（Nettle）耐火砖。大多数耐火材料供应商会将砖块切割至适宜长度，可用作立柱的有两种规格，分别为：1.25 cm×7.5 cm×5.5 cm和22.5×7.5 cm×5.5 cm。

    无论何种情况都不能使用管状立柱。这种立柱特别容易受到盐的侵蚀，哪怕只烧一窑也会变形，其厚度根本无法抵御钠蒸气的腐蚀作用。我曾使用过一次管状立柱，其中一个直接熔融成泥浆状，害得我损失了大半窑作品！

    初次使用之前，需在立柱和硼板的上表面涂一层与炉膛内壁上相同的氧化铝。硼板的下表面也可以涂，但涂层宜薄不宜厚。随后每一次烧窑之前，都应该往立柱和硼板的上表面重新涂一层氧化铝。但硼板的下表面无须再涂，原因是随着硼板下侧的涂层逐渐破损，渣滓很可能掉落并黏结在位于其下方的坯体外表面上。

    若在盐釉窑里使用氧化铝窑具的话，我估计没有一种产品能挨过烧10次窑。继

续使用烧窑次数超过此数值的窑具风险极高。时不时地敲击一下硼板，通过声音判断它是否已出现了裂缝。如果声音很沉闷，就丢弃了吧。除此之外，再次入窑使用之前，得先把剥落的氧化铝涂层清理干净，之后补涂一层。如果觉得硼板有问题的话，就别再使用了。

另外一种选择是使用碳化硅硼板。这种硼板的抗腐蚀性远高于耐火黏土硼板，使用寿命也相当长，但价格非常昂贵，选用这种硼板意味着要花费一笔巨资。虽然价格不菲，但杰克·特洛伊（Jack Troy）强烈推荐同行选用碳化硅硼板。彼得·斯塔基（Peter Starkey）在其著作《盐烧》（*Salt glaze*）中提出了相反的观点，他更青睐高铝硼板。钱和选择权都握在我们自己的手上！我认识的某位美国陶艺家曾说，他在其盐釉窑里用同一套碳化硅硼板至少烧过200窑。如果情况属实的话，我不得不说，花费巨资购买碳化硅硼板还是值得的。我过去经常使用这类硼板，直到最近才改用了其他产品。

我发现碳化硅硼板还有另外两项优点。首先，它比相同规格的耐火黏土硼板重量轻得多，因此更便于装窑。其次，它的厚度较薄，可以有效增加窑炉内部的使用空间。出窑后，会在硼板的外表面上发现白色泡沫状残留物。这种物质是无害的，每次出窑后用刮刀刮掉即可。

综上所述，如果负担得起，我建议选用碳化硅硼板。哪怕只是使用时的那份安心感也足以弥补花费了！

窑炉设计

几乎任何一种明火窑炉都适用于盐烧，窑炉的结构在某种程度上取决于陶艺家想要的作品类型、希望所选用的燃料和想要达到的燃烧质量。对于那些希望钠蒸气

比尔·范·吉尔德（Bill Van Gilder）的交叉焰柴窑
吉尔德借助窑炉结构生成的抽力引导气流和钠蒸气的走向，进而令作品呈现出让他梦寐以求的闪光肌理

均匀分布的陶艺家而言，倒焰窑是最佳选择，它能提供最合适的烧成温度，窑炉内部的任何一个区域都能烧制出非常均匀的盐釉！交叉焰窑也不错，但坯体面对火焰的一侧比背对火焰的一侧吸盐量高一些。不过，这种正反两面截然不同的闪光肌理或许正是某些陶艺家想要的。参见桑德拉·洛克伍德（Sandra Lockwood）的作品。交叉焰柴窑可以烧制出非常漂亮的盐烧陶瓷。

窑炉设计——燃料的选择

　　盐釉窑可以为倒焰式或交叉焰式等任意结构，燃料可以为天然气、油或木柴。因此，燃料类型并不是限制性因素。我主要用油烧窑，我认为油是最理想的燃料，虽说烧油比烧天然气复杂一些，但无论是烧氧化气氛还是烧还原气氛都更方便利用二次风。天然气比油纯净，硫和碳的含量也更低，基于这个原因，我认为天然气应该比油更适用于盐烧。我会在后文详细阐明其优点。

　　由于油和天然气都需要储存在与燃烧器相连的储罐内，所以得考虑储罐与窑炉之间的位置关系。连接储罐和燃烧器的管道长度越短越好，特别是当燃料为天然气时，因为二者之间的距离越长越有可能导致气压下降。油罐的售价并不高，且安装通常是免费的，即便是按季度租用也花不了太多钱。如果油和天然气都不方便的话，还可以购买罐装的丙烷烧窑，但缺点是消耗量相对较大，即便只是中等规模的窑炉每个燃烧器也至少要耗费一罐。为了避免罐装丙烷因霜冻气候和其他不可抗因素而出现气压下降的现象，很有必要将两罐或更多罐丙烷串联在一起，以确保气压足够充足。这种做法的效果非常好，只是需要多准备几罐"备用"丙烷，在烧制过程中哪一罐用完了及时更换。

　　如果条件允许，最好为窑炉配备一个1吨或2吨的储气罐，具体容量取决于窑炉的体量，上述容量的储气罐很好用。有特殊需求时，可以咨询所在地的天然气供应商。另外一个需要注意的重要事项是，把天然气输入储气罐内成本较低，小罐装的价格几乎是储气罐装的两倍。

　　燃油燃烧器的设计原理是将液态的油雾化成气态，以便于燃烧。气泵或大风扇将加压气体输入封闭的管道中。此类燃烧器属于构造复杂的机械部件，具有优良的耐受力，但价格不菲。由于天然气现已成为大多数工业领域更受欢迎、更方便的燃料，所以个人购买天然气也越来越困难。专业的气泵价格相当昂贵。相比之下，燃气燃烧器的售价便宜很多，且通常不需要加压气体辅助。当然，对于那些在高海拔地区工作的陶艺家或采用速烧法烧窑的陶艺家而言，可能带风扇能提供辅助风的燃烧器是最理想的选择。对于大多数不方便用木柴烧盐釉窑的人而言，安装成本最低、使用最便捷的丙烷或天然气是最佳选择。当对产品规格、BTU（英国热力单位）输出值、需要设置多少个燃烧器心存疑惑，以及想用某特定容积的窑烧某数量的作品时，可以咨询燃烧器制造商，他们既乐意为客户解答各类具体需求，也乐意提供进一步的建议。

比尔·范·吉尔德（Bill Van Gilder）
《浇水壶》
这只壶的外表面上施了富含高岭土的化妆土，它是在柴窑里烧制的。交叉焰窑的定向抽力和较少的投盐量，令作品呈现出一种极其微妙和温暖的外观

熊熊燃烧的奥尔森"速烧"柴窑
（盐釉窑）

坐落在英格兰赫里福德郡
（Herefordshire）迈克尔·卡森
（Michael Casson）和希拉·卡森
（Sheila Casson）的陶瓷厂内

柴烧盐釉

　　柴烧盐釉的肌理和颜色非常柔和，这种特质似乎是其他燃料所无法企及的，我认为投柴节奏是主要原因。木柴被投入炉膛后，先经历短暂的强还原气氛，待窑火逐渐变明朗后又开始经历氧化气氛。残留在坯体外表面上的碳元素在氧化气氛中燃烧殆尽，只留下明亮且纯净的颜色和柔和的肌理。

　　用木柴烧窑首先需要在窑炉附近预留出足够大的燃料储存空间，从点火后往窑炉内投第一块柴开始，直到烧成结束的整个过程都需要付出相当繁重的劳动。木柴是一种笨重的材料，为了免受气候影响，方便在不同的季节烧窑，必须堆放起来储存，且通常需要切割成与炉膛尺寸相适宜的长度。接下来，是在烧成的过程中需要不断地往窑炉内投柴，这是一项既热又费力的工作。最后，还得考虑烧窑对邻居们的影响。由于每投一次柴就会冒一次烟，所以可以说在整个烧成的大部分时间里，烟囱都在冒烟。除了烟之外还有钠蒸气，所以我建议，如果不能在远离市区的地方建造窑炉，那么柴烧盐釉并不是合适的选择。但假如有条件也有兴趣的话，那么其回报可能会远超过为之付出的努力。

　　尽管陶艺家能在柴烧的过程中体会到一种其他燃料无法给予的兴奋感和参与感，但它着实是一项非常辛苦的工作。在烧窑的过程中，既没有气泵发出噪声，也没有燃气燃烧器发出刺耳的嘶嘶声，只有木柴爆裂时发出的轻微噼啪声打破周遭的寂静。

凝望窑室内长而柔和的火焰静静地盘旋在炽热的坯体间，这是陶艺家最享受的乐趣之一。柴烧陶艺家痴迷于此也就不足为奇了！

窑炉造型设计

确定了燃料类型，下一步是要确定窑炉的造型和燃烧器的设置位置。一般来讲，带有弓形拱顶的立方体造型是"最佳"选择。弓形拱顶从一侧窑壁起拱，到另一侧窑壁落拱，由与窑壁等长的角钢或U形钢质支架固定。拱顶支架的四角处各有一根角钢支撑，支架的各个组合部件由螺母和螺栓固定就位。立方体造型的优点包括：更便于火焰和气体流动；烧成效率更高；更利于热量和钠蒸气均匀分布。我在实践中发现，立方体造型不是硬性规则，高一点、深一点都可以。当然，热量很难均匀分布在过高或过宽的窑炉中，所以，我在设计窑炉造型时只会在立方体的基础上稍作改变。

除了弓形拱顶之外，还可以为立方体造型搭配悬链线拱顶。照片中的这座窑炉整个窑身都呈拱形，外观非常漂亮也不难建造，和其他窑炉的悬链线拱顶相比，此拱顶最特别的地方是外部不需要设金属支撑。它拥有自支撑式结构。为盐釉窑建造悬链线拱顶的缺点是，拱顶弧线和炉膛内的挡火墙顶部距离过近，二者之间的空间过于狭窄。钠蒸气被阻隔在狭小的空间内无法顺畅流通，进而极易导致放置在炉膛上方的坯体过度吸盐。很多陶艺家用悬链线拱窑烧制出优秀作品。事实上，我的第一座盐釉窑也是悬链线拱窑，这种窑炉建造起来十分简便快捷，在此强烈推荐。

在正式决定建造哪种类型的窑炉之前，不妨先做调研。别怕麻烦，多参观一些窑炉：陶艺家都是友好且乐于助人的人，可以通过电话预约实地考察。咨询各种窑炉的优缺点、拍照、测绘图纸、熟悉各组成部件的规格，特别是烟道入口和出口的尺寸、烟囱的尺寸、炉膛的尺寸、投盐孔的设置位置等。设计窑炉不是一蹴而就的工作。最重要的是保证它能良好运行，所以，可以从同行的窑炉上直接借鉴有用的信息。对窑炉建造方法有所了解之后，再将想法付诸实践，并在后续版本中加以改良。

我不打算把本书写成窑炉建造手册。书中收录的线图和设计方案可供读者选择、参考，它们并不是最终的施工图。不过我相信，做过大量实地考察或有建造经验的人，借助这些图纸也能建造窑炉。如果想了解更多建造窑炉及其相关的实践知识，我推荐两本书：弗雷德里克·奥尔森（Frederick L. Olsen）撰写的《窑炉指南》（*The Kiln Book*），A&C 布莱克出版有限公司1983年出版。以及伊恩·格雷戈里（Ian Gregory）撰写的《窑炉建造技术》（*Kiln Building*），A&C 布莱克出版有限公司1995年出版。

露丝玛丽·科克拉内（Rosemary Cochrane）的悬链线拱盐釉窑
在拱顶外设置角钢支撑以作加固，原因是拱顶下的窑壁高于常规案例。之所以加高窑壁，是为了弥补悬链线拱本身的不足。这种弧线和挡火墙顶部之间极易形成特别狭窄的空间。在常规案例中，挡火墙的顶越靠近悬链线拱顶的顶点，二者之间的空间越小。抬高起拱的位置可以有效避免上述问题

建造小型盐釉窑

下列照片中的窑炉非常小，实际容积只有 0.2 m³，可以将其视为试验窑。但对于非全职陶艺家或作品尺寸较小的陶艺家而言，这座窑炉大小刚刚好。它位于我的工作室内，不到两天就建好了。它非常好用，可以在 8 ～ 10 小时之内达到预定的烧成温度，烧制出来的盐釉外观极佳。只需要对烟道系统稍作调整，就可以轻轻松松地改造成一座大型窑炉，它也确实是一座大型盐釉窑的微缩版本。

直面热源的窑炉内壁由氧化铝含量为 42% 的重质耐火砖建造而成，我在内壁外铺了保温层，为了节约成本，保温层的建造材料是商家推荐的售价低廉的"杜洛克斯"（Durox）牌耐火砖。这是一种产自英国的轻质加气混凝土保温砖，通常用于建造建筑物的内壁。用它建造窑壁的保温层没有任何问题，只要别用它建造窑门即可。原因是这种耐火砖经过烧制后会变得比较脆弱，用它制作的窑门经不起反复开关，就窑门而言，标准高温绝缘耐火砖是更加理想的选择。

烟囱是由一根 6 mm 厚的钢管制成的，之所以用钢管做烟囱，是为了加快建窑速度。实践证明，对于上述体量的气窑而言，用钢管代替耐火砖作烟囱完全可行。窑炉上设有两个燃气燃烧器，每个燃烧器上串联三个 47 kg 的气罐。在烧成的过程中，所有气罐一直处于开启状态，以应对高海拔烧窑的特殊需求。当然相比之下，更方便可行的办法是安装一个大型储气罐。对于这座窑炉来说，单个燃烧器的 BTU 等级大约为 100 000，具体数值须向燃烧器制造商核实。这座小窑炉体量适中，设计简单，成功烧成的概率极高，对于初次尝试建造窑炉的人而言堪称理想选择。

1. 用双层混凝土砌块将窑室提升至最理想的高度，在上面铺一层耐火砖作为窑底。接下来，在窑底上再铺一层耐火砖，借助它们勾勒出包括烟囱底在内的窑炉的最终形状和尺寸。第二层耐火砖是窑炉的底板，也是直面热源的部分。此部分砖块之间不铺设灰浆

2. 窑室和烟囱周围的第一层砖已经铺好，位于窑室内部两侧处的两层砖塑造的是炉膛，长度从前至后贯穿整个窑身。右前方的开口是预留的燃烧器端口。此部分砖块和剩余的窑身其他部位的砖块之间均铺设灰浆，灰浆层的厚度大约为 1 mm，拱顶除外，拱顶上的耐火砖采用干铺法砌筑

这些照片需要和后文中的设计图对照研究。

3. 这张照片显示第二层砖结构已经砌好。炉膛清晰可见，中央烟道亦如是，烧窑时产生的烟雾会通过这里流入烟囱。用于支撑烟囱的过梁已就位，已为前后燃烧器预留了端口。这两个端口的位置关系呈对角线型，此布局的目的是促进热量均匀分布

4. 窑室的砌筑高度已超过炉膛，烟囱已就位。窑炉内的矮墙不仅是炉膛的侧壁，还是两块硼板的支撑结构，日后烧窑时所有坯体都放在这两块硼板上

5. 及 5a. 窑壁须与其外保温层一起砌筑。门砖由并排摆放的两块砖组成，须确保二者之间严丝合缝，摆放位置位于正前侧的中心线上。此部分砖块不用铺设灰浆，因为窑炉建好后得把它们移开，以便于装窑。与烟囱相连的烟道清晰可见。用长度为 33.5 cm 的耐火砖铺设烟道顶上的跨度（该长度与 1.5 块普通耐火砖的长度相等）。必须使用水准仪

6. 须把窑身拐角处的砖块砌筑成交叠样式，并借助水准仪和瓦工直角尺检测相邻墙体的水平度和垂直度

7. 为窑壁铺设外保温层之前，先在靠近烟囱的位置砌筑后燃烧器端口。在这一点上，大窑炉的优势更为明显，原因是它具有足够的操作空间

8. 从前向后观察窑室内部，两个炉膛位于两侧，中央的烟道穿越后窑壁下部并与烟囱联通。照片顶部两侧各有一块突出的砖，它们是可拆卸的塞子。用它们封堵投盐孔，盐将从这里投入窑炉中

9. 到这一步，窑炉的内壁和外壁几乎全部砌筑完成，角钢支撑已安装就位。支撑上各个方向的组合部件均由螺纹钢筋固定。底部转角处由厚度为2.5 cm的扁平钢板固定就位。现在，这座窑炉已经准备好安装木质拱顶支架了

10. 和11. 拱顶支架的构造很简单，框架部分由胶合板和棍棒搭建而成，框架上面铺硬纸板或"绝缘纤维板"。拱顶的弧线取决于窑室的宽度（图片中这座窑炉的窑室由三块砖铺就，总宽度为67.5 cm），以及窑壁顶部到拱顶最高点的距离。将上述两个部分的测量值，即矢高和跨径告知耐火材料供应商，他们会据此提供能砌筑出该拱顶的最佳的耐火砖组合类型及数量

先在窑壁上放一些高度为6 mm的可拆卸式支撑物，之后将拱顶支架放在上面。待整个拱顶上的砖体结构砌筑完成后，只需将支架下的临时支撑物敲掉，支架就会掉落下来且很容易从前方抽出，抽离支架不会对砖拱顶造成任何不良影响

12. 拱顶支架已被抽离，拱顶稳稳当当地架在两侧的窑壁上

13. 抽离拱顶后开始建造后窑壁，使其与拱顶完美对接

14. 和15. 完成拱顶的收尾工作和烟囱的基座，作为烟囱的钢管将安装于此。该钢管呈矩形，边长为22.5 cm，面积等同于6块砖。用垫饼充当烟囱挡板，并保证其可以在烟囱上自由移动。在烧窑的过程中，借助烟囱挡板营造还原气氛。挡板关闭得越严实，还原气氛越强。出现这种现象的原因是，关闭烟囱挡板会减弱气流的抽力，进而令燃烧器无法从周围摄取足量的空气。后文将就此方面加以详述

材料清单

成本是在参考英国价格的基础上得出的近似值，不包括税金。

材　料	尺　寸	数量	价格
低等重质耐火砖	22.5 cm × 11 cm × 7.5 cm	32	£ 15.00
氧化铝含量为42%的重质耐火砖	22.5 cm × 11 cm × 7.5 cm	126	£ 126.00
氧化铝含量为42%的重质拱形耐火砖		50	£ 126.00
保温砖		220	£ 200.00
角钢	4 cm × 118 cm	4	£ 20.00
螺纹钢	118 cm	8	£ 15.00
混凝土砌块	45 cm × 22.5 cm × 22.5 cm	24	£ 24.00
厚度为5 cm的陶瓷纤维	90 cm × 90 cm	1	£ 10.00
		总计	£ 460.00

16. 已完工的窑炉，内部装满坯体，只等点火。拱顶上铺了一层陶瓷纤维，外面还铺了一层保温砖。使用陶瓷纤维时需特别小心。必须在室外切割，并全程佩戴面罩。在窑炉上铺设陶瓷纤维时，切勿将其作为最外层结构，必须在纤维上覆盖砖、金属或绝缘板，以防止纤维尘流入空气中

小型试验窑设计图（分步骤建造）

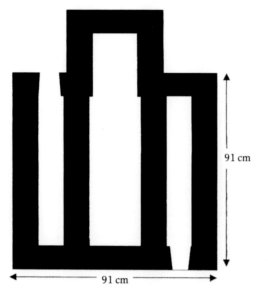

1. 在基座上铺设第一层砖

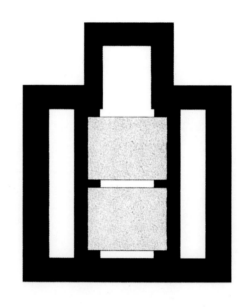

2. 第二层砖及硼板的摆放位置

■ 氧化铝含量为42%的重质耐火砖

轻质绝缘耐火砖

3. 小型实验窑顶视图

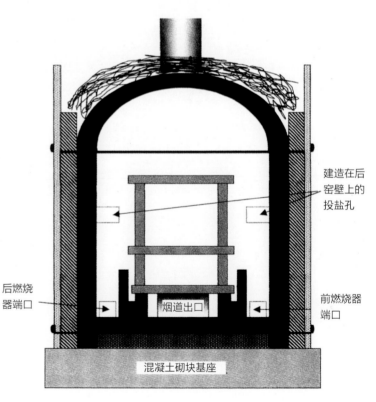

建造在后窑壁上的投盐孔

后燃烧器端口

烟道出口

前燃烧器端口

混凝土砌块基座

4. 小型实验窑前视图

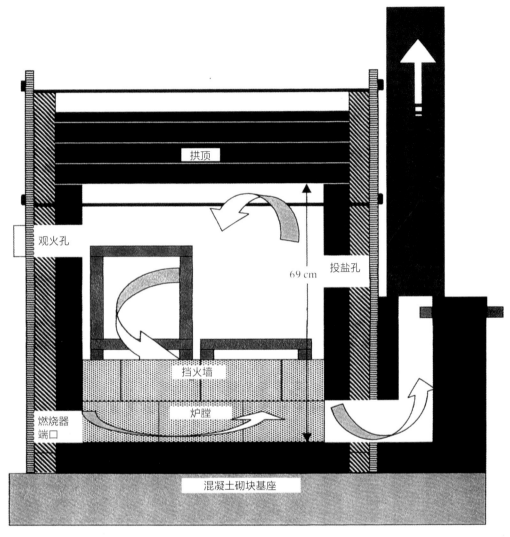

拱顶

观火孔

投盐孔

69 cm

挡火墙

炉膛

燃烧器
端口

混凝土砌块基座

在炉膛的每个面上铺设高铝浇注料，高度与窑室的门齐平。浇筑之前先把窑壁上的灰尘和溢出的灰浆清理干净，以确保浇筑结构与窑壁牢固黏结。炉膛内正对燃烧器的位置，浇筑厚度至少为10 cm，原因是此区域最易被侵蚀。浇筑作业完成后，在其外表面上涂一层氧化铝。炉膛底上的浇筑层厚度为5 cm

5. 小型实验窑侧视图

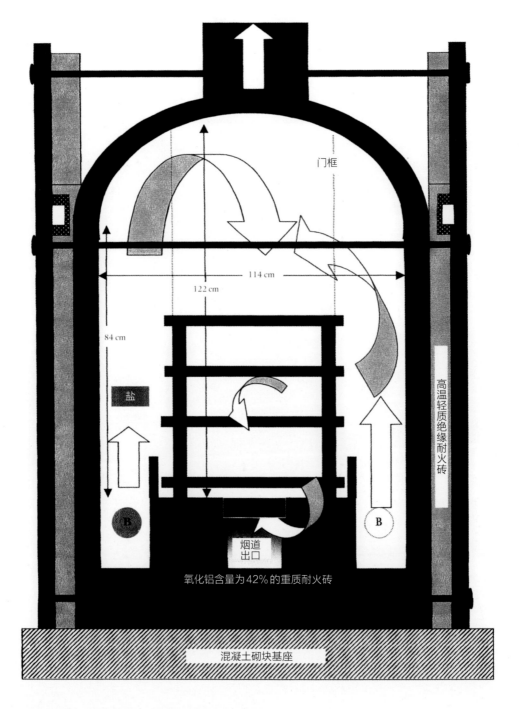

門框

114 cm

122 cm

84 cm

盐

B

B

高温轻质绝缘耐火砖

烟道
出口

氧化铝含量为42%的重质耐火砖

混凝土砌块基座

我的窑炉前视图,展示炉膛和火焰流向烟道出口的路径

两个燃烧器被设在对角位置上,可以令热量和还原气氛均匀分布。每个燃烧器端口的上方均设有一个投
盐孔。直面热源的部位由氧化铝含量为42%的重质耐火砖建造而成,外面加铺一层高温轻质绝缘耐火砖。
烟囱的高度为4.3 m,截面的尺寸为23 cm×23 cm。烟道的截面前后一致,尺寸亦为23 cm×23 cm

下述图纸旨在表明盐釉窑的结构有多种可能性。这些设计形式已经过测试，实践证明都很合理。但它们仅供参考，我强烈建议在开始建造窑炉之前，先按照比例绘制微缩设计图，待对形状有所熟悉，对潜在的问题想出应对措施之后再付诸实践。我在前文中提到过，本书不是窑炉建造手册，在这里，我谨根据个人的实践经验给出以下提示，供参考：

1. 尽量让砖块保持完整。切割越少越好；

2. 正式着手建造之前，可以先在纸上多画几版设计图。对设计稿越熟悉，建造起来越快、越容易；

3. 窑炉的建造过程通常也是解决问题的过程。在解决实际问题的过程中，可以采取一切必要的措施。例如可以把砖块切割成各种实际需要的形状；

4. 所有间隙部位——燃烧器端口、投盐孔、烟道、烟囱——需比其实际尺寸建造的略大一些。原因是倘若尺寸不合适需要调整时，缩减尺寸比增加尺寸容易得多。正式着手建造之前，先对同行的窑炉做一番实地考察，仔细推敲烟道和烟囱的尺寸；

5. 时不时地检查砖铺设得是否平整、方正。定期测量窑炉的各个拐角。务必确保其形状为端正的矩形；

6. 确保窑炉不受外界影响，不会被地表散发出来的湿气所侵蚀。

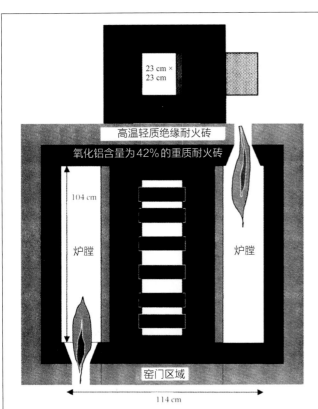

我的盐釉窑，展示燃烧器和炉膛的位置
两侧炉膛的内壁处各设有一堵挡火墙，那些勾着白轮廓线的砖并不是固定就位的，可以借助它们将热量和钠蒸气引至预定的区域

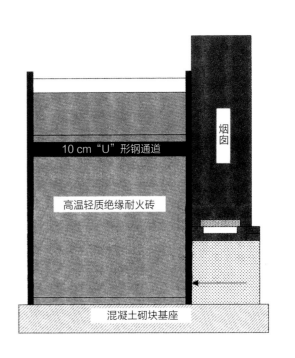

我的窑炉侧视图
烟囱的基座由双层重质耐火砖建造，挡板以上的部位由单层重质耐火砖建造。窑炉的拱顶外设有"U"形钢支撑结构，拐角处由7.5 cm宽的角钢加固

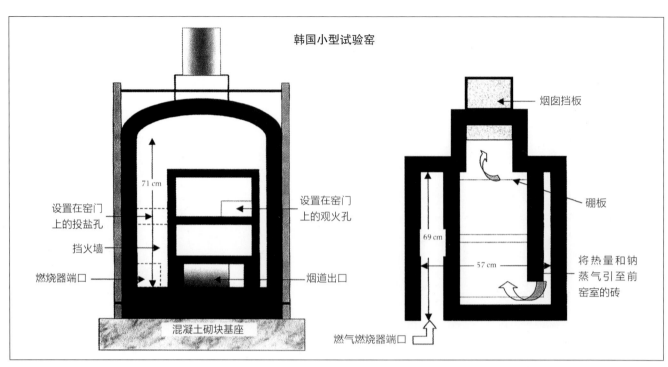

韩国小型试验窑

设置在窑门上的投盐孔
设置在窑门上的观火孔
挡火墙
燃烧器端口
烟道出口
71 cm
混凝土砌块基座

烟囱挡板
硼板
将热量和钠蒸气引至前窑室的砖
69 cm
57 cm
燃气燃烧器端口

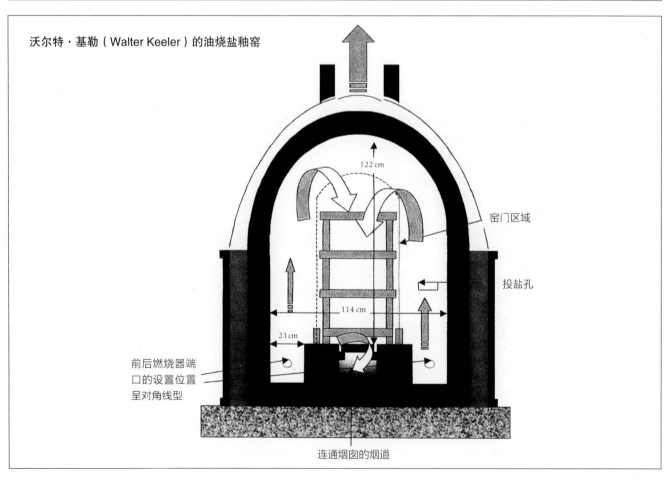

沃尔特·基勒（Walter Keeler）的油烧盐釉窑

122 cm
窑门区域
投盐孔
114 cm
23 cm
前后燃烧器端口的设置位置呈对角线型
连通烟囱的烟道

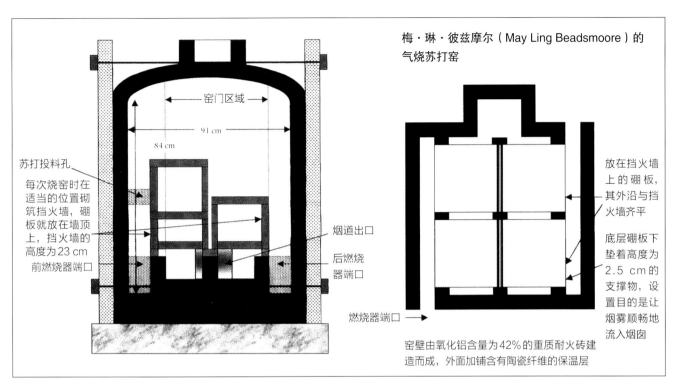

梅·琳·彼兹摩尔（May Ling Beadsmoore）的气烧苏打窑

窑门区域

91 cm

84 cm

苏打投料孔

每次烧窑时在适当的位置砌筑挡火墙，硼板就放在墙顶上，挡火墙的高度为23 cm

前燃烧器端口

烟道出口

后燃烧器端口

放在挡火墙上的硼板，其外沿与挡火墙齐平

底层硼板下垫着高度为2.5 cm的支撑物，设置目的是让烟雾顺畅地流入烟囱

燃烧器端口

窑壁由氧化铝含量为42%的重质耐火砖建造而成，外面加铺含有陶瓷纤维的保温层

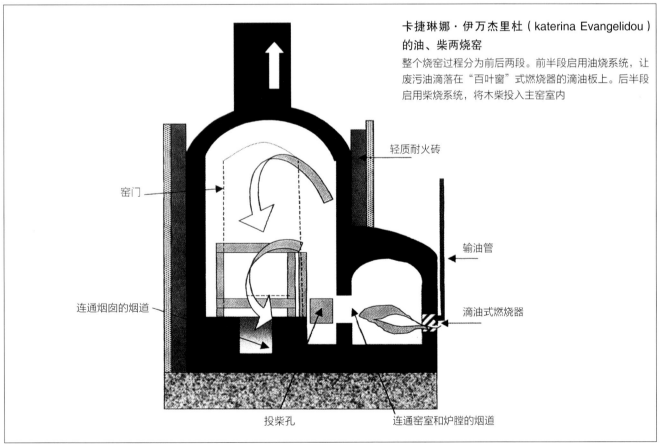

卡捷琳娜·伊万杰里杜（katerina Evangelidou）的油、柴两烧窑

整个烧窑过程分为前后两段。前半段启用油烧系统，让废污油滴落在"百叶窗"式燃烧器的滴油板上。后半段启用柴烧系统，将木柴投入主窑室内

窑门

连通烟囱的烟道

轻质耐火砖

输油管

滴油式燃烧器

投柴孔

连通窑室和炉膛的烟道

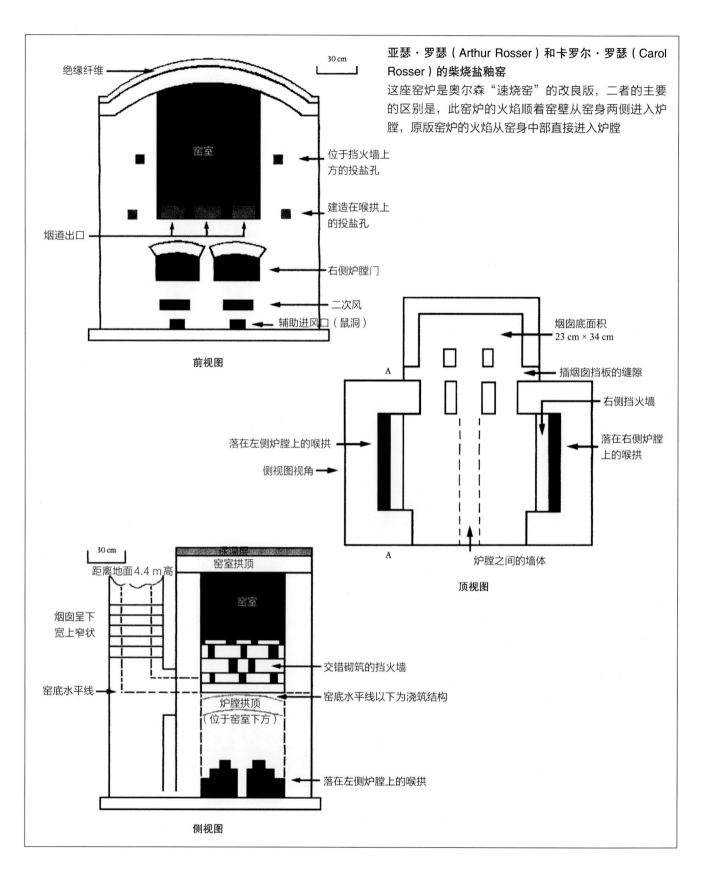

绝缘纤维

30 cm

窑室

亚瑟·罗瑟（Arthur Rosser）和卡罗尔·罗瑟（Carol Rosser）的柴烧盐釉窑
这座窑炉是奥尔森"速烧窑"的改良版，二者的主要的区别是，此窑炉的火焰顺着窑壁从窑身两侧进入炉膛，原版窑炉的火焰从窑身中部直接进入炉膛

位于挡火墙上方的投盐孔

建造在喉拱上的投盐孔

烟道出口

右侧炉膛门

二次风

辅助进风口（鼠洞）

前视图

烟囱底面积
23 cm × 34 cm

插烟囱挡板的缝隙

A

右侧挡火墙

落在左侧炉膛上的喉拱

落在右侧炉膛上的喉拱

侧视图视角

炉膛之间的墙体

A

顶视图

30 cm

距离地面 4.4 m 高

烟囱呈下宽上窄状

窑室拱顶

窑室

保温层

交错砌筑的挡火墙

窑底水平线

窑底水平线以下为浇筑结构

炉膛拱顶
（位于窑室下方）

落在左侧炉膛上的喉拱

侧视图

82

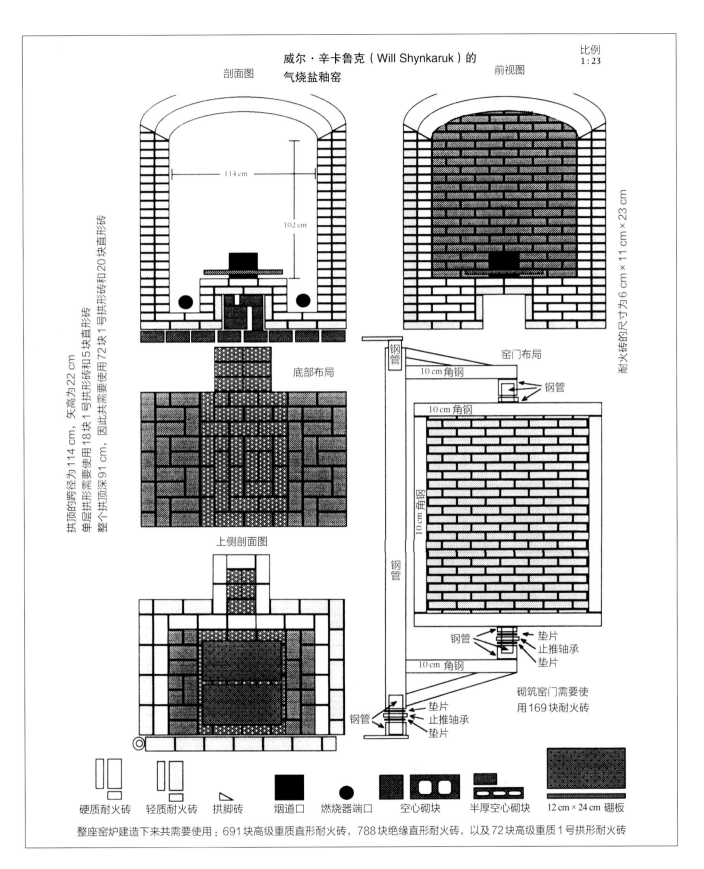

威尔·辛卡鲁克（Will Shynkaruk）的
气烧盐釉窑

剖面图

前视图

比例
1:23

114 cm

102 cm

底部布局

上侧剖面图

钢管

钢管

窑门布局

10 cm 角钢

钢管

10 cm 角钢

10 cm 角钢

钢管

耐火砖的尺寸为 6 cm × 11 cm × 23 cm

拱顶的跨径为 114 cm，矢高为 22 cm
单层拱形需要使用 18 块 1 号拱形砖和 5 块直形砖
整个拱顶需要使用 72 块 1 号拱形砖和 20 块直形砖

垫片
止推轴承
垫片

砌筑窑门需要使
用 169 块耐火砖

钢管
垫片
止推轴承
垫片

10 cm 角钢

硬质耐火砖　　轻质耐火砖　　拱脚砖　　烟道口　　燃烧器端口　　空心砌块　　半厚空心砌块　　12 cm × 24 cm 硼板

整座窑炉建造下来共需要使用：691 块高级重质直形耐火砖，788 块绝缘直形耐火砖，以及 72 块高级重质 1 号拱形耐火砖

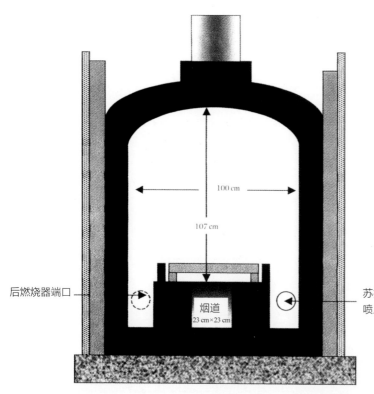

露丝安妮·图德波尔（Ruthanne Tudball）的天然气苏打窑

这座窑炉由轻质高温绝缘耐火砖建造而成，内壁上涂氧化铝，由两个大型燃气燃烧器提供燃料。此窑炉颇与众不同，它的烟囱是可以拆卸的。不烧窑的时候，可以将作为烟囱的不锈钢管和安装在窑棚上的防雨罩拆掉，待日后烧窑时再安装上

100 cm

107 cm

后燃烧器端口

烟道
23 cm×23 cm

苏打是通过燃烧器端口喷入窑炉内的

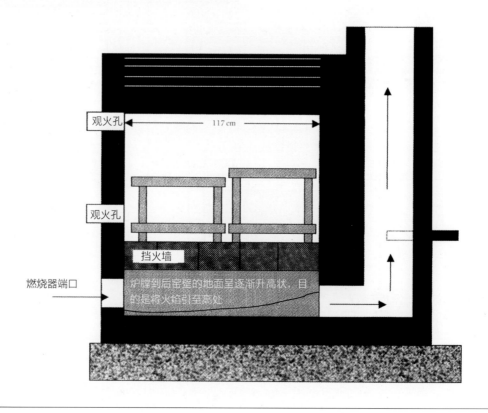

观火孔

117 cm

观火孔

挡火墙

燃烧器端口

炉膛到后窑壁的地面呈逐渐升高状，目的是将火焰引至高处

84

露丝安妮·图德波尔（Ruthanne Tudball）正在往窑炉内喷洒碳酸氢钠（小苏打）溶液，喷料孔位于燃烧器端口的正上方。借助金属园艺气压喷壶喷料

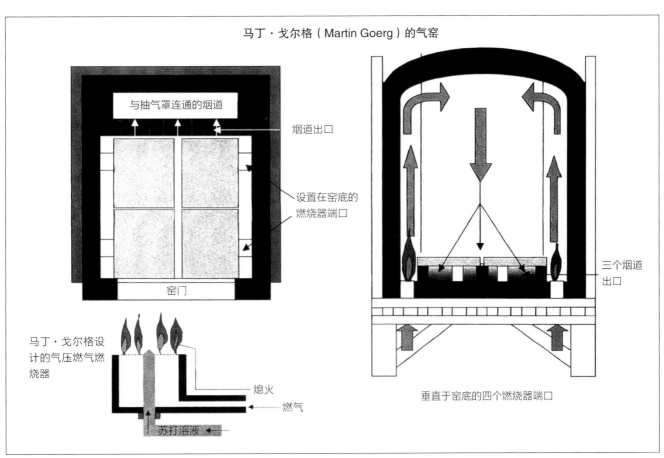

马丁·戈尔格（Martin Goerg）的气窑

与抽气罩连通的烟道

烟道出口

设置在窑底的燃烧器端口

窑门

马丁·戈尔格设计的气压燃气燃烧器

熄火

燃气

苏打溶液

三个烟道出口

垂直于窑底的四个燃烧器端口

伊娃·穆尔鲍尔（Eva Muellbauer）和弗兰兹·鲁佩特（Franz Rupert）的柴窑

伊娃·穆尔鲍尔（Eva Muellbauer）开了一家私人陶瓷厂，她在厂区的花园里摆放了很多体量硕大的柴烧和盐烧花盆

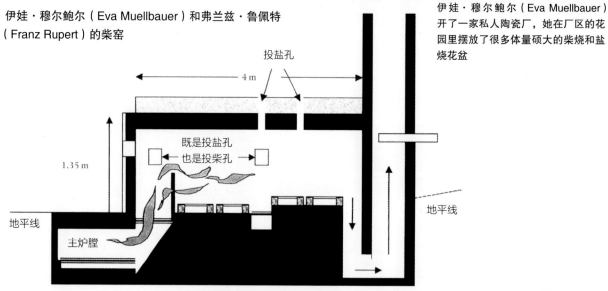

第二处窑位位于窑炉侧壁上的第二个投柴孔和烟囱之间，窑炉的拱顶上设有投盐孔，侧壁上设有投柴孔，将盐从上述位置投入窑室中

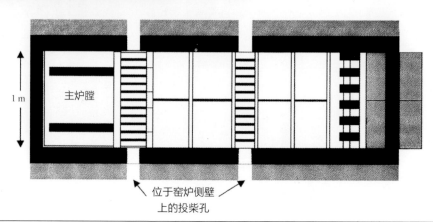

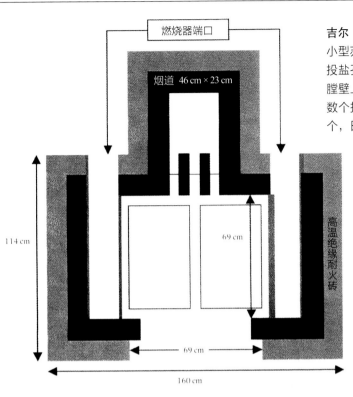

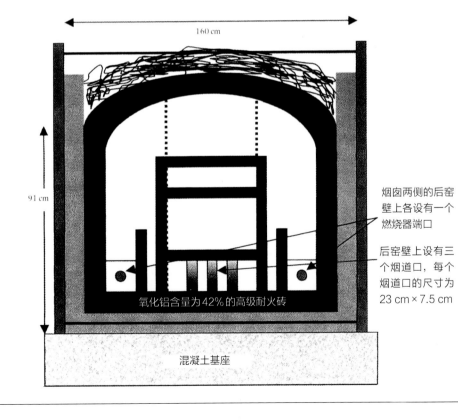

燃烧器端口

烟道 46 cm × 23 cm

114 cm

69 cm

69 cm

160 cm

高温绝缘耐火砖

吉尔·斯滕格尔（Gil Stengel）的气烧苏打窑
小型苏打窑或盐釉窑既好设计又好烧制。可以把
投盐孔或苏打喷料孔设置在正对燃烧器端口的炉
膛壁上。苏打烧陶艺家通常会在两侧窑壁上设置
数个投料孔，以备不时之需，假如不额外预留几
个，日后有需要时再想即刻添加绝非易事

160 cm

91 cm

氧化铝含量为42%的高级耐火砖

混凝土基座

烟囱两侧的后窑
壁上各设有一个
燃烧器端口

后窑壁上设有三
个烟道口，每个
烟道口的尺寸为
23 cm × 7.5 cm

窑室里装满坯体，只待把窑门封死后即可点火，这是一个既让人兴奋又让人担心的时刻。从本质上讲，盐烧从来都不是一门精确的科学，即便是工业化生产的大商家也难免会紧张，只有等到烧成结束打开窑门，看到令人满意的效果后才能彻底地放下心来

第六章
盐釉窑的装窑方法

"附近还有另外一座窑炉，各种各样的陶瓷制品被装进窑室中，只待适当时机点火烧制。这些坯体被摆放在层层叠摞的炻器黏土硼板上，装窑密度很大，试片被摆放在距离火焰最近的位置上，而此刻，周围的其他窑炉也正在装窑。仔细观察会发现，硼板上的每一个坯体都有独立的空间，它们稳稳当当地立在各自的垫饼上……穹顶和整个环形窑壁上都覆盖了一层盐釉——窑顶、窑壁和窑底无一例外。"

——摘自《英国盐烧炻器概览——从德怀特到道尔顿》(*The ABC of English Salt-Glaze from Dwight to Doulton*)，布莱克 (J. F. Blacker)，1922 年

尽管旧时的盐烧陶工也会将坯体摆放在硼板上，但他们的做法与如今的普遍认知相反，其装窑方式极不合理。旧时的盐烧罐壁上经常留有疤痕，这些疤痕与其相邻的罐型一致，是把烧结在一起的罐子分开时自然产生的伤痕。这些罐子由于摆放时距离太近或者在烧制的过程中倾斜相倚，进而被无处不在的钠蒸气烧结在一起。如此多的罐身上都有疤痕，这说明要么是旧时陶工的装窑方式很粗陋，要么是罐子在烧制的过程中很容易移动，要么是烧窑者根本不在乎作品的命运。但值得注意的是，即便是最早期的盐烧陶瓷也很少出现如此严重的问题，这表明旧时有很多陶工根本不使用硼板。

18世纪和19世纪，斯塔福德郡的盐烧陶工先将坯体放入匣钵中，之后再将匣钵码放到窑炉中。他们在匣钵壁上打孔，以便于钠蒸气接触到坯体的外表面，他们将匣钵层层叠摞成高大的圆柱体，并借助泥条将一摞摞匣钵分隔开，匣钵底部亦用泥条找平。匣钵本身就很占窑位，随着外观上的缺陷越来越严重，陶工必须找到有效的应对措施，烧制出外观更干净、损耗率更低的产品。然而，具有讽刺意味的是，直至100年后的19世纪后半叶和20世纪初，人们还在生产不合格的盐烧陶瓷，这表明当时的陶工仍未找到合理的装窑方法。当时的社会对油墨、上光剂、姜汁啤酒等廉价包装的需求量日益增长，陶工的装窑方式却无明显改进，只是在产品的外观方面多了一丝考虑。

装盐釉窑和装其他类型的炻器窑有许多相似之处。我在前几章中已讲过装窑之前的准备工作。制备填充物和清理前次烧窑后的残片。在硼板（高铝耐火黏土硼板或碳化硅硼板）、立柱、炉膛和窑底上涂氧化铝，让涂层保护窑具免受钠蒸气的侵

19世纪后期的盐烧日用陶瓷产品
在玻璃和塑料包装出现之前，19世纪和20世纪初生产了数百万件盐烧容器。产量相当惊人，一位训练有素的拉坯工匠每天可以制作500个姜汁啤酒瓶

这张照片清楚地展现出，装窑之前，硼板、挡火墙和立柱上新涂了一层氧化铝。罐子底部和盖子与盖座之间的填充物清晰可见。窑壁呈现出些许釉色。来自钠蒸气持续不断的侵蚀终将毁掉炉膛，这便是我们反复往上述危险区域涂氧化铝，希望涂层保护它们的原因

蚀。定期检查硼板和立柱，及时更换严重磨损的窑具。在出窑时，盐烧陶瓷比其他类型的陶瓷制品更容易产生碎屑，为保持安全舒适的环境，最好将窑炉周围区域及时地清理干净。

填充物

　　烧制盐釉陶瓷和烧制其他类型的陶瓷的最大区别或许是不能将坯体直接摆放在硼板上。除此之外还请牢记，必须在盖子或其他独立部件与器身主体之间夹垫填充物。填充物由氧化铝、黏土和少量水调和而成。黏土相当于黏合剂，它能使球形填充物保持形状不易破碎。

　　放在罐子底下的填充物形状如垫饼或底足，盖子和器皿的口沿之间也需夹垫填充物。含有氧化铝的填充物基本上不受钠蒸气的影响，可以防止罐身和盖子黏结为一体，烧成结束后只需略作清理即可。我发现很有必要准备一只放湿海绵的碗，每次往罐身上黏结填充物时，先把它在湿海绵上蘸一下。被水分浸润的填充物可以长时间黏结在罐身上，在烧成的过程中不易脱落。我知道有些同行会往填充物内添加少量面粉，目的是提升其黏度。硼板和立柱之间也应夹垫填充物，这样做可以有效防止二者烧结为一体。

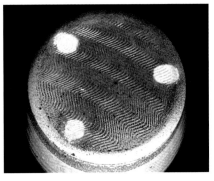

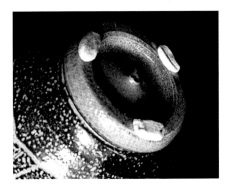

对于直径较宽的器皿而言，除了要往其底部摆放一圈尺寸适宜的填充物之外，中心位置也要放一块。要将填充物塑造成外观规整的球形，而不是参差不齐状

填充物的残留痕迹也是盐烧陶瓷的特征之一。出窑后，借助碳化硅海绵、干或湿砂纸将每一处痕迹打磨平滑

碗或瓶子的圈足亦可用类似方式处理。用足够多的填充物支撑器皿。对于直径很大的碗和盘子而言，填充物之间的距离不得超过3.75 cm，否则极易出现变形曲翘现象

两种不同类型的盖座。趁填充物柔软时，将盖子轻轻地挤压就位。位于盖子和器皿口沿之间的填充物极易与釉面烧结为一体，所以往此部位放置填充物时需特别小心

高铝隔离剂成分	份　额	填充物成分	份　额
氢氧化铝	3	氢氧化铝	2
球土	1	高岭土	0.5
		球土	0.25
		熟料	0.25

窑位

　　以何种方式将坯体放入盐釉窑中会对烧成后的外观造成显著影响。在传统烧成类型中，坯体之间的摆放距离不宜过近，要避免它们相互接触。坯体相邻处能衍生出某些特殊的烧成效果，例如被遮挡住的部位会因无法接触钠蒸气而无法生成盐釉。钠蒸气从坯体之间的空隙里飞速流过，在它奔往烟囱的旅途中，会在坯体的外表面上留下闪烁的颜色和变化丰富的肌理。陶艺家利用上述特点，将坯体刻意地摆放成某种特殊的形式，希望可以烧制出最佳效果。

窑盾

这个坯体被摆放在硼板边缘处，位于炉膛上方。

放在这个位置的坯体，外侧会生成较厚的盐釉，但总得将某些坯体靠边摆放，这也是没办法的事。所以尽量把那些装饰着特殊化妆土的坯体放在这种相对暴露的窑位上。不想让坯体外侧过度吸盐时，可以借助插图中的这种防护装置将其遮挡住。

这只是一般规则，仅供参考。我建议，最好在底层硼板上摆放一些较高的坯体，高度至少为 15 cm。此高度的坯体会对钠蒸气形成阻隔作用，令局部坯体无法生成盐釉。同理，我建议在顶层硼板上也摆放一些较高的坯体。当顶层硼板与拱顶之间距离较近时，放在上面的坯体不易受到钠蒸气的影响。把位于硼板中心处和位于硼板外围的坯体加以比较，后者的吸盐量相对较多，原因是其周围没有遮挡物，完全暴露在钠蒸气环境中。陶艺家可以利用窑炉的特点和钠蒸气的流动方向，将某些特殊化妆土装饰的坯体摆放在适宜的窑位上。我们会发现，某些化妆土，特别是富硅化妆土或带有着色氧化物的化妆土，适合放在钠蒸气接触量较多的窑位。而其他类型的化妆土，例如某些高铝化妆土，则适合放在钠蒸气接触量较少的窑位和较隐蔽的窑位。

最底下那只碗放在常规样式的填充物上。 从表面上看它们只是层层叠摆在一起，而实际上每一只碗的圈足下都垫着塞满填充物的贝壳。叠摆的优点是：节省成本；贝壳会在碗内和圈足上留下装饰性印记；上下两层碗紧密倚靠，会对钠蒸气形成阻隔，进而令某些化妆土生成浓郁的橙色和红色

横倒摆放的瓶子下垫了三个贝壳。 可以看到我在瓶身的另一侧竖起了一块小垫饼，目的是将钠蒸气的走向引至其他方向。我还往瓶颈处筛落了一层细木灰，它熔融流淌后会为瓶子增添一份装饰感

我喜欢把窑炉装得密集一些。原因如下：首先，密集的空间有助于窑炉内的热量和还原气氛均匀分布；其次，正如我在前文中讲过的，我刻意将坯体摆放得非常近，有时仅相隔1 mm，目的是让它们相互影响进而生成丰富多变的外观。坯体上接触钠蒸气的一侧会生成厚重的盐釉，或许还带有相当明显的橘皮肌理，而不接触钠蒸气的另一侧会呈现出光滑且浓郁的橙色和红色。这种强烈的对比效果正是盐烧魔法的一部分。虽然上述强对比效果很难烧制成功，但这种既不可预测又无比微妙的渐变肌理始终深深地吸引着我，让人乐此不疲。

环形试片和测温锥

四个测温锥和数个环形试片被摆放在紧邻观火孔的位置。最前面的测温锥用于检测还原气氛的起始时间。测温锥的基座上塑有圆环，当测温锥熔融弯曲后，可以通过挑圆环将其从窑炉中取出，进而避免测温锥因过度熔融而黏结在硼板上或掉落到位于其下方的坯体上。把环形试片摆成一条直线，只需用一根细金属杆就能轻易地全部挑出。我通常会将熔融温度最高的那个测温锥摆放在靠近后窑壁的位置，那也是窑室的最深处，这样做的目的是测量该处的烧成温度

我在窑门的上、中、下部各设置一个观火孔。我将测温锥和环形试片摆放在紧邻观火孔的位置。哪怕少放一个坯体，也要多放几个环形试片。我发现，即便窑温只有1 100℃，取出环形试片也很有用，因为可以据此预测还原气氛的影响程度和盐釉的沉积厚度。开始投盐时，我建议上、中、下三层硼板上至少摆放六个环形试片，以便对窑炉内不同区域的盐釉生成情况做出准确的判断。我用一根细细的旧拨火棍把环形试片挑出窑炉外，但相比之下，衣架之类的硬铁丝更好用。

放在盐釉窑内的测温锥

放在盐釉窑内的测温锥具有误导性。钠蒸气会对测温锥和其他炻器釉料产生额外的助熔作用，这会导致测温锥在未达到熔融温度时便开始弯曲。但我们在盐釉窑中放置测温锥的目的并不是为了精确测量窑温——这与测温锥在其他烧成类型中的用途完全不同。在盐烧中，我们需要测温锥提供始终一致的信息。也就是说，我们需要在每一次烧窑时观察测温锥的反应，并从中总结相同之处。只要确定了烧成方

这是盐烧陶艺家们十分熟悉的场景
只剩下最后一个环形试片还未被挑出，试片上隐隐约约地显现出些许铁锈斑，我一直认为这种现象是好兆头！10号测温锥已熔融弯曲，11号测温锥已彻底熔倒。这表明烧成即将结束，可以举杯庆祝了！观察窑炉内的烧成状态时务必佩戴护目镜

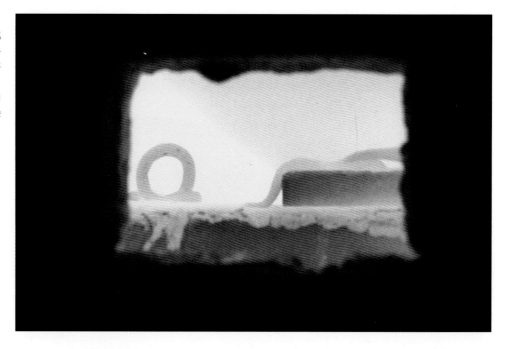

案，陶艺家就需要严格遵守它，那么每次烧窑时测温锥就会传递出相同的信息。我们可以通过测温锥预测某些关键环节的起始时间，例如何时开始烧还原气氛或何时开始往窑炉里投盐。烧成结束也以测温锥融熔弯曲为信号，而不是以测温计的读数为准（放置在盐釉窑内的环形试片也决定着烧成结束的时间）。窑炉内的实际温度无关紧要：最重要的是每次烧窑时，测温锥传递出来的信息始终保持一致。

我通常只往窑炉内放四种型号的测温锥：08号测温锥会告诉我何时开始烧还原气氛；7号测温锥会告诉我何时开始往窑炉里投盐；10号和11号测温锥会告诉我何时结束烧窑。使用超过上述数量的测温锥等同于浪费。上、中、下三个观火孔前各摆放一个7号、10号和11号测温锥，08号测温锥只放在窑炉中部的观火孔处。08号测温锥的基座上塑有一个圆环，当它熔融弯曲后，可以通过挑圆环将其从窑炉中取出。该测温锥极易在烧窑尾声熔融流淌，有时黏结在硼板上，有时滴落在位于其下方的坯体上，因此必须提前取出。

除了测温锥之外，我也使用测温计。在这一点上，我想肯定有同行持不同意见，但我认为在调节了烟囱挡板或燃油供给量之后，测温计即刻便把温度变化显示出来，这着实是一件好事。及时获知窑温的变化情况有利于节省时间和燃料。对于那些不施釉也不素烧，只需要长时间氧化烧成的陶艺家而言，在测温锥的辅助下控制升温速度，特别是烧成初期的升温速度极其重要。

往测温计的陶瓷保护套上涂氧化铝效果很不错。我的热电偶已经烧过三十多窑了，状态依然良好。与陶瓷相关的所有事物都有成本因素，这和其他商业门类各有各的运营费用一样。陶艺家都很节俭，有些时候其节俭行为甚至是难以自控。对此我提醒一句：不妨仔细算算连续成功烧制数窑作品带来的价值，再想想一根小小的热电偶保护套的价格，切不可因小失大。

更多考虑

　　装盐釉窑本身就是创作的重要组成部分。陶艺家把盐釉窑视为一种创造性的工具，他们在装窑的过程中既依靠来之不易的实践经验，也充分利用不同窑炉的特点。实验空间非常大。

- 我在前文中提到过，可以借助"窑盾"将钠蒸气从某些坯体上引至其他方向；
- 另外一种方法是将坯体放入打孔的匣钵内烧制，只让坯体上的某些部分接触钠蒸气；
- 在匣钵内放置铜或钴之类的金属氧化物，也可以把它们涂在匣钵的内壁上，进而令釉料呈现出相应的颜色；
- 杰克·特洛伊（Jack Troy）建议将海藻、草或树叶之类的可燃物放入匣钵里，并把坯体埋入其中；
- 性能良好的匣钵能让坯体的外表面呈现微红色调，这是匣钵将坯体与钠蒸气分隔开所致；
- 尝试将坯体横倒摆放，或将多个坯体叠摆在一起，坯体之间夹垫填充物。

　　简而言之，要学会享受装窑的乐趣。通过实验不断取得进步。本书的第二部分会介绍很多代表性盐烧陶艺家，他们中的每一位都有与众不同的装窑方式，相关信息可能会点燃灵感的火花，让我们找到全新且令人兴奋的创作思路。

雷·芬奇（Ray Finch）正在借助角钢往窑炉内投湿盐包，该盐釉窑位于温奇科姆（Winchcombe）陶瓷厂内。先把与炉膛等长的角钢小心翼翼地插入投盐孔内，之后翻转角钢，让钠蒸气散布至整个窑炉内

第七章

盐釉窑的烧成方法

"到达道尔顿陶瓷厂时，我发现工人们（包括司炉和窑工）正在工作，通过观火孔看窑炉内的火焰。火焰先呼啸着升至穹顶最高处，之后在抽力的作用下向下流走，烟雾顺着窑底的一系列管道流入高大的烟囱，最终从这里汇入室外的空气中。但此时，投盐环节还未结束。"

——摘自《英国盐烧炻器概览——从德怀特到道尔顿》（*The ABC of English Salt-Glaze Stoneware from Dwight to Doulton*），布莱克（J. F. Blacker），1922年

雷·芬奇（Ray Finch）
《四只单柄大酒杯》
高：12.5 cm。雷·芬奇以创作泥釉陶器而闻名于业界，20世纪30年代，他和迈克尔·卡杜（Michael Cardew）一起在温奇科姆（Winchcombe）陶瓷厂工作，40年代和50年代组建了自己的团队。晚期作品对后代英国陶艺家影响颇深，很多造型至今仍在被模仿。芬奇是一位技艺精湛的盐烧陶艺家，他按照温奇科姆陶瓷厂的传统制作工艺创作了很多既精美又实用的陶瓷器皿

烧盐釉窑和烧传统炻器窑非常相似，二者的预定烧成温度相差无几，在烧窑的过程中是否需要还原烧成以个人追求的釉面效果而定。当然，它们的主要区别是：烧盐釉窑需要在适宜的时间段内将盐投入窑炉中，让坯体在钠蒸气的作用下生成釉面；烧传统炻器窑是在坯体的外表面上先施釉，达到预定的烧成温度后熔融成釉面。

正如我在前文中所说的，借盐"取"釉或许是高温陶瓷最简单的施釉方法。由于颜色和肌理不容易掌控，所以控制火焰的流动路径和盐的投放方式是实现预期效果的基础。坯料和化妆土的配方组成也起着重要的作用。妥善的烧成方案，以及对某些关键节点的理解和遵守更是重中之重，这些做不好就无法烧制出理想的盐釉。

记录烧窑时间

即将开始烧窑前，我要做的第一件事是把数字手表设置为0时。这样做的目的是更容易掌握烧窑时间。每隔1小时记录一次窑温。通过简单的记录，对比两个烧成日

志。每次烧窑时做详细的记录，把这些日志妥善地保存起来至关重要。

本书收录了佩特拉·雷诺兹（Petra Reynolds）、迈克尔·卡森（Michael Casson）和我的烧窑日志。可以记录下预定的烧成时间、想法、与烧窑相关的所有细节性问题及其调整措施，烧窑日志可以让我们很容易地对每一次烧成加以比较。陶艺家可以通过查阅以前的烧窑日志，找出某些烧成缺陷的成因或某次烧成比其他烧成更成功的原因。

烧窑

在正式烧窑的前一天，我会把窑炉缓慢预热2～3小时，方法是点燃小型燃气燃烧器并把火苗调小，次日正式烧窑时再使用燃油燃烧器。这种缓慢聚集的温度和热量会令化妆土和釉层中残留的水分蒸发干净。除此之外，预热窑炉更重要的好处是热量会令测温锥基座和环形试片彻底干透，如果烧成初期升温过快的话，它们很容易爆裂。

次日清晨，我开始按照烧成计划表烧窑，由于窑炉已经过预热，所以能快速升温，大约经过5～6小时后，透过观火孔看09号测温锥，发现它已经开始熔融弯曲。这也是还原气氛的起烧时间节点。我的烧成计划是为素烧坯体制定的。未经素烧的生坯内残留的水分，需要更长时间才能排尽，窑温介于800～930℃之间时，亦需要较长时间排尽碳和硫，这和坯体在素烧早期的反应一样。

还原烧成

我的窑炉以油为燃料，我介绍的烧成方法是油窑所特有的。使用天然气或丙烷的陶艺家不太关注二次风，因为对于他们而言，仅需调节烟囱挡板就足以在窑炉内生成还原气氛。

为了营造还原气氛，我必须降低窑室内的含氧量。为了达到这一目的，我把烟囱挡板闭合起来，以减弱烟囱的抽力，同时将燃烧器上、下方的二次风进风口封堵住。丹尼尔·罗兹（Daniel Rhodes）在其著作《陶艺家的黏土和釉料》（*Clay and Glaze for the Potter*）（出版于1957年）中对还原气氛的阐述简洁明了。

鉴于上述操作，窑炉无法摄取足量的空气，窑室内的气氛变得越来越朦胧。由于烟囱挡板已被闭合住，所以此时取下观火孔的塞子，背压会将火苗推出洞口。从观火孔里冒出来的火焰呈蓝色，火苗尖端呈黄色。

在微调烟囱挡板和油位时需要花费一点时间，直到窑室内的烟雾明显消散，还原气氛更加强烈为止，此时测温计的读数仍在上升，只是幅度比烧还原气氛前有所减缓。每90秒升温约1℃，我对此很满意。此时位于窑门最高处的观火孔内通常会冒出长度为15 cm的火焰，火苗本身和门框周围没有碳化现象。

在还原烧成的过程中，窑室底部的背压通常较小。从窑门最底部的观火孔内冒出来的火焰较短，最好用点燃的木棒检查一下，方法是将木棒凑近观火孔，看火苗是否被吸引。

关于还原气氛有一种误解：有人以为烧还原气氛时，烟囱、观火孔或窑门上方的区域一定得冒出滚滚黑烟才对。过量的游离碳不仅会对釉面造成损伤，更讽刺的是，它还会阻碍一氧化碳的生成，而一氧化碳又是还原气氛的必备因素。从窑炉里往外冒黑烟只能说明烧成方法有问题，得想办法解决。更多相关知识，请参阅尼尔斯·洛（Nils Lou）的著作《烧成艺术》（*The Art of Firing*）。

经过很短一段时间（大约15分钟），08号测温锥会融熔弯曲，我从观火孔内将其取出。将熔点较低的测温锥及时地移出窑炉外很明智，因为它熔融后很可能对坯体或硼板造成损伤。窑温达到1 060℃后，我把烟囱挡板稍微开启一些并取掉二次风进风口的塞子，以便在窑炉内重新营造氧化气氛。以上步骤是借助氧化气氛烧掉残留在坯体外表面上的碳。氧化烧成持续30分钟之后，再次用之前的方法营造还原气氛。

8号测温锥刚刚开始弯曲时保持还原气氛，之后换烧30分钟氧化气氛，待测温锥接近彻底弯曲时开始投盐。我很赞同某些同行的观点，即为期30分钟的氧化烧成时间虽不长，但却能令釉色变得更鲜亮、更纯净。用天然气烧窑的陶艺家或许不需要借助氧化气氛提亮釉色，只需在还原气氛中将窑温直接提升至8号测温锥的熔融温度即可。

投盐

令人翘首企盼的投盐环节终于要开始了。8号测温锥几乎彻底熔倒，这表明化妆土和釉料已经玻化，已达到可吸收钠蒸气的状态。经过称重的盐已包好。我戴着防护手套，手里拿着焊工护目镜，盐包旁边放着一大罐水。

正式投盐之前，我先把盐称量成0.25 kg或0.5 kg的小份，并用纸把它们包起来，再往每包盐上倒一蛋杯清水。据说，水蒸气不仅有助于钠元素从氯化物中分离，它在窑炉内产生的巨大压力还能令钠元素均匀分布。有些盐烧陶艺家从不使用湿盐，他们的作品和我的作品几乎没有差别。所以，全凭个人选择！当然，工厂里烧盐釉陶瓷时添加酸性水是必需的，原因是引入窑炉内的水蒸气的量与氯化氢的生成量密切相关。

即将投盐之前，我把烟囱挡板微微地闭合一点，同时把燃烧器关小一点，火光更亮、烧成效率更高。轻微闭合烟囱挡板的原因是，便于钠蒸气在窑炉内多停留一段时间，进而为生成盐釉打好基础。窑炉内逐渐增强的背压亦有助于生成更加均匀的釉面。如果喜欢闪光肌理的话，可以在开启烟囱挡板的状态下投盐。钠蒸气的流速越快，坯体各部位的釉层厚度越不均匀，具体情况取决于窑位和装窑方式。

先把湿盐包放在角钢末端，每次只放一包，之后把角钢插入位于燃烧器上方的投盐孔内。当盐包到达炉膛内火焰流动路径的上方时，翻转角钢让盐包掉落。借助长长的角钢将盐包投在炉膛内的不同区域。除此之外，还有一种投盐方法：先把盐平铺在角钢的

先把经过称重的盐包起来并浸湿，之后把湿盐包放在角钢的末端。把角钢小心翼翼地顺着投盐孔插入炉膛中。对准投放区域后侧翻角钢，让盐撒落就位。在投盐的过程中，务必佩戴防护手套和防紫外线护目镜

借助旧金属拨火棍将环形试片挑出窑炉外。从照片上可以清楚地看到釉面，仔细观察就知道是否需要再投一些盐，以及还原效果是否需要进一步强化

凹槽内，由于角钢的长度和炉膛相等，所以这样做相当于把盐一次性地投入到整个炉膛中。不要试图把盐包扔进窑炉里。就算是优秀的投手也难免有失手的时候。倘若不慎将盐包扔在燃烧器旁就麻烦了，钠蒸气距离热源过近，会对燃烧器顶端造成损伤。在投盐的过程中必须佩戴防护手套，必须佩戴焊工护目镜，滚滚升腾的钠蒸气，以及从炉膛和观火孔内冒出来的紫外线和红外线会严重损伤人的视力。

每投一包盐后让它在炉膛内反应5分钟，时间一到即刻将烟囱挡板复归原位，同时将燃烧器调回最佳燃烧状态。之后持续烧5～10分钟，具体时长取决于是否需要提升窑温，再之后重复上述步骤。投过三包盐后将第一个环形试片挑出窑炉外。我们会发现该试片上的釉层很薄，外观也不平滑，它能告诉我们盐釉的最初生成状态，而我们能从中推断出前次烧窑后窑炉内还残留了多少盐。这些信息对确定投盐的终止时间有益。

第一个环形试片可以反映出还原气氛对坯体颜色的影响。在烧窑的过程中，从窑炉内挑出环形试片通常很容易误导我们，原因是试片的颜色总是显得很苍白，而最终的成品釉色却并非如此。真正的釉色需要经过两个时间段的氧化烧成，第一个时间段是烧成结束窑温仍在上升时，第二个时间段是窑温开始下降后。所以，别太在意环形试片的苍白色调。我还清楚地记得第一次烧盐釉，当我看到环形试片的苍白颜色后感到既恐慌又沮丧。真实的颜色会在后期显现出来，所以不必担心！

观察环形试片上有没有出现铁锈斑，它们是成功烧制盐釉的吉兆。把环形试片敲碎。观察断面，如果坯料的颜色为灰色，甚至是非常浅的灰色，则说明一切正常。如果坯料的颜色为乳白色，则说明还原强度还不够，除非这是我们追求的效果，否则还需要进一步还原烧成。

我的窑炉容积为1.35 m³，通常需要投8.1 kg盐。投这些盐大约需要花费1.5～2小时。我不断重复上述步骤，时不时地查看环形试片的烧成状态，直到化妆土层上沉积出足够厚的釉面为止。把黏土含量较高的化妆土和二氧化硅含量较高的化妆土加以比较，前者的吸盐量高于后者。可以参照前次烧制的作品釉面，决定是否再多投一些盐。在此方面，直觉也能起到重要的作用。

随着投盐量逐渐增加，环形试片也变得越来越光滑。直到某个试片告诉我投盐量足够了，此时的窑温与开始投盐时的窑温一致（在投盐的过程中窑温很难提升，原因是闭合烟囱挡板会减弱抽力，烟道内布满浓密的钠蒸气，气流无法顺畅流通）。此刻，开启烟囱挡板并将燃烧器调至最佳燃烧状态，同时打开某些二次风进风口的塞子，在窑炉内部再次营造氧化气氛。我将窑温缓慢提升至预定的峰值温度，即11号测温锥的熔点温度或1 320℃。在做最后的这些步骤时丝毫不用心急。在氧化气氛中将窑温从9号测温锥的熔点温度缓慢提升至11号测温锥的熔点温度，这对烧制优美的颜色和丰富的肌理大有裨益。

最近烧窑时使用的一组环形试片
从左至右显示了投盐量与釉层的
厚度成正比。环形试片，特别是
接近烧窑尾声时的环形试片的颜
色，既包括坯料的颜色也包括釉
料的颜色，会告诉我们能否烧制
出理想的盐釉。除此之外，这些
试片还能告诉我们，提升窑温和
延长烧成时间对釉料熔融状态及
肌理的影响

另外一种投盐方式

　　法国拉伯恩地区的柴烧陶艺家投盐方式颇独特，是先把盐放进小坩埚里，之后
装窑时把这些坩埚放在坯体之间。这种投盐方式通常用于柴烧（偶有例外），目的是
在不易接触到钠蒸气的局部坯体上烧制闪光肌理。伊娃·穆尔鲍尔（Eva Muellbauer）
和弗兰兹·鲁佩特（Franz Rupert）在气窑中运用这种投盐方式，以改变无釉和施釉
坯体的外观。如果投盐量非常少，甚至可以在电窑中使用这种方法。有一次，我在
装窑时不小心将少量盐洒在硼板上，出窑后并没有发现硼板因此而损坏。很多时候，
我们想要的并不是真正的"盐釉"，而是想借助钠蒸气改变无釉坯体的本色，让它呈
现出柔和、鲜明的闪光肌理。投盐方式虽有区别，但装窑时必须往坯体的适宜部位
夹垫填充物。

　　有一点需要特别注意，用于盛放盐的坩埚得提前烧成炻器，如果不预烧的话，
黏土会在盐的助熔作用下熔融成液体，并在降温的过程中硬化凝结在硼板的表面上。

为盐釉窑降温

　　把适用于盐烧的坯料和普通的坯料加以比较，前者的二氧化硅含量相对较
高。这极易导致坯体在降温的过程中出现问题。缓慢降温会生成一种特殊的二氧化
硅——方石英。与普通石英相比，方石英的性能非常不稳定，它的转化率和急冷急
热状态下的膨胀率及收缩率都较大。窑温达到226℃时，坯料中的方石英生成量越
大，坯体越容易炸裂。快速降温有助于生成莫来石。莫来石是一种长针状的硅酸铝
结晶。晶体的形状能起到黏合剂的作用，有助于提高坯体的强度。莫来石的生成令
游离状态的二氧化硅和氧化铝无法结合在一起，无法生成方石英，风险亦随之降低。

往盐烧坯料内添加少量煅烧高岭土有助于生成莫来石。

停止为燃烧器供油后，我让气泵继续运转，以便将冷空气引入炉膛内部。将烟囱挡板开启一半，同时将二次风进风口的塞子全部取下。将窑温快速降至 1 050℃后，把窑室上的所有孔洞再次封堵住，同时将烟囱挡板往里推，只留一条 1.25 cm 宽的缝隙。预留这条缝的目的是给滞留在窑炉内的钠蒸气提供排放渠道。在降温的过程中，无法排出的钠蒸气会凝聚在坯体的外表面上，生成类似于白色浮渣般的难看肌理。

烧成结束后是漫长且令人焦虑的等待，必须要等到窑温足够低之后才能打开窑门。不要急于出窑，首先要做的是把所有让我们感到满意或不满意的窑位记录下来。同一种化妆土，放在某些区域烧得很漂亮，而放在其他区域就很难看。某些摆放在窑顶附近的化妆土烧得很好看，原因是该部位可以接触到更多钠蒸气。有些化妆土则更适合放在相对隐蔽的窑底区域。注意观察坯体之间及坯体与立柱之间的位置，思考位置关系会对化妆土的颜色和肌理造成怎样的影响。我经常用"窑盾"遮挡某些坯体，不让某部位过多接触钠蒸气，这种防护装置是我自己发明的，因为我在实践中发现，与钠蒸气接触不多的局部坯体能生成橙色到红色的闪光肌理。

相比普通陶艺家，盐烧陶艺家需要更熟练地掌控窑炉，这和音乐家必须熟练地掌控乐器同理。当烧成进入稳定阶段后，一系列关键步骤随即展开：升温、烧还原气氛及投盐。这些关键步骤在每次烧窑时的时间节点均一致。有些时候，直觉、经验和本能反应会起主导作用，陶艺家会凭借过去的烧成经验即兴决定烧窑或结束烧窑的时间。他们之所以敢这么做，是因为已经从长期实践中总结并掌握了一致性的因素。

为自己量身制定烧成方案，并严格地遵守它。每次烧窑时仔细地做记录，若非特殊情况的话，每次烧窑时还应该参考之前的烧窑日志。假如某次烧窑很失败，要学会自我宽慰：人生在世，偶尔受挫在所难免。潜心做更多作品，之后再试一次！

复烧！

值得一提的是，当对出窑后的盐烧效果感到不满意时，还可以将坯体放入小气窑或电窑中复烧。短暂预热之后，将窑温快速提升至 10 号测温锥的熔点温度，烧氧化气氛或中性气氛均可，这样做能让原本平淡无奇的釉色发生惊人的蜕变。复烧的时候不用再投盐，只需要让釉面重新熔融即可。这是一种可以变废为宝的好办法，我先把每次出窑后效果欠佳的坯体集中储存，待数量足以放满我的气窑后一并复烧。有一点要提醒，如果把坯体放入盐釉窑内复烧的话，它们极易在降温的过程中爆裂。原因和坯料有一定关系，尽管我知道有些同行用盐釉窑复烧坯体并没有出问题，但我不建议这么做，特别是当要复烧的作品为盛放热食或热液体的餐具时。

以油为燃料烧制盐釉的注意事项

我的窑炉是一座油窑，若把油和天然气加以比较，我认为后者更适合烧盐釉。之所以这么讲是有原因的，最主要的原因是，天然气是一种更加清洁的燃料，含硫量相对较少；相反，用油烧窑时即便再仔细也会产生大量游离碳。

琼·多尔蒂（Joan Doherty）
《坐着的狗》
高：12.5 cm。这只造型滑稽的狗
是用印坯成型法制作的，模具的原
型为传统的斯塔福德郡烟囱装饰。
琼·多尔蒂的窑炉是一座悬链线拱
苏打窑，燃料为天然气

  其实就普通炻器而言，无论是天然气还是油，烧成效果都一样。但就盐釉而言，
我觉得用油烧制效果更好。把化妆土装饰的盐烧作品和普通施釉炻器加以比较，前
者在窑炉中待的时间更长，因此它吸附的碳元素也更多。在烧成后期，沉积的碳或
煤烟很难被彻底清除。尤其是那些氧化铝含量较高，烧成后呈亚光或半亚光，几乎
没有橘皮肌理的化妆土。这类化妆土极易变色——通常呈深褐色或黑色斑块，触感
很粗糙。较光亮的化妆土，或称二氧化硅含量较高的化妆土不太容易受到影响。我
发现，用天然气烧盐釉时，通常更容易烧制出鲜亮且纯净的釉色。

露丝安妮·图德波尔（Ruthanne Tudball）

《两只带底足的线割瓶》

高（最高处）：30 cm。这两只瓶子的颜色非常明快，我认为它们是用碳酸钠（纯碱）或碳酸氢钠（小苏打）而不是氯化钠（盐）烧制的

　　我讲的不一定完全正确，这些只是根据烧成经验猜测而已。某些窑炉制造商或许会注意到我的言论，并在日后设计时思考这些因素。至于同行，应该是仁者见仁智者见智吧!

氯化钠（盐）的替代品

　　当我们读过第八章"盐烧可能造成的环境问题"之后，就会理解为什么有些陶艺家致力于寻找氯化钠（盐）的替代品，最主要原因是大家希望能用一种更"环保"的方法烧出酷似盐釉的效果。直到现在，这也是盐烧陶艺家最关心的问题之一。陶艺家，特别是美国陶艺家，针对上述课题做了很多探索和研究，并取得了令人欣喜

的成绩，找到的替代品的烧成效果丝毫不亚于盐。在一代又一代盐烧陶艺家的努力下，我们已经在盐烧领域积累了相当深厚的知识和经验，技艺已达到非常高的水平，相信绝大多数人都不能否认，陶艺家在个人工作室内烧制盐釉，对环境造成的危害是微乎其微的。

我必须承认自己在苏打烧方面的实践经验很少，仅在一座小奥尔森"速烧窑"内尝试过几次，窑温达到10号测温锥的熔点温度时，将碳酸钠（纯碱）溶液直接喷入炉膛中。这种方法很便捷。坯体的外表面上生成了非常迷人的釉面，有些许闪光肌理，釉色既鲜亮又纯净。

梅·琳·彼兹摩尔（May Ling Beadsmoore）
《三只苏打烧水杯》
高：10 cm

根据我有限的苏打烧经验，结合观察其他苏打烧陶艺家的大量作品，我能感受到用碳酸氢钠（小苏打）或碳酸钠（纯碱）代替氯化钠（盐），确实能烧制出外观和品质均有别于盐釉的效果。我觉得，由氯化钠（盐）的替代品生成的釉色通常更浅，颜色更鲜亮、更纯净。但造成这种差异的根本原因或许是燃料，而不是原料。据我所知，大多数苏打烧陶艺家都用天然气或木柴烧窑，而不是像我一样用油烧窑，我确信燃料起着重要的影响作用。

把氯化钠（盐）和碳酸氢钠（小苏打）或碳酸钠（纯碱）在高温环境中的反应加以比较，前者完全不同于后两者。氯化钠的分解速度更快，如同爆炸一般在顷刻之间生成的钠蒸气，可以弥漫到窑炉内的每一个角落。相比之下，碳酸氢钠（小苏打）或碳酸钠（纯碱）的分解速度虽然较慢，但当坯体充分接触这两种物质的蒸气时，也能生成明显的"闪光"肌理。如果不喜欢这种效果，可以通过减少苏打投放量避免，但这样做很费时，此环节通常耗费2～3小时。大多数苏打烧陶艺家都是先将钠化合物溶解在沸水中，之后再将溶液喷入窑炉中。细腻的水雾和溶液中的钠化合物遇热后迅速发生反应，蒸气在窑炉中弥散开来。把钠生成的釉面和其替代品生成的釉面加以比较，我觉得前者更均匀。苏打烧器皿的特点是釉面的外观更加丰富多变，特别是附着在肌理或浮雕上的釉面异常美丽。

可以通过往苏打干粉中混合其他材料加快其分解速度。刨花、锯末甚至油都行，这类材料燃烧时会提高苏打周围的环境温度。除此之外，还可以像法国拉伯恩的陶艺家那样，把盛放苏打的小坩埚有计划地摆放在窑炉内，或分散摆放以便于苏打蒸气均匀分布，或定点摆放以解决苏打蒸气难以进入该区域的问题。首次使用坩埚前，需把它们烧成炻器。如果不这么做，坩埚熔融后会在硼板上流得一塌糊涂。

从本质上说，烧苏打窑和烧盐釉窑几乎一模一样。坯体的装窑方式相同，硼板、立柱和炉膛内壁上都得涂氧化铝，坯体底部都得夹垫填充物，带拉环的测温锥也都得摆放在观火孔处。二者最大的区别是，将钠引入窑炉内的方式不同。

把苏打窑和盐釉窑加以比较，前者的窑身上设有更多"喷料孔"，苏打溶液就是通过这些孔洞喷进窑炉内的。通常情况下，每间炉膛的上方设有一个，窑炉的前后两侧各设有一个，两侧窑壁上也各设有一个。设置这么多喷料孔的目的是将苏打引入窑炉内的不同区域，进而有助于蒸气弥散至窑炉内的每一个角落。

露丝安妮·图德波尔（Ruthanne Tudball）有一座容积为 0.51 m³ 的窑炉，她在其著作《苏打烧》（*Soda Glazing*）一书中介绍过该窑炉的烧成方案。窑室由 K23 型高温绝缘耐火砖建造而成，炉膛由三层重质耐火砖建造而成。

在正式烧窑的前一天晚上，借助两个燃气燃烧器预热炉膛，我把燃气的供给量调得非常低。把一次风进风口和烟囱挡板彻底打开。

上午7:30——此刻的窑温大约为350～450℃。我将燃气的供给量稍微调高一些；

上午9:30～10:00——此刻的窑温通常可达600℃，我把燃气的供给量又调高一些；

上午11:00左右——窑温处于850～900℃，保温烧成大约1小时。

（保温烧成是指在一段时间内维持某特定温度烧窑）

保温烧成结束后，将一次风进风口封堵住。将燃气的供给量稍微调高一点，把烟囱挡板适度闭合一些，通过上述方法营造弱还原气氛。[图德波尔的燃烧器内设有文丘里（Venturi）调节装置，该装置用于控制燃气和空气的混合比例。并非所有类型的燃烧器上都设有这种装置，对于那些燃气和空气比例恒定的燃烧器而言，得通过调节烟囱挡板控制二次风的补给量营造还原气氛。]

氧化烧成持续1小时后，测温计显示此刻窑炉内的温度已达到1 150℃。接下来，我将烟囱挡板又闭合了一些，让窑温在中性气氛至弱还原气氛中缓慢提升。

8号测温锥熔融弯曲后，我将烟囱挡板打开一半，并开始往炉膛内喷苏打溶液，喷料孔位于燃烧器上方。（图德波尔没在她的窑炉上设置过多喷料孔。）有些时候，我会通过反复推拉烟囱挡板搅乱窑炉内的气流。苏打溶液的喷洒量并不大，每隔15分钟喷一次，总耗时大约为2～3小时。

一般情况下，喷苏打环节结束时，9号测温锥已彻底熔倒，但我不依赖测温锥预测窑温，原因是苏打的助熔作用会影响其精确度。测温计的读数会告诉我窑炉内的温度是维持不变，还是有所提升或下降。窑炉内的颜色和测温锥及环形试片的烧成状态会告诉我何时结束烧窑最合适。除此之外，环形试片还会告诉我坯体外表面上的釉层厚度。我将窑温维持在较高水平并保温烧成1～1.5小时，直到10号测温锥彻底熔倒为止。

把烟囱挡板和所有孔洞的塞子彻底打开，通过这种方法让窑温快速下降至950℃。之后把上述部位的塞子再次塞严，静待两天等窑温下降到足够低的程度后开窑。

我先把1.5 kg碳酸氢钠（小苏打）溶解在沸水中，之后借助园艺气压喷壶将其喷入窑炉中。我建议使用金属喷雾器，原因是塑料喷雾器难以抵御高温，用不了几次就会被烧化。

丽莎·哈蒙德（Lisa Hammond）有一座容积为2.55 m³的窑炉，由轻质绝缘耐火砖建造而成，她的烧成方案和图德波尔的烧成方案虽有相似之处，却又显得颇为特殊。她会在窑温介于06号至7号测温锥的熔点温度之间时还原烧成1.5小时。这比所有同行的还原烧成时间都短，不过这也从侧面说明，其实大多数人在还原烧成环节投入了过多时间，从燃料和时间的角度来讲无异于浪费。哈蒙德能在如此短的时间内保持均衡的还原烧成，证明1.5小时已足够了。她的工作室坐落在伦敦市区，窑炉烟囱的可见排放物微乎其微。

在长达12小时的烘干期之后，用至少7小时将窑温稳步提升至1 000℃或06号测温锥的熔点温度。我静待四组测温锥（没错，一共四组！）融熔弯曲，以确保窑炉内的温度均匀分布。我借助烟囱挡板平衡窑炉内的烧成气氛。

还原烧成1.5小时，直到7号测温锥熔融弯曲至一半位置，之后继续等待，直到各组测温锥显示窑炉内的温度已均匀分布为止。

我开始往窑炉内喷苏打溶液（7 kg苏打溶于13.6 L水），通常耗时2～2.5小时，之后投0.5 kg盐，此时投盐并没有特殊目的，纯粹是觉得好玩儿！在喷苏打溶液的过程中，我会把烟囱挡板反复抽出、推进，让苏打均匀分布到窑炉里的各个角落。

喷洒和投盐环节结束后，窑温处于10号测温锥的熔点温度时，烧15分钟氧化气

杰里米·斯图尔特（Jeremy Steward）和佩特拉·雷诺兹（Petra Reynolds）共享一座奥尔森"速烧"柴窑

从照片中可以看到窑炉旁立着很多涂了苏打的木柴，待其彻底干透后扔进炉膛内。与传统的喷洒法相比，用这种方法将苏打引入窑炉中更方便、烧成效果更好

氛，之后改用中性气氛保温烧成1小时。接下来，将窑温快速降至1 100℃，把烟囱挡板闭合起来并把窑炉上的所有洞口封堵住，自然降温36小时。

我想我能区分苏打烧器皿和盐烧器皿，嗯……或许偶尔也会看走眼吧！它们并不相互排斥。可以用盐釉窑烧苏打釉，也可以用苏打窑烧盐釉，用同一座窑炉来回切换着烧上述两种釉料没有任何问题。把氯化钠（盐）、碳酸氢钠（小苏打）或碳酸钠（纯碱）混合在一起也是个好方法，这样做可以有效规避单一原料的缺点。对于工作室建造在城市里的陶艺家而言，氯化钠（盐）或许不应是首选，因为烧窑时会产生大量"烟雾"，可能会让近邻感到恐慌，甚至会让消防队登门造访。

杰里米·斯图尔特（Jeremy Steward）
《水罐》
高：25 cm。可以从这只造型挺拔有力的水罐上，看出盎格鲁——欧洲传统盐烧和水罐造型的巨大影响。斯图尔特和佩特拉·雷诺兹（Petra Reynolds）的工作室坐落在英国沃巴奇（Wobage）农场上，二人共享一座奥尔森"速烧"柴窑，他们用该窑炉烧苏打釉。水罐上的装饰是用手指快速划过湿化妆土层形成的，化妆土层下覆盖着一层灰釉

我的工作室旁生长着一棵山毛榉树，它静静地俯瞰着威尔士中部的瓦伊（Wye）河谷

第八章
盐烧可能造成的环境问题

"从窑炉里冒出的大量烟雾和蒸气流入大气层，一眼望去就像茫茫的云海，周六早上从八点到十二点（这个时间段被称为烧窑期），整座小镇都笼罩在烟雾中，以至于行人经常相撞，旅人经常迷路，外地人提到这里时毫不掩饰其厌恶感，他们说这里的烟和埃特纳火山，以及维苏威火山喷发时的烟雾没什么不同……上述种种不便给该地区带来了有害健康的名声，但事实并非如此：镇上生活着很多长寿的老人，这一点可以通过查阅官方的死亡统计数据得以验证。现在的陶瓷产量虽然也不少，但老人们说早年使用盐烧窑时产量更大。蒸气摧毁了植被上的害虫，虽然果实上的炭渣已联成蛛网状，但销售额足以弥补清洁果实所付出的劳动。

虽然投盐时，陶瓷厂的窑炉里确实会冒浓密的白烟，但由于这座小镇坐落在莫尔兰（Moorland）山脉较高处，所以当地的居民并不会被烟雾长时间笼罩。白烟会在数小时内消散，并不会长期滞留，原因是该镇位于德比郡（Derbyshire）山地气流和切斯特郡（Cheshire）海洋气流的必经之路上。"

——摘自《斯塔福德郡陶艺历史》（*History of Staffordshire Potteries*），西蒙·肖（Simeon Shaw），1829年

多年以来，人们一直认为盐烧对环境，以及在烧成过程中与窑炉有着密切接触的人有害。我的盐釉窑一年只烧八次，我认为这与全球重工业和现代交通系统的超大规模排放量相比，完全不值一提。话虽如此，我在整个创作过程中一直都很注意，尽量不对工作室周围和其他地方的环境造成不良影响。其实没有一种烧陶瓷的方法是环保的，我们使用的大部分电都是电厂燃烧化石燃料后生成的，所以无论用什么燃料烧窑都应该尽一切努力减少其不良影响。不仅要关注陶瓷行业的潜在危害，更要从积极的角度去思考个人在社会里扮演的角色，作为陶艺家可以为全球环境做些什么。我会在本章中阐述自己的观点，读者们可以结合现有信息得出自己的结论。

尽管很多书籍和杂志刊登了大量有关盐烧不良影响的文章，但一来其结论并无科学依据，二来直觉告诉我盐烧的危害性并没有人们想象的那样大。诚然，我既不是科学家，也从未参加过任何检测盐烧对环境安全影响的科学试验。但我的盐烧阅历很丰富，我发现每次烧窑结束后，窑炉的某些部位总凝聚着一些晶体，例如少量钠蒸气会顺着窑门或观火孔的顶部泄漏并在该处生成结晶，我敢肯定地说这些晶体就是盐。

在我看来，如果上述部位的钠和氯重新结合成氯化钠的话，那么流出烟囱的钠蒸气在冷却凝结后，又有什么理由会转变成其他物质呢？如果事实当真如我所想的话，人们对氯气排放的严重性多少有些过虑了。盐烧时冒出的滚滚白烟或许只是含有氯化钠和少量盐酸的水蒸气。

盐烧陶艺家也担心自己从事的行业会危害环境，但了解和学习相关知识的书籍和资料较为罕见。当代社会大谈"绿色和环保"问题，而真正谈得上对此有影响的大规模的工业盐烧发生于18世纪、19世纪和20世纪初，如今早已消失在历史的长河中，成为遥远的记忆。

　　1972年，查尔斯·亨德里克斯（Charles Hendricks）教授和美国陶艺家唐·皮尔彻（Don Pilcher）在为美国手工艺协会撰写的文章中阐述了盐烧对环境的危害性。1977年，杰克·特洛伊（Jack Troy）在其著作《盐烧陶瓷》（*Salt-Glazed Ceramics*）中转载了这篇文章。他们发现窑炉里会冒出钠蒸气：

　　"在盐烧的过程中，一部分钠蒸气和氯蒸气被排放到大气中。这些顺着窑炉烟囱流出的气体呈凝结核形态，凝结核具有亲水特征，会生成滚滚白雾（把这种气体形容成雾非常贴切！）。这种雾由凝聚在钠盐核上的盐酸和氯化氢（$HCl \cdot H_2O$）组成。当浓盐酸或盐酸蒸气被围于封闭的环境中时有剧毒。"

　　我们无法否认其毒性。但我认为更重要的因素是有毒蒸汽的排放量，以及人与它的接触程度。

　　两位作者建议陶艺家选用氯化钠（盐）的替代品，例如碳酸氢钠（小苏打/$NaHCO_3$）或碳酸钠（纯碱/Na_2CO_3）等相对更安全或至少烟雾不那么显眼的物质，除此之外，他们还就盐烧和其他类似的污染源进行了比较：

　　将一座容积为0.81 m^3的盐釉窑烧至9号测温锥的熔点温度，除了烧窑阶段最后2小时会消耗一些盐之外——在能耗和排放物生成量方面进行比较——与70 mph的汽车行驶1小时或喷气式客机以巡航速度飞行3秒钟相当。

　　就我个人而言，我很认可他们的观点，即盐烧算不上是多么严重的环保威胁。但遗憾的是，我不能确认他们的结论是源自实际测试还是理论假设。

　　近几年来，很多陶艺家，特别是年轻陶艺家已将碳酸氢钠（小苏打）或碳酸钠（纯碱），抑或两者的混合物作为氯化钠（盐）的替代品或补充品。虽然苏打釉的美自有其独特之处，但上述氯化钠（盐）的替代品在陶瓷领域得到运用的最初原因，主要是出于环保的考虑。本书收录了很多苏打烧陶艺家的作品，可以欣赏并深入研究其创作方法。有人提出一种假设，如果可以把钠化合物中的氯去掉，那么无疑是降低污染的好办法。然而，针对这一假说的最新研究表明事实恰恰相反，这种做法产生的二氧化碳对环境的危害更大。

　　正如我在前文中讲的那样，我不是科学家，我撰写本章的目的是介绍人们对盐烧的各种观点，我希望相关信息能鼓励同行进一步研究，以及做出更明智的决定。为此，我得到作者威尔·辛卡鲁克（Wil Shynkaruk）和出版人珍妮特·曼斯菲尔德（Janet Mansfield）的授权许可转载《为盐正名》（*Taking the Sin Out of Salt*），该文首次发表于《陶瓷技术》（*Ceramics Technical*）杂志1977年第5期。我认为威尔·辛卡鲁克的研究非常重要，不仅全面、客观，而且可以与英国陶艺家皮特·米恩利（Peter Meanley）的类似研究相互佐证，我将在后文中作详细介绍。

在陶瓷领域，盐烧历史悠久意义重大，但近年来却因对自然环境和人体健康的危害而备受关注。信息错误、科学知识贫乏等现象紧紧地裹挟着这个话题。几年前在犹他州立大学就发生过一次由偏见和误解而引发的闹剧。

在盐釉窑旁边的一栋教学楼里，一位性格谨小慎微的女生对同学说，从盐釉窑里冒出来的烟雾是纯氯气，一种致命的毒气。某日晚上，学生们离开教学楼时，当其中一名学生看到盐釉窑里又冒出烟雾，便当场昏厥了。这个事件引起了人们的极大关注，很多人对盐烧的安全性有所质疑。氯气是一种无味的黄绿色气体，而从盐釉窑里冒出来的白色气体主要由盐、水和少量盐酸构成，但不管我们如何解释，盐烧会产生致命气体的言论还是不胫而走并迅速传播开了。那位学生晕厥完全是心理作用导致的结果。这个事件可以反映出许多关于盐烧危害的不实言论是如何产生的。

多年来，我遇到过很多谨小慎微的人，他们主张用苏打烧取代盐烧。理由是盐烧会产生盐酸，而苏打烧不会。虽说此话不假，但这些人并没有考虑到盐烧或苏打烧排放物的类型和体量。如果不对二者的排放物进行比较，就直接断言苏打烧比盐烧更安全，这样的结论根本没有任何意义。据我所知，此类数据在以前是不能被采用的。

我通过观察投盐孔和观火孔周围的结晶情况，得出的最初猜测是，苏打烧对环境的危害高于盐烧。在我看来这些结晶表明，被投入窑炉中的部分盐在流出窑炉时其形态依然是盐。这不禁让我设想，如果被投入窑炉中的盐经过重新组合，流出窑炉时其形态依然是盐的话，那么同理，被投入窑炉中的所有苏打都会转化成具有污染性的排放物，那么苏打烧的污染程度远高于盐烧。

1997年，我受邀出席英国陶瓷艺术教育委员会（National Council for Education for the Ceramic Arts）举办的钠蒸气危害研讨活动。我决定借此机会证明并反驳业界的错误观点。我在发言中回顾了现有的研究成果，指出在盐烧实际产生的污染量方面并没有任何相关信息。导致信息缺失的原因是，黏土发生化学反应时的实际含盐量无法精确测算，仅为推测值。显然，我的观点亦需要原创性研究和实验作为佐证和支撑，对此很多同行为我提供了宝贵的技术支持。感谢约翰·尼利（John Neely）、犹他州立大学的数位学生和迈克·休伊（Mike Huie）的无私帮助，他是一位经验丰富的化学家，从教4年，在犹他州立大学管理实验室长达19年。

我为此项研究量身设计并建造了两座实验窑（背靠背共用一个烟囱）。每座窑炉都有一间容积为 0.198 m^3 的窑室。我们制作并烧制了一系列试片，每一个试片都经过单独称重，测量结果精确至万分之一克。我们对这些试片进行盐烧和苏打烧，以釉面上显现橘皮肌理为标准，并尽量让二者的橘皮肌理生成量相等。

出窑后再次称量这些试片，以确定钠蒸气附着在黏土中的二氧化硅和氧化铝上之后生成的釉面到底有多重。除此之外，我们还用气窑烧了一组对比型试片，以检测烧成方式是否会对重量造成影响。首先，以平方厘米为单位，测算黏土与钠结合后的重量。其次，测算常规烧窑时所有坯体的表面积总和。最后，把这两项数值结合在一起，就可以推算出每次烧窑时排放物（或称污染物）的生成量。

检查结果之前，先概述一下在各种烧成方式中发生的化学反应。

盐烧

- 将氯化钠（盐）投入窑炉中；
- 热量使其分解为钠离子和氯离子；
- 部分钠离子与黏土中的二氧化硅和氧化铝发生反应并生成釉料；
- 剩余的钠离子在流出烟囱时与氯离子重新结合，再次生成盐；
- 残留的氯离子与烧成过程中产生的水蒸气相结合，生成氧气和盐酸；
- 副产品为盐、氧气和盐酸。

苏打烧

我们在实验中使用的是纯碱（碳酸钠），有些人更喜欢使用小苏打（碳酸氢钠）。由于小苏打受热后会分解成纯碱和二氧化碳，所以无论使用哪一种，反应都是相同的，只是小苏打的二氧化碳生成量更多一些而已。

- 将碳酸钠（纯碱）喷入窑炉中；
- 热量使其分解为氧化钠和二氧化碳；
- 氧化钠进一步分解为钠离子和过氧化钠；
- 过氧化钠的性质不稳定，且能转化成各种各样的物质，不分析烟囱排放物便无法确定其属性；
- 部分钠离子与黏土发生反应并生成釉料；
- 剩余的钠离子与烧成过程中产生的水蒸气相结合，生成氢氧化钠（烧碱）和氢气。

氢氧化钠的腐蚀性很强，它并不比盐烧时生成的盐酸更安全。上述结论证实了我的假设，即苏打的化学反应是不可逆的，纯碱流出烟囱时并不会像盐那样重新转化成其原始形态。

虽然犹他州立大学的窑炉和坯料产生了上述实验结果，但换作其他条件时结果或有不同。为了让该数据更具代表性，我们开发并使用了一种成分更普通，对盐更具接受力的坯料。它由密苏里耐火黏土、金艺（Goldart）炻器黏土、OM-4球土、卡斯特（Custer）长石和硅砂调配而成。我们尽量预测和模拟最极端的情况，把该坯料一直烧到外表面上生成非常明显的橘皮肌理为止。

用盐烧制带有橘皮肌理的盐釉，详情如下：平均投盐量为6 043 g。平均而言，5 942.71 g盐仍以其原始形态流出烟囱。39.45 g盐与坯料发生化学反应，在此过程中一共生成了62.57 g盐酸。

用纯碱烧制带有橘皮肌理的苏打釉，详情如下：平均使用量为2 574.5 g。其中67.15 g钠与坯料发生化学反应。在此过程中一共生成了1 332.26 g二氧化碳、1 665.8 g过氧化氢和1 094.26 g氢氧化钠。

上述数据清楚地表明，苏打烧比盐烧产生的污染物更多。

我们将这些数据放在犹他州立大学最大的一座盐釉窑上，以它连续烧一年为前提，预测其最坏影响究竟能有多强。该窑炉的容积为 $0.65\ m^3$。假设窑室的内壁既未涂氧化铝，也没有之前烧窑后沉积下来的釉层（对钠的化学反应有一定缓解作用）。假定每个月烧一次窑。在这种情况下，要想让釉面呈现出橘皮肌理，需要使用 20 719 g 盐。值得注意的是，这座窑炉现已彻底干透，只需要耗费 2 721.5 ～ 4 535.9 g 盐就能烧出相同的效果。但我们的目标是要预测其最坏影响。所以，将 20 719 g 盐投入窑炉中后，有 20 375.15 g 盐仍以其原始形态流出烟囱。只有 219.42 g 盐与坯料和窑壁发生化学反应，在此过程中一共会生成 348.01 g 盐酸。因此，连续烧一年窑会生成 4 176 g 盐酸，这个量会引发酸雨。

将上述数据放在更宽泛的领域中加以类比。一个人驾驶汽车，一年下来会产生 24 370 g 硝酸，一架波音 73 飞机起飞和着陆（不包括巡航时间）会产生 16 776 g 硝酸，这个量会引发更大规模的酸雨。

多年来，我听过很多陶艺家抱怨说，他们想在学校里建造盐釉窑，但校方总以盐烧会污染环境为由驳回他们的申请。这些管理层的人员未曾想到一辆机动车一年会产生 37 400 g 硝酸（以美国统计数据为基础）。此数据引发的酸雨生成量几乎比我们预测的盐釉窑的最坏影响高 9 倍。所以，如果管理者当真注重环保的话，还不如少买一辆汽车，把省下来的钱捐给艺术系建造盐釉窑呢。

对比上述数据可以得出的最终结论是，与产生数百公斤污染物的其他污染源相比，盐烧或苏打烧的污染物生成量微不足道。

讲得再具体些，虽然我们在实验中使用了不少盐，但最终也只有 1.668% 转化为釉料和氯化氢。剩下的 98.332% 仍以其原始形态流出烟囱。盐酸的生成量仅为总投盐量的 1.028%，也就是说每投 100 g 盐仅能生成 1.028 g 盐酸。由此可见，是否选用天然气烧窑，或者盐和苏打到底选哪一种，唯一重要的依据是审美。

我们的实验取得了良好的效果。诸如此类变量众多的课题，很容易因为研究得不够彻底而受到质疑和批评。我相信最后的结论基本正确，用更详细的科学研究方法结合昂贵的取样设备也会得出类似的结论。

事实上，英国陶艺家兼阿尔斯特大学（University of Ulster）陶瓷专业高级讲师皮特·米恩利（Peter Meanley）和化学家威廉·拜尔斯（William Byers）也通过一系列实验得出了类似的结论。米恩利的实验对象是从窑炉内排放出来的物质，目的是"准确获悉他那座 $0.23\ m^3$ 的小盐釉窑，从烟囱里排放出来的到底是什么"。他们将迈克尔·卡森（Michael Casson）的窑炉作为对比物。后者的窑炉也是用高温轻质绝缘耐火砖建造的，不过容积大很多。米恩利将实验结果写成论文《大气中的物质》（Something in the Air）并发表在《陶瓷评论》（Ceramic Review）杂志 1996 年第 157 期。

每一代陶艺家里都有一些人认为"白雾"中同时含有大量盐酸和氯气，他们把彼得·斯塔基（Peter Starkey）和露丝安妮·图德波尔（Ruthanne Tudball）的言论作为理论依据，米恩利和拜尔斯借助昂贵且精密的取样设备，测试两座窑炉的排放物。

除此之外，考虑到对烧窑者健康的影响，他们还测试了烧窑过程中窑炉外部的大气。结果很让人意外，他们并未在任何一座窑炉的排放物中检测到氯气，氯化氢的含量非常低，而且是随着烧窑的进程越降越低。尽管窑炉附近确实有白烟，但并未检测到氯化氢。米恩利说：

"白色烟雾的确切性质尚未查清。想到烟囱内或许会聚集着高浓度的氯化物，所以拜尔斯从烟囱里收集了一些检材，但并未检测到任何氯化物。除了在窑炉内部及其附近区域检测到燃气之外，未检测到氯化氢。

盐烧会生成氯气这种说法……完全是无稽之谈。除此之外，也没有发现氨气。窑炉内的亚硝酸盐蒸气的最高浓度为 17 p.p.m，窑炉外未检测到亚硝酸盐蒸气。

……对于那些想尝试盐烧的人而言，上述实验及从实验结果中获取的新知识无疑是有益的信息。同时，也希望那些认为盐烧会对环境造成严重危害的人看到后，心中的担忧和焦虑有所缓解。"

美国陶艺家吉尔·斯滕格尔（Gil Stengel）和加拿大工程师兼化学家加文·斯泰尔斯（Gavin Stairs）进行了一系列合作研究，他们试图对盐烧排放物和普通炻器烧成排放物进行量化及比较分析。他们对一座容积为 1.35 m³ 的窑炉进行盐烧和普通烧成（还原气氛烧至 10 号测温锥的熔点温度）数据分析，得出的结论是二者的有害排放物几乎没有区别。他们把研究结果撰写成两篇论文，一篇叫《盐与大气》（*Salt and the Atmosphere*），于 1998 年发表在《陶瓷技术》（*Ceramics Technical*）杂志第 7 版，另外一篇叫《关于盐的真相》（*The Truth about Salt*），于 1998 年 9 月发表在《陶瓷月刊》（*Ceramics Monthly*）杂志上。他们同意彼得·斯塔基（Peter Starkey）和威尔·辛卡鲁克（Wil Shynkaruk）的以下观点：

- 由窑炉内残留的盐生成的污染物数量极少，可忽略不计；
- 窑温达到炻器温度后，将盐投入窑炉中会生成大量钠蒸气；
- 几乎不会生成氯气，窑温为炻器温度时，钠蒸气中的盐酸含量很低，完全谈不上危险。

以下是斯滕格尔的研究结论：

"我认为很多陶艺界同仁太过武断，在未经考证的前提下便对盐烧妄作论断，说它会对自然环境造成严重危害。我觉得苏打烧和盐烧有极广泛的美学研究价值，只要预防措施得当，就可以被安全地实践及被更多人了解和尝试。"

我要讲的就这么多。就我个人而言，我完全赞同辛卡鲁克和米恩利的观点，即盐烧是一种相对较安全的烧成方式，希望大家读到此处时也得出了自己的结论。没有任何实证，只凭猜测、过时的数据或无知便提出一些不实言论和虚假主张，这种做法极其荒谬。抛开环境角度不谈，包括盐烧在内的任何一种烧成方式都需要注意健康和安全，采取合理的预防措施百利无一害。

- 窑温超过1 000℃后，通过观火孔观察窑炉内的烧成状况时，必须佩戴焊工护目镜；
- 移动观火孔或二次风进风口的塞子，以及调节烟囱挡板的位置时，必须佩戴耐高温手套；
- 如果认为烧窑时有必要佩戴防毒面具的话，那就按照自己的想法去做。没人敢断言窑炉周围的空气完全无害；
- 烧盐釉要尽量选择晴朗的天气，以便于钠蒸气快速消散。尽量不要选择阴雨天。把注意力放在窑炉上，而不是自己身上；
- 投盐时，站位与窑炉之间的距离不宜过近。如果窑炉是建造在室内的，须确保通风顺畅；
- 确保窑炉周围区域干净、整洁，无障碍物和易燃物。

费尔·罗杰斯（Phil Rogers）

《高水罐》

高：38 cm。这个水罐是两种传统的结合物。造型取自中世纪的陶器，这种风格曾于12世纪至16世纪风靡欧洲各地。隶属于炻器烧成的盐烧，诞生于德国，从15世纪到20世纪初期一直很流行。当代陶艺家经常从旧时的文化或传统中汲取创作灵感，力图让它们进射出全新的创意火花。坯料的含铁量为3%，铁对坯体表层的化妆土颜色影响很深

第九章
盐烧陶艺家及其代表性作品赏析

- 约瑟夫·本尼恩（Joseph Bennion） 120

- 汉斯·博杰森（Hans Børjeson）和比吉特·博杰森（Birgitte Børjeson） 124

- 迈克尔·卡森（Michael Casson） 128

- 史蒂夫·戴维斯·罗森鲍姆（Steve Davis-Rosenbaum） 133

- 理查德·杜瓦（Richard Dewar） 137

- 马丁·戈尔格（Martin Goerg） 141

- 伊恩·格雷戈里（Ian Gregory） 145

- 简·哈姆林（Jane Hamlyn） 150

- 马克·休伊特（Mark Hewitt） 155

- 卡西·杰斐逊（Cathi Jefferson） 160

- 沃尔特·基勒（Walter Keeler） 164

- 玛丽·洛（Mary Law） 169

- 桑德拉·洛克伍德（Sandra Lockwood） 173

- 珍妮特·曼斯菲尔德（Janet Mansfield） 177

- 布莱尔·米尔菲尔德（Blair Meerfeld） 183

- 伊娃·穆尔鲍尔（Eva Muellbauer）和弗兰兹·鲁佩特（Franz Rupert） 186

- 杰夫·欧斯特里希（Jeff Oestreich） 190

- 保琳·普洛格（Pauline Ploeger） 194

- 佩特拉·雷诺兹（Petra Reynolds） 198

- 菲尔·罗杰斯（Phil Rogers） 203

- 米奇·施洛辛克（Micki Schloessingk） 208

- 威尔·辛卡鲁克（Wil Shynkaruk） 213

- 吉尔·斯滕格尔（Gil Stengel） 217

- 拜伦·泰普勒（Byron Temple） 221

- 露丝安妮·图德波尔（Ruthanne Tudball） 225

约瑟夫·本尼恩（Joseph Bennion）

"盐烧充满野性、难以驾驭。我喜欢它的不确定性。我一直努力保持其特征，保持那份惊奇感，从未打算控制它。桑德拉·约翰斯通说到做到——他创作的花瓶野性十足。"约瑟夫·本尼恩（Joseph Bennion）说道。

《带底足的花瓶》
高：30 cm。先借助拉坯成型法拉出雏形，之后修整成椭圆形。待坯体达到半干程度后黏结底足。坯料为加利福尼亚州拉古纳（Laguna）黏土公司生产的深色炻器坯料

约瑟夫·本尼恩（Joseph Bennion）站在作品陈列室里，他的工作室坐落在犹他州斯普林城（Spring City, Utah）

　　约瑟夫·本尼恩（Joseph Bennion）曾是北加利福尼亚州的伐木工人，他在工作期间结识了陶艺家迈克·塞尔弗里奇（Mike Selfridge），并从后者那里了解到盐烧。不久之后，他得到了一个深入学习盐烧的好机会——和丹尼斯·帕克斯（Dennis Parks）一起前往坐落在内华达沙漠中的图斯卡罗拉（Tuscarora）陶艺学校求学。这已是多年前的事了，如今的他已成为美国最具代表性的日用陶瓷艺术家，作品被收藏在西伯利亚的狄美赫（Tiumeh）美术馆、底特律艺术学院和阿尔弗雷德陶瓷艺术博物馆。尽管收藏家和同行对本尼恩赞誉有加，但他本人一直秉行低调原则——"作品不参加市集、不参加展览、不进画廊"——他认同沃伦·麦肯齐（Warren McKenzie）开创的"荣誉"经营制度，只在自己的工作室内出售作品。

　　本尼恩的家乡斯普林城（Spring City）坐落在犹他州中部的瓦萨奇山脉（Wasatch Mountains），是一个风光旖旎的小村庄。自然环境和脚下的沃土深深地影响着他和他的职业生涯，本尼恩说道：

　　"犹他州的荒野对我的生活和事业影响至深。科罗拉多高原上的壮丽峡谷令我沉醉，我经常一个人去那里漫步并汲取创作灵感，在荒野中感受真正的美。每当告别那些红色崖壁返回工作室时，我思如泉涌、能量满满，希望自己能在这些创意和能量的引领下创作出充满活力的作品。我不会刻意地模仿砂岩的图案、颜色或形状。一切都是自然而然产生的。它们是我内心深处的一口清泉，滋养着我的心田。"

一个容量为 4.5 L 的水罐

高：30 cm。深色坯料未施化妆
土。内壁上施当地的黏土釉。先烧
中等还原气氛，之后快速降至低温

化妆土与填充物的配方	
基础化妆土成分	**份额**
高岭土	50
球土	50
不同的球土会呈现出	
不同的效果	
橙色化妆土成分	**份额**
老矿（Old Mine）#4球土	
	41.9
E. P. K高岭土	41.9
硅酸锆	10.5
硼砂	5.7
填充物成分	**份额**
高岭土	50
氢氧化铝	50

要想理解本尼恩为什么选择用"变幻莫测"的盐釉装饰作品，首先得理解其人生角色的多重性——陶艺家、丈夫、父亲和地球上的居民。盐烧那自然、单纯的釉面就像镜子一样反射着他对世界的理解。既没有弄虚作假也没有肤浅浮夸，只有诚实和充满信念，在他看来这才是生活的真谛。其作品没有粗俗炫耀，并因毫无功利性而备受青睐。不装饰作品的原因是，他想为盐和木柴留下更多施展"魔法"的空间，想借这两种元素之手尽可能展现他在荒野景观中见到的古拙之美。

"我喜欢那种只从外观就能感受到其诞生过程的器皿。在我看来，拉坯机［本尼恩使用的拉坯机，是一台和伯纳德·利奇（Bernard Leach）同款的脚蹬式慢轮］和盐烧都能赋予作品上述特征。虽然谈不上完全反对，但我确实不愿意在作品上添加装饰性元素。有些时候，如果我感觉在器皿的某些部位做一些标记能与拉坯痕迹和烧成效果完美搭配的话，我也会这么做。"本尼恩说道。

本尼恩在慢轮上拉制软泥，他喜欢这两种因素赋予作品的那种"松颓"感。他刻意保留拉坯的痕迹，只轻轻地抚平器皿的边缘和口沿，以便让上述部位充分吸收钠蒸气。有些时候，他会借助面包刀在器壁上梳理条纹，以便于钠蒸气附着，或者在器皿的口沿下画一条线，将人们的视线向下引导。他顽皮地处理作品的体量，经常在器皿上塑造把手的"残迹"，通过这种方法创建视觉焦点，将造型延伸至轮廓线之外的区域，进而达到提升张力的目的。

本尼恩的方法既直接又简练。他的大多数器皿（包括炻器和瓷器）的坯料由等量的高岭土和球土调配而成，并且只在罐子和杯子等收口造型的内壁上施釉。他说自己很少做实验，只用某些经过测试的化妆土装饰作品，色调虽有限但变化却无穷无尽。几乎所有器皿均为一次烧成，他在坯体处于半干阶段时施化妆土和釉料。他最喜欢的釉料之一是取其所在地的黏土调配的土釉。

本尼恩的窑炉是一座容积为 0.85 m³ 的倒焰窑，由硬质耐火砖建造而成，两侧窑壁上共设有 4 个燃烧器，两两对向并与烟囱呈直角。窑室的每一侧都建有挡火墙，它们将火焰引向拱顶处。燃料是天然气。之所以选择天然气，是因为本尼恩觉得这种燃料使用方便，烧成效率也不错。

本尼恩对釉色的变化效果很感兴趣，为此，他总会把最后装窑的数件作品摆放在防火墙上，该窑位"会让釉面呈现出一种美妙的样式"。挡火墙上砌筑了一些孔洞，摆放在洞口附近的坯体吸盐较多。这种由气流走向生成的烧成效果正是他追求的，他在装窑的过程中一直考虑着这些因素。

本尼恩的烧成计划是为未经烧制的"生坯"制定的，所以，可以将初期阶段视为其他陶艺家的素烧环节。初期烧氧化气氛。刚开始时，用非常慢的速度升温，直到确定坯体已完全干透，所有残留的水分已彻底排尽为止。

窑温达到900℃左右时开始烧还原气氛，一直持续到烧成结束。窑温达到5号测温锥的熔点温度时开始投盐，每个炉膛投1杯，每隔0.5小时投一次，直至11号测温锥融熔弯曲为止，整个过程下来总的投盐量为13.6 kg。烧成结束后，先将窑温快速降至低温，之后把窑炉上的所有孔洞封堵起来。本尼恩用的是软水盐，投盐之前并没有将盐打湿，很多盐烧陶艺家也都这么做。他在自己的柴窑里轮流烧盐釉和普通釉料，每一年每个品种大约烧10窑。

本尼恩的创作方法直接且简练，这一点令他的作品与伯纳德·利奇、柳宗悦、滨田庄司等知名陶艺家的作品如出一辙。他从不否认利奇、滨田庄司及其美国学生，特别是沃伦·麦肯齐对自己的影响，但他只学其神不仿其形。在我看来，他的作品呈现出一种独特的极简主义风格，这是他深度赞同利奇和滨田庄司作品背后的哲学思想，并将其与自己的观点融合后的产物。他注重最基本的要素，让光影赋予质朴的造型和釉色以雕塑般的庄重气质，让体量不大的日用陶瓷散发出极强的艺术魅力。

上图：

封堵窑门的耐火砖被移开，可以随时出窑。位于此侧窑壁下部的两个燃烧器端口清晰可见。在对面的窑壁下部也有两个燃烧器端口。硼板和立柱的外表面上涂着氧化铝

下图：

《带底足的矩形食器》
高：12.5 cm，长：22.5 cm。先用拉坯成型法塑造一个环形，之后再改造成矩形，将它切割下来并黏结在一块平整的泥板上。待坯体达到半干程度后黏结底足。还原气氛令碳元素渗入外表面上的橙色化妆土中，进而导致碳化严重的区域呈现灰色调

汉斯·博杰森（Hans Børjeson）和
比吉特·博杰森（Birgitte Børjeson）

"盐是一种自然元素。盐釉的颜色、肌理和烧成气氛无一不是由自然元素赋予的，这令盐烧作品颇具适应性，无论是陈列在室外还是室内都很适宜。艺术家要面临的挑战在于能否让作品强调盐烧的特殊工艺。"汉斯·博杰森（Hans Børjeson）和比吉特·博杰森（Birgitte Børjeson）说道。

汉斯·博杰森出生于瑞典，比吉特·博杰森出生于丹麦，二人自1963年在丹麦富尔比（Fulby）镇创建了工作室后便一直定居在该地。他们曾到英国康沃尔郡克罗恩（Crowan）陶瓷厂学习制陶，师从哈里·戴维斯（Harry Davis）及梅·戴维斯（May Davis），二人用当地岩石制备的天目釉或青瓷釉装饰自制的餐具。哈里·戴维斯是所有创作环节都要亲力亲为的陶艺大师，所以汉斯·博杰森和比吉特·博杰森自打从学徒期开始就已全面了解了陶艺家这种职业的真正含义。汉斯·博杰森回顾当年的经历时说："那是一段既充满收获又相当辛苦的岁月！"

汉斯·博杰森和比吉特·博杰森继承前辈的传统，建造了第一座窑炉，容积为6 m³——对于大多数工作室而言，这算得上是大型窑炉了。二人定期装窑、烧窑，并将产品运至纽约的商店出售。他们寻找到新的材料后，先将它们处理好后进行检测，看它们是否合适。二人自制材料和工具，他们保持这种工作方式自学徒时代开始一直到现在。

20世纪80年代初，他们开始尝试盐烧。二人自从出徒后一直在烧传统的炻器釉料，烧盐釉是他们长期以来的愿望。盐烧拓宽了他们的创作视野：

"我们获得了全新的经验——新材料、新颜色。我们接过各种各样的订单，业务范围早已突破了原有的日用陶瓷领域。例如为社区制作长椅，为新建筑制作柱子、洗手盆、室内的瓷砖和室外的铺路砖等。"汉斯·博杰森和比吉特·博杰森说道。

汉斯·博杰森和比吉特·博杰森从不害怕接触日用陶瓷之外的领域。

《大罐子》

高：75 cm。制作这个美丽的罐子的方法如下：首先，将一根挤压成型的厚泥管粘在一块泥板上。其次，一边缓缓地转动拉坯机，一边从泥管的内部向外推压，直至将它塑造成罐子的形状为止。然后，用泥条盘筑法为它塑造颈部。最后，借助剪纸遮挡法创作多层次的装饰纹样

作为手工艺人，他们很享受与建筑师之间的密切合作，并把克服相关的技术难题视为令人振奋的挑战。很多类似的项目让陶艺家的手工作品呈现在更广泛的观众面前。他们克服重重困难和技术挑战后完成的杰作，对同行来说是很好的启示，提醒我们工作室的窗外还有更广阔的世界，我们可以在擅长的专业技能引领下安全抵达那里。

汉斯·博杰森的近作有所创新，他正在开发一种特殊样式的器皿。在造型和装饰方面的表现语言更加随性——颈部和器身之间的比例、线条纹饰及其装饰位置已不再拘泥于传统。

"我希望自己能像中国古代的陶艺大师那样，把作品成型过程中的每一个点滴特征都展现出来。让观众从黏土的结构中感受它经历过的每一个步骤。颜色、装饰和盐烧的特性可以让我达到上述目的。"博杰森说道。

我是十几年前在荷兰参加陶艺市集时认识汉斯·博杰森和比吉特·博杰森的，当时我们努力地向观众推销作品。我一看到他们的作品就被吸引住了，精美的外观充分展现了二人超强的盐烧控制能力。作品外表面犹如珍珠般光滑，只是色相和色调稍有差异，图案简洁素雅，方格或菱形纹饰居多，装饰与精心构思的优雅造型完美搭配、相得益彰。

1号化妆土成分	占比
高岭土	100
利摩日瓷器黏土	20
2号化妆土成分	**占比**
高岭土	154
利摩日瓷器黏土	308
氧化锡	46
3号化妆土成分	**占比**
高岭土	51
利摩日瓷器黏土	102
氧化锡	15
碳酸镁	15

（诸如碳酸镁和碳酸钙等材料具有抗盐性，可作为亚光剂使用）

装饰纹样和造型之间的协调关系在他们近期的作品中仍有体现。造型饱满的大罐子仍保留着成型阶段的特征，观众的视线会忍不住地随着拉坯的痕迹在器身上前后移动。还有一些作品虽然装饰很少甚至没有装饰，但它们的某些部分会被刻意地营造成视觉焦点，进而把观众的注意力吸引至深入观察、理解造型本身上。

汉斯·博杰森和比吉特·博杰森的某些盐烧作品是我见过的当代最好的盐烧作品。它们充分展现了艺术家精湛的技艺、创新的思想，以及在造型和装饰之间的超强掌控能力。两位陶艺家作品类型之多，装饰意象之广放眼整个业界实属罕见。他们对盐釉、承载釉面的造型，以及投射在外表面上的光影理解之深，协调处理三者关系的能力之强在整个业界亦属罕见。

汉斯·博杰森和比吉特·博杰森的窑炉及烧成方法

汉斯·博杰森和比吉特·博杰森的窑炉容积为 1.5 m^3，由轻质绝缘耐火砖建造而成。我在前文中介绍建窑材料时谈过自己的观点，有趣的是我发现汉斯·博杰森和我观点一致，他说："无论使用哪一种涂层材料，烧不了几窑后都会破碎。所以，最好用硬质耐火砖建造窑炉。"

目前，汉斯·博杰森和比吉特·博杰森用6个大气压式气体燃烧器烧窑。所有坯体均为一次烧成，入窑前未经素烧。在烧成10～12小时时将窑温提升至1 000℃，然后开始烧还原气氛。持续还原烧成直至烧成结束为止。7号测温锥融熔弯曲后开始投盐。共投5次盐，每次间隔0.5～1小时，总投盐量为8 kg。

借助喷枪将盐喷入窑炉内，喷枪与带有气水分离器的气泵连接在一起。喷枪的喷嘴上附加了一根长长的管道，可以将它伸进投盐孔内进行定点喷射。他们使用质地细腻的食用盐，很容易喷。盐被喷入窑炉中后即刻就会挥发，并不会对炉膛造成任何损伤。汉斯·博杰森发现这种方法可以获得非常均匀的釉面。

为了将细食盐喷入窑炉中，汉斯·博杰森和比吉特·博杰森对设备进行了改造。首先，他们往喷嘴上添加了长管道。然后，他们在气泵上安装了一个气水分离器，用于去除压缩空气时产生的冷凝水蒸气。如果没有这个装置，喷枪的出料口会被湿盐堵住。

投盐环节结束后再烧1～2小时，窑温达到10号测温锥的熔点温度后结束烧窑，通过停止供气和不封闭燃烧器端口快速降温2小时。

汉斯·博杰森和比吉特·博杰森使用的是7 mm厚的碳化硅硼板，外表面上没有氧化铝涂层。至我撰写本书时为止，这些硼板已经历过25次烧成，虽然每次都要承托很多坯体，但并未出现曲翘变形现象。汉斯·博杰森说：

"这种硼板的一大优点是重量很轻——普通体格的人也能轻轻松松地端拿移动。"

为了将细食盐喷入窑炉中，喷枪的喷嘴上被安装了长长的管道。喷枪与带有气水分离器的气泵相连，气水分离器的功能是去除压缩空气时产生的冷凝水

上图：

《大碗》

高：45 cm。先用钴料在光滑的外表面上绘制装饰纹样，之后往图案上喷两层化妆土。汉斯·博杰森先做出大量坯体，之后比吉特·博杰森在非洲用了两年时间绘制纹饰

4号化妆土成分	份额
氢氧化铝	33
高岭土	33
利摩日瓷器黏土	33
5号化妆土成分	份额
滑石	91
海默德（Hymod）精炼球土	36
氢氧化铝	73
利摩日瓷器黏土	100
TWVD球土	100

下图：

《方盘》

边长：65 cm。先用实心坯料塑造出盘子的外部造型（底朝上）——达到适宜的干湿程度后翻转过来，并掏出多余的部分。汉斯·博杰森和比吉特·博杰森说这种方法可以消除坯料自身的应力，令坯体既不开裂也不变形。该坯料名为文格尔林（Vingerling）503，是一种产自荷兰的白色加砂炻器坯料。装饰纹样是借助剪纸遮挡法创作的，设计灵感源于古阿拉伯的瓷砖

迈克尔·卡森（Michael Casson）

"盐烧展现了制作和烧成之间的亲密关系。它可以充分表达我的观点，即（在创作过程中）陶艺家使用的材料、工艺及在创作过程中秉承的审美观点，三者密不可分。"

——迈克尔·卡森（Michael Casson）引用迈克尔·卡杜（Michael Cardew）的话

沃巴奇（Wobage）农场坐落在赫里福德郡（Herefordshire），距离厄普顿（Upton）主教村不远的一座小山上，由很多座典型的17世纪农场建筑物组合而成。这里既有木结构的房屋也有全石材的房屋，某些建筑的体量几乎和教堂差不多，这里是陶艺家迈克尔·卡森（Michael Casson）和希拉·卡森（Sheila Casson）的家。这些建筑不仅为他俩提供了工作空间，还为很多其他专业方向的艺术家提供了工作空间。这些艺术家既有各自的工作区域和业务范围，又以合作的形式共同组建成一个小团体。在这个农场上，除了迈克尔·卡森及希拉·卡森之外还有一位名叫佩特拉·雷诺兹（Petra Reynolds）的陶艺家，她和她的作品也被收录在本书中。

《蓝色盐烧大罐》
高：50 cm。假如要挑选一件最能代表迈克尔·卡森风格的作品，那么这一件绝对能入选。他先在坯体上浸蓝色化妆土，趁化妆土湿润时，用海绵和手指快速制造出肌理，进而令造型得以强化。这种大体量的器皿是分段拉制的。首先，拉球形器身并将其晾至适宜的硬度。其次，在器身上黏结一圈新泥，拉成一个厚厚的圆管，作为罐子的颈部。对于体量如此大的器皿而言，如果通体都做满装饰的话会显得过于强烈。化妆土上带有一丁点儿橘皮肌理，与隐约透露坯料本色的区域形成微妙的对比效果

128

迈克尔·卡森及希拉·卡森的坯料	
1号坯料成分	**份额**
海普拉斯(Hyplas)	
71球土	75
E.C.C.高岭土粉	24
康沃尔石	1
砂子和/或200目~	80
目煅烧高岭土	5~15
(含铁量极低)	
2号坯料成分	**份额**
海普拉斯(Hyplas)	
71球土	43.58
AT球土	21.79
E.C.C.高岭土粉	21.79
利兹耐火黏土	1.56
肯博(Kemper)泥灰土	
	2.33
霞石正长石	2.72
砂子	6.23
含铁量较高,但对盐烧而言尚属"正常"范围。肯博泥灰土是一种红色陶器黏土。利兹耐火黏土带有轻微的斑点	
3号坯料成分	**份额**
海普拉斯(Hyplas)	
71球土	18
利兹耐火黏土	36
肯博(Kemper)红色	
泥灰土	31
E.C.C.高岭土粉	7
砂子	8
(铁含量极高。不适合拉坯成型法,但烧成后的颜色很丰富)	

1952年,迈克尔·卡森在伦敦罗素(Russell)广场附近的马奇蒙特(Marchmont)街创建了第一间工作室:

"我努力让自己从艺术学校的'专业训练'中转型,花了近10年才形成了个性化的创作风格。从入行那天开始我就打算靠做陶谋生。没有兼职教学和希拉的支持就没有今天的成功!"卡森说道。

我第一次了解盐烧是在20世纪50年代末,丹尼斯·韦恩(Denise Wren)和露丝玛丽·韦恩(Rosemary Wren)用一座煤窑示范盐釉的烧成方法,那次经历一直深深地烙印在我的脑海中。20世纪60年代中期,迈克尔·卡森在哈罗(Harrow)学院教授盐烧,这门至今看来都颇具传奇色彩的课程是他和维克多·马格里(Victor Margrie)于1963年共同创立的。沃尔特·基勒(Walter Keeler)是这门课主要的负责人,可以从很多该学院的毕业生传记中了解到,沃尔特·基勒的影响非常大,很多学生都是因他才走上了盐烧的道路。

当时的燃料是木柴,不是电或天然气,这也促使迈克尔·卡森在伦敦的第一间工作室里创作了28年后,迁居至赫里福德郡。他在积累了整整30年的制陶经验后开始尝试盐烧,他的第一座窑炉为奥尔森"速烧"柴窑,之后又建造了一座以丙烷为燃料的窑炉。他从未放弃过柴烧——沃巴奇农场上的窑炉均为柴窑——他最新的一座窑炉体量非常大,是法国传统样式的交叉焰柴窑,对他而言,这无疑是全新且令人兴奋的挑战。

卡森说道:"是的,对我个人而言,盐烧或苏打烧是最佳选择——盐釉和苏打釉

《瓷茶壶》

高：12.5 cm

瓷器坯料施下述配方成分及份额的化妆土：

霞石正长石	50
高岭土	50
金红石	10

烧成后的釉面非常光亮。金红石和木灰结合后生成破碎且斑驳的外观

深蓝色化妆土成分	份额
霞石正长石	49
海普拉斯（Hyplas）71	
球土	49
红色氧化铁	1
氧化铬	0.2
氧化钴	0.7

橙色化妆土成分	份额
高岭土	30
霞石正长石	10
煅烧高岭土	5
TWVA球土	25
EWVA球土	25
石英（120目）	5

涂层须特别薄，否则会开裂

褐色化妆土成分	份额
HVAR球土	50
高岭土	50

涂层宜薄不宜厚

浅褐色化妆土成分	份额
SMD球土	50
高岭土	50

灰釉（主要用于装饰器皿的内壁，偶尔也用于装饰外壁）	
成分	份额
灰	40
钾长石	40
球土	20

具有无与伦比的美。这里共建有四座盐釉窑/苏打窑。其中一座是气窑，天然气是一种很方便的燃料，在过去的10年里，我的大多数作品都是用天然气烧的。在这之前，我和安德鲁·麦加瓦（Andrew McGarva）一起创作时，大部分作品是用木柴烧的。如今又可以烧木柴了，杰里米·斯图尔特（Jeremy Steward）和佩特拉·雷诺兹承担了包括准备燃料和烧窑在内的大部分工作。"

迈克尔·卡森最近非常高兴，因为年轻的同行接手了制陶流程中最繁重的环节，其中包括装窑。他发明了一种方法，可以复制出前次的盐烧效果，如果对此感兴趣的话不妨一试。

卡森说道："我绘制了一张非常详细的窑位图，用矩形方框代表硼板，在方框内精确地标出每个坯体的摆放位置。我可以按照个人喜好摆放所有或一部分坯体。我把窑位图给了杰里米·斯图尔特和佩特拉·雷诺兹，让他们按照图例所示装窑。事实证明这种方法不仅速度快，效率也很高。"

无论使用何种燃料，窑温都可以在开始烧成后12～13小时时升到10号至11号测温锥的熔点温度。用容积为0.85 m³的气窑烧窑时，窑温达到1 030℃时开始烧还原气氛，总投盐量为11.8 kg，每包盐的重量为0.9 kg，从窑炉两侧交替投盐，每次投2

包。投盐环节结束后先挑出环形试片查看烧成情况，之后将400 g碳酸钠（纯碱）溶解在2 L沸水中。将调和好的溶液顺着窑炉前部和两侧的喷料孔喷入窑炉内。此环节结束时的窑温为1 266℃。接下来，让窑温在氧化气氛中升至1 290℃。最后，通过打开窑炉上的所有塞子将窑温快速降至1 000℃。

多年来，迈克尔·卡森一直用奥尔森（Olsen）式柴窑烧盐釉作品，他觉得盐和柴烧相结合可以烧制出"无与伦比"的釉色。本书收录了佩特拉·雷诺兹的烧窑日志，他使用的就是这种窑炉。自奥尔森在其著作《窑炉指南》（*The Kiln Book*）中首次公布了这种窑炉的设计形式以来，该样式及经过改良的其他版本的窑炉便流行起来，相信佩特拉·雷诺兹的烧窑日志能给对此感兴趣的同行带来帮助。不过，我和迈克尔·卡森都认为不能因为窑炉的名称叫"速烧"窑，便采用太快的烧成速度。很多人认为用新一代超级绝缘材料建造的窑炉可以实现快速烧成。对此，我坚持自己的观点，若把长时间烧制出来的釉料和短时间烧制出来的釉料加以比较可以发现，前者无论是颜色还是肌理均更胜一筹。盐釉尤其明显，投盐环节结束后长时间烧制不仅有助于提亮釉色，还能令釉面熔融得更加平滑。除此之外，盐釉需要长时间深度还原烧制，只有这样才能让坯料和化妆土呈现出最佳效果，不过这只是我个人的观点，或许并不能让每一位同行都赞同。

迈克尔·卡森以拉制大容器而享誉业界，特别是大水罐，有些水罐的体量已妨碍到其实用功能。这些腹部圆鼓鼓的水罐造型起源于早期希腊陶器，它们更注重雕塑感，

《双柄碗》
直径：30 cm。造型沉稳的碗身上黏合了两个颇具力度的把手。笔涂蓝色化妆土，外罩志野釉

希拉·卡森（Sheila Casson）
《茶壶》
高：20 cm。深蓝色化妆土。拉制壶身时只拉一个无底的圆筒，待外形塑好之后才将它黏在一块拉坯成型的底板上

而不是实用性。从创作过程中要面对和解决的问题的角度来讲，陶艺家和雕塑家差不多，需要思考体积、比例、平衡、空间、内部空间及这些因素之间的关系。除此之外，陶艺家也会像雕塑家那样思考光和影、亚光和亮光之间的对比效果。迈克尔·卡森的作品是经过深思熟虑后的艺术创作，除了薄薄的亚光盐釉之外不附加任何装饰，只凭借最基本的要素突出展现造型本身的美。

迈克尔·卡森喜欢快节奏的装饰形式。用手指或海绵在刚刚浸过或淋过化妆土的坯体上快速且有规律地划动，创作出的肌理非常生动、随性，坯体的本色隐隐约约地透出其间。他偶尔也使用更复杂、更费时间的剪纸遮挡法，步骤如下：首先，把一个剪纸纹样贴在坯体的某个位置，之后浸入某种化妆土中。然后，把另外一个剪纸纹样贴在坯体的其他部位，浸入另外一种化妆土中。多个纹样和多个涂层组合在一起后，便可以呈现出复杂且具有立体感的外观。

希拉·卡森的作品体量适中、做工精致，和迈克尔·卡森的作品形成了强烈对比。尽管他们使用的坯料和化妆土都是同一种，窑炉都是同一座，但前者却保持着独立且鲜明的个人风格，她通过改造拉坯形体创建极富艺术感和立体感的外观。迈克尔·卡森的作品深受古希腊器皿的影响，希拉·卡森则从古地中海克里特岛的米诺斯文化中汲取创作灵感。

迈克尔·卡森身兼陶艺家、教师、作家和播音员数职于一身，为英国甚至全球艺术陶瓷的发展做出了巨大的贡献。他对手工艺的热情和好奇心从未减退，在英国陶艺界一直都是多产的大师和备受尊敬的前辈。1998年，他向英国所有盐烧和苏打烧陶艺家发了一份调查问卷，这件事可以充分说明其好奇心有多么强烈。他想解开一个多年以来一直困扰着很多同行的谜题，业内人士将之称为"圣诞闪光（Christmas glitter）"，这是一种看似难以捉摸的烧成缺陷，极微小的釉料残渣从盐烧器皿的外表面上脱落，有时会黏在人的手指上并扎破皮肤，因外观酷似圣诞卡片上的闪光涂层而得名。

迈克尔·卡森根据同行们的回复，进行实验并谨慎地得出结论。以下两项操作或可避免该烧成缺陷：第一，投盐环节结束后，还需要一段较长时间的升温；第二，快速降温后，需将烟囱挡板彻底闭合住，并将窑炉上所有的孔洞全部封堵住。结论表明，必须防止残留的盐从炉膛进入窑室，进而接触到正处于降温阶段的坯体。

不久后，迈克尔·卡森表明，大家的回复五花八门，他很难据此得出结论。我在实践的过程中发现，圣诞闪光是强还原气氛与某些高铝化妆土共同作用下的产物，有些化妆土内含有适量的二氧化硅，例如配方中含有高岭土的化妆土。在我看来，这是一种由收缩率导致的问题，所谓的闪光其实是从微小裂痕内掉落的釉渣，是坯与釉结合不紧致引发的烧成缺陷。

史蒂夫·戴维斯·罗森鲍姆
（Steve Davis-Rosenbaum）

"我很多作品的创作灵感都源于人类饮食和烹饪的基本乐趣及其衍生含义：灶边、营养、关怀和庆祝。对我而言，优美的食器等同于对食物本身及其展陈方式的热爱。甚至连摆放在餐桌上的花瓶也能传递出同样的信息。我根据生活需求和生活方式进行创作，以日常生活中的炊具、食器和陈设品作为自己的主攻方向。"

——史蒂夫·戴维斯·罗森鲍姆（Steve Davis-Rosenbaum）

《酱油壶》

高：10 cm。装饰坯体的化妆土由等量的XX匣钵黏土和高岭土调配而成。纹饰部分为奥尔巴尼（Albany）黏土和氧化钴的混合物，用毛笔蘸着画在化妆土层上。外面淋氧化铁含量超高的釉料

坯料成分	份额
长石	20
雪松山金艺（Cedar Heights Goldart）球土	50
霍桑·邦德（Hawthorn Bond）黏土	100
肯塔基0M4球土	25
泰勒（Tile）#6高岭土	50
XX匣钵黏土	25
细熟料	25

1号化妆土成分	份额
球土	50
高岭土	50
涂层宜薄不宜厚，烧成方式适宜时可以呈现出极佳的闪光肌理	

2号化妆土成分	份额
XX匣钵黏土	50
高岭土	50
品质上乘的橙色陶瓷着色剂	

绘制纹饰的黑色陶瓷颜料成分	份额
奥尔巴尼（Albany）黏土	90
霞石正长石	10
碳酸钴	5

史蒂夫·戴维斯·罗森鲍姆（Steve Davis-Rosenbaum）第一次看到盐烧作品便被它们深深地吸引住了，那些作品出自迈克尔·西蒙（Michael Simon）和罗恩·迈尔斯（Ron Meyers）之手。1993年和1994年夏天，罗森鲍姆在佐治亚大学求学期间，拜罗恩·迈尔斯和迈克尔·西蒙为师学习盐烧。他在两位老师的指点下学会了"佐治亚式"盐烧法——一种投盐量极少的烧成方法，每烧一窑仅使用2.3 ~ 4.6 kg盐。

该方法烧制出来的釉面薄如蝉翼，半亚光外观与适宜的化妆土（氧化铝的含量通常都很高）相结合，突出展现了拉坯成型法的独特美感。

盐釉的展示重点是造型而不是颜色。钠蒸气可以将拉坯的痕迹（以及整个拉坯过程）保留下来。

1989年，罗森鲍姆和妻子凯特（版画家）迁居至肯塔基州的列克星敦，在那里正式创建了他的第一间工作室。刚开始时，工作室里并没有建造窑炉，罗森鲍姆便一直和附近的陶艺家及学校借用。从那时起，他便像迈克尔·西蒙所说的那样，把制陶当成了谋生手段。罗森鲍姆的作品在美国各地均有展出，被多家刊物收录，并被美国和新西兰等地的多家博物馆收藏。

罗森鲍姆从刚接触陶艺时使用的就是利奇式脚蹬慢轮。他使用的坯料很软，缓慢的转速加上柔软的坯料让作品呈现出一种机械和普通拉坯无法展现的独特外观。把坯体从拉坯机的转盘上取下后，他会花很长时间改造器型，用手指轻抚坯体的外表面，弱化拉坯的痕迹。罗森鲍姆对坯料的柔软度十分沉迷。他处理黏土的方式无比自信、冷静和直接，以至于给观众带来一种错觉，认为烧成后的作品仍然是柔软的。能让人产生上述心理的技巧是将壶嘴、把手和盖子等附件巧妙地塑造成具有"松颓"感的样式。

上图：
《盖罐》
高：13 cm。这个罐子是"佐治亚式"盐烧法的典型例证。大胆而充满活力的笔触力度十足。绘制这些纹样的目的并不是为了提升"美感"，而是通过鲜亮的颜色，以及充满自信和动感的线条为造型增添一份活力

下图：
《套装盖罐》
高：23 cm

罗森鲍姆设计的造型有一种"怪异"感，或者可以说有一定风险——既包括审美也包括技术。他说日本的志野烧和织部烧造型对其影响很深，尽管乍一看并不能发现他的作品与上述烧成方式有何直接联系，但仔细推敲的话，不难从方正的器型和奇特的把手中察觉出一丝端倪。两个盖子共享一根提梁的结构在干燥和烧成的过程中特别容易出问题，来自各个方向的拉力极易导致至少一侧的盖子无法与器皿的口沿完美契合。这些外观怪异的作品能成功烧成，不仅展现了艺术家对材料的超强掌控能力，还体现了他独有的艺术风格。

罗森鲍姆习惯在坯体处于半干阶段时施化妆土。他制备了三种化妆土：艾弗里（Avery）高岭土浆、泰勒6型（白色耐火）高岭土浆，以及由上述两种高岭土等量混合后调配的化妆土。这些化妆土的氧化铝含量非常高，它们不仅是装饰纹样的背景，还为烧制闪光肌理奠定了基础。先将坯体素烧，之后在内壁上施普通釉，在外壁上施织部釉（金黄色）或者志野釉（从白色到灰色等一系列色调）。

罗森鲍姆把奥尔巴尼（Albany）黏土和少量氧化钴混合成一种颜料，装饰方式多为笔涂，有时也直接淋在坯体上。笔触虽少却很有活力，线条看上去既大胆又率真。装饰纹样以漩涡和虚线为主，布局时可以起到衬托造型的作用，以其他形式布局时可以起到分割或改变造型的作用。罗森鲍姆并不是滨田庄司或其他东方风格的拙劣模仿者，对他影响最深的是20世纪的美术，而不是现代陶艺教育。某些产自17世纪和18世纪的英国泥釉陶器上也有类似的、充满活力的装饰纹样。他是一位具有开拓精神的陶艺家，将大胆、新颖的现代技法融入作品中：

上图：
《浅盘》
直径：35 cm。这只盘子深受日本织部烧（Oribe）风格的影响

白色志野釉成分	份额
霞石正长石	50
球土	17
F-4长石	15
锂辉石	13
硅酸锆	10
E. P. K高岭土	3
纯碱	8

志野釉特别适合盐烧，无论用它装饰器皿的内壁还是外壁，效果都很好

志野釉成分	份额
霞石正长石	159
高岭土	75
燧石	30
纯碱	6
碳酸锂	15
氧化锡	60

这种志野釉是罗恩·迈尔斯（Ron Meyers）开发的

下图：
史蒂夫·戴维斯·罗森鲍姆（Steve Davis-Rosenbaum）借助长长的"铲子"将盐撒入窑炉中

罗森鲍姆说道："盐烧这种烧成方式和作品造型决定了装饰形式。除此之外，坯体在窑炉中的摆放位置也至关重要。了解窑炉的特点有助于确定不同作品的烧成方式。有时，我会把坯体横倒摆放，并借助填充物创造闪光肌理和装饰焦点。虽然在创作过程中我受到了很多影响，但其中，美国的艺术陶瓷运动对我影响最为深远。我的最终目标是创作造型、颜色和外表面装饰都充满活力的日用陶瓷，且价格要合理，以便能被更多人日常使用。对我来说，自己的作品被人使用才是最美的，人们只有通过使用才能感受到真正的美。正如我最喜欢的一位陶艺家罗桑金（Rosanjin）所言：'服饰成就良人，食器成就佳肴（If clothes make the person, dishes make food）。'"

先预热一整晚，次日清晨正式烧窑。窑温达到8号测温锥的熔点温度后开始投盐，11号测温锥熔融弯曲后结束烧成。停止烧窑之前，先将燃烧器开至最大，烧10至15分钟氧化气氛。停止供气后，在不关闭鼓风机的前提下快速降温45分钟。罗森鲍姆认为只有氧化气氛加上快速降温才能烧制出美妙的粉红色和橙色。

"盐釉是黏土、坯体外表面和火融合后的结晶，是陶艺家将全部身心投入盐烧后的产物。陶艺家的职责是制作最好的造型，创造最适宜的外表面装饰（拉坯肌理、纹饰、化妆土和釉料），以及选择最适宜的装窑形式来最大限度地发挥所有要素的潜力。交给窑炉后，它便开始施展魔法。烧成结果无论好坏，陶艺家都能从中学习知识、积累经验，有所领悟后再做更多的尝试。盐烧是生活、爱及经验的结晶。"罗森鲍姆说道。

《盐烧方盘》
高：6 cm

《共享底座的两只花瓶》
长：25 cm。施3号化妆土

理查德·杜瓦（Richard Dewar）

"在我眼里，一件好的盐烧作品就像一首动人心弦的吉他即兴曲，一座被人精心打理的花园，一个完美的反手上旋球，或者大雪天倚坐在火炉边小酌威士忌。"

——理查德·杜瓦（Richard Dewar）

研究英国现代陶艺的历史和盐烧的起源时，绝对绕不开哈罗学院（Harrow College）专业教育的影响力，尤其是20世纪60年代末和70年代那一批毕业生的卓越贡献。该学院虽然以培养独立设计、制作陶瓷作品的专业人才为目标，但特殊之处是在学生和学生之间，以及学生和教师之间形成了一种相互学习和乐于交流的良好氛围。

许多学生和教师成为复兴盐烧的主力军，他们的作品极具创新性，对整个陶瓷行业的影响非常深远，让盐烧在英国甚至全球范围内逐渐流行起来。当年和理查德·杜瓦（Richard Dewar）一起学习盐烧的还有他的同学米奇·施洛辛克（Micki Schloessingk）、泽达·莫瓦特（Zelda Mowat）及托夫·米尔韦（Toff Milway），指导教师为沃尔特·基勒（Walter Keeler）和迈克尔·卡森（Michael Casson）。除了他们，哈罗前毕业生简·哈姆林（Jane Hamlyn）和萨拉·沃尔顿（Sarah Walton）在国际盐烧领域也是赫赫有名的人物。

杜瓦毕业后在格洛斯特郡（Gloucestershire）的迪恩森林（Forest of Dean）创建了第一间工作室，并开始烧制高温泥釉作品。由于周围住满了人，所以无法尝试盐烧。1982年，他迁居法国农村并创建了一间新工作室，门前是森林屋后是农田的自然环境，让他建造盐釉窑的心愿得以所偿，多年来一直萦绕心头的盐烧梦终于实现了。

白色黏土成分	份额
利摩日骨质瓷	80
产自多尔多涅的白色炻器黏土	20

1号化妆土（橙色/棕褐色）	
成分	份额
高岭土	50
AT球土	50

2号化妆土（缎面浅橙色）	
成分	份额
高岭土	33.3
AT球土	33.3
霞石正长石	33.3

3号化妆土（从亮光到亚光的黄色）成分	份额
海普拉斯（hyplas）球土	50
霞石正长石	50

填充物成分	份额
高岭土	50
氢氧化铝	50

上图：
《圆柱形茶壶》
高：12.5 cm。施2号化妆土和氧化
钴，笔涂结合泼溅

下图：
《盐烧茶壶》
高：22.5 cm。先在坯体的外表面上
浸3号化妆土，待涂层干透后，用毛
笔蘸1号橙色化妆土随意涂画

　　杜瓦说道："最初被盐烧吸引，并不是因为历史上那些佳作，而是
因为令人兴奋的烧制过程。我喜欢看盐在炉膛里爆炸，喜欢这种烧成
形式的危险性和偶然性。"

　　杜瓦的窑炉是一座弓形拱油窑，容量大约为1.7 m³。看似无关紧
要的事件往往会左右陶艺家的选择。1972年，某人送给他两个燃油
燃烧器，从此之后油便成为其首选燃料，他喜欢燃油火焰的长度和活
力。他觉得这种程度的火焰不仅能让盐即刻挥发，还有利于钠蒸气在
窑炉周围流动。
　　该窑炉由轻质和重质耐火砖砌筑而成。前壁、后壁和拱顶由重质
耐火砖（高铝硅线石）建造，侧壁由轻质绝缘耐火砖建造。至今为止
已经烧了100多次窑，侧壁仍然完好无损。
　　杜瓦所有的作品都是一次烧成。先在半干的坯体内壁上施志野釉
或青瓷釉。待坯体和釉面彻底干透后，再通过浸、涂或喷的方式往作
品外壁上施化妆土，他常用的有三种化妆土。对于不施釉只施化妆土
的作品，他遵循以下顺序规则：先施黏土含量高的化妆土，后施黏土
含量低的化妆土。

（我用的大多数化妆土适用于素烧坯体。在长石或霞石正长石含量较高的釉料或化妆土层上再施一层化妆土，一定会引发起泡现象。杜瓦也发现了这一点。）

"我在装饰作品时很随性，并没有深思熟虑。我十分欣赏杰克逊·波洛克（Jackson Pollock）和马克·罗斯科（Mark Rothko）的画作，尽管他们的作品和盐烧陶瓷相去甚远。我有时会借鉴他们的表现手法。用最简单的工具装饰作品——刷墙的毛刷和园艺气压喷壶。在可控的范围内随心泼洒！"杜瓦说道。

在众多陶瓷门类中，杜瓦对盐烧情有独钟，他觉得烧制过程极富魅力。在他看来，盐烧陶艺家在作品入窑之前唯一能做的就是像油画家那样在画布上涂好底料，至于画什么则是窑炉说了算。

杜瓦将大型坯体摆放在底层，较小的坯体摆放在中间，中等及较高的坯体摆放在顶层，这是倒焰窑的典型装窑形式，有助于钠蒸气在拱顶部位自由流通。他尽量把坯体紧靠在一起，让它们相互遮挡，让钠蒸气流通不畅，坯体上被遮住的部位会因吸盐不足而呈现出带有闪光肌理的鲜艳色调。他一直在探索，在同一类作品上营造强烈的对比效果。最近，他将烧成时间延长了3小时，因为他发现当某些高铝化妆土涂层较薄时，延长烧成时间会令其呈现出非常丰富的外观。他目前正在进行高岭土稠浆着色实验，目的是在粉色至橙色范围内的发色营造更多细微变化，这是高岭土含量较高的化妆土或可达到的效果。

杜瓦的烧成方式有两点颇与众不同，这也是我将他列为代表性盐烧陶艺家的原因。首先，他的窑炉烟囱没有挡板，他不借助任何

《高罐》

高：35 cm。用2号化妆土打底，用氧化钴颜料在涂层上绘制纹饰。坯料为产自法国拉伯恩的炻器黏土，这是一种很适合高温烧制的天然黏土

烧成计划表	
00：00	点燃第一个燃烧器，小火预热
03：00	点燃第二个燃烧器。从此刻开始逐渐升温
09：00	窑炉内部呈暗红色（低温）
14：00	窑温达到1 040℃后开始烧还原气氛，增加供油量并将二次风的进风口封堵住
17：00	烧半小时氧化气氛
17：30	继续烧还原气氛
19：00	此时的窑温通常已达到8号测温锥的熔点温度
20：00	9号测温锥熔融弯曲后开始投盐。烧中性气氛。每间炉膛的投盐量为250 g，投盐时长大约为1.5小时
21：30	停止投盐——总投盐量为15 kg。开始烧氧化气氛
22：00	9号测温锥已彻底熔倒，10号测温锥开始融熔弯曲。保持氧化气氛
23：00	10号测温锥已彻底熔倒。关闭燃烧器，并将燃烧器端口封堵住 不要快速降温 2.5天内缓慢降温

《两套骨质瓷杯碟》
高：11.5 cm

外在手段营造还原气氛。其次，他和同时代的很多同行不一样，他不会在烧窑结束时快速降温。

　　尽管杜瓦声称传统盐烧对他的影响不深，但全方位观察下来不难发现，其作品给人以游戏或轻松感，这与传统盐烧作品追求的幽默和巧妙一脉相承。他经常从有别于常人的角度观察器皿的组成部分，如罐口或壶嘴，总能构思出既有创造性又有想象力的设计方案。盐对棱边及线条的强化能力令杜瓦着迷。他利用着色化妆土或釉料进一步提升盐的影响力。从杜瓦的作品中追溯出两种传统造型：一种是18世纪产自斯塔福德郡的单柄大酒杯，另外一种是带有复杂把手和壶嘴的翻模成型的大水罐。19世纪时很多人制作这种盐烧水罐，其中最有名的是道尔顿陶瓷厂（Doulton）的产品。

　　结合上述观察，杜瓦的言论及与其作品之间的关系有趣且很有启发性：

　　"很多和我私交甚好的同行谈到我和我的作品时，用到的词汇颇严肃。这着实让我感到惊讶，这说明他们并不了解我。我之所以选择盐烧，就是因为它能调节生活节奏，能让我的身心得以放松。盐烧陶艺家既不能保守，也不能严肃——必须用轻松的心态去生活、去创作。"杜瓦说道。

马丁·戈尔格（Martin Goerg）

"在我看来，最好的创作方法就是盐烧！盐釉不仅仅是附着在坯体外表面上的一层壳，它还是造型和外观的有力支撑，创造了一种完整的表达形式。每一件作品都展现了明火烧成的生动性，每一次开窑都有新发现，都能为日后实践提供新想法。"

——马丁·戈尔格（Martin Goerg）

马丁·戈尔格（Martin Goerg）站在他的盐烧作品旁，两件大器型均为中空结构

《面盆》

直径：55 cm。拉坯成型的中空器皿，不仅外观坚固，有一定的重量，很好使用。光滑的亚光长石釉和带有闪光肌理的橙色化妆土形成鲜明对比

坯料	
韦斯特瓦尔德（Westerwald）黏土内添加各种各样的熟料，最大粒径为2 mm	

志野釉成分	份额
霞石正长石	80
球土	20

亚光长石釉成分	份额
钠长石	20
硅灰石	17.5
韦斯特瓦尔德（Westerwald）黏土	5
霞石正长石	25
+10%硅酸锆（ZrSiO$_2$）	

蓝色化妆土成分	
105号韦斯特瓦尔德（Westerwald）黏土	
+1.5%氧化钴	

橙色化妆土成分	份额
高岭土	50
1200号韦斯特瓦尔德（Westerwald）黏土	50

白色化妆土成分	份额
高岭土	50
石英	20
霞石正长石	20
110号韦斯特瓦尔德（Westerwald）黏土	30

2号橙色化妆土成分	份额
球土	50
1200号韦斯特瓦尔德（Westerwald）黏土	50
霞石正长石	10
硅酸锆	10

马丁·戈尔格（Martin Goerg）出生并成长于德国的韦斯特瓦尔德（Westerwald），该地区是一个久负盛名的陶瓷产区——数百年来一直大量生产蓝灰色盐烧陶器。戈尔格的家族以制陶为生，他曾在格伦茨豪森市（Grentzhansen）的巴尔扎尔·科普（Balzar-Kopp）陶瓷厂当学徒。在为期三年的学徒生涯中，他不仅学会了盐烧，还练就了快速拉制精准造型的好手艺。但他很快便厌倦了传统的蓝色和灰色，觉得应该追求更具个性化的表达。

戈尔格在参观科布伦茨（Koblenz）国际盐烧大赛（International Competition for Salt Glaze）展览时，发现英国和美国陶艺家的作品与司空见惯的传统作品完全不同，他觉得上述两地的盐烧陶艺家使用的方法更具创造性。目前，戈尔格在某校学习陶瓷设计，在导师沃尔夫·马蒂斯（Wolf Mathes）的指导下尝试新的颜色和装饰形式，灵感来自布伦茨国际盐烧大赛上的作品。

基于扎实的盐烧专业训练、与生俱来的好奇心和日益拓宽的眼界，戈尔格创建了第一间工作室。他目前和另外五名年轻陶艺家共享工作室和画廊，分担日常及商业事务。他们用轻质绝缘耐火砖建造了一座容积为1 m³的顺焰窑，窑炉底部设有四个特制的丙烷燃烧器。每个燃烧器的头部中心处安装一根管道，借助园艺气压喷壶将苏打溶液顺着该管道喷入窑炉内。

由于碳酸钠（纯碱）溶液是垂直向上喷入窑炉内的，所以钠蒸气在窑室内的分布状况并不均匀，顶部三分之一区域浓度较高，下方三分之二区域浓度相对较低。为了弥补下方的"缺盐"问题，戈尔格在装窑时会往坯体的缝隙间摆放一些盛满盐的小罐子和坩埚（有一点需要特别注意：用于盛放盐的容器必须提前烧成炻器。否则，黏土会在盐的助熔作用下熔融成液体，降温后凝结在硼板上很难清除干净）。鉴于此，他会把饰有"橙色"化妆土的坯体摆放在窑室底部，把需要大量吸盐的坯体摆放在窑室顶部。坯体摆放得很密集，利用遮挡关系营造闪光肌理，让部分坯体在

某件作品的遮挡下无法接触钠蒸气，进而生成展现火焰和钠蒸气流动轨迹的红晕和阴影。一般来说，高铝化妆土只有吸盐较少时才会呈现橙红色，所以施此类化妆土的坯体适合摆放在窑室底部。

烧窑始于通宵预热，至次日清晨时窑温可达300℃左右。先以每小时150℃的速度快速升温至900℃，之后慢速提升至1 030℃并开始烧还原气氛。还原烧成3小时后，窑温升至1 250℃。6号测温锥融熔弯曲后，开始往窑炉内喷碳酸钠（纯碱）溶液（700 g碳酸钠溶于3.4 L热水）。每次喷10分钟，喷3次或4次。

每对燃烧器上都安装着一个盛放苏打溶液的压力罐。这种巧妙的设计不仅避免了溶液冷却后极易堵塞燃烧器喷嘴的问题，还大大缓解了陶艺家的工作负担，让他们能在远离热辐射的前提下轻松地烧窑。

投盐结束后，7号测温锥融熔弯曲时，烧10～15分钟氧化气氛。戈尔格通过抽出烟囱挡板和让冷空气进入燃烧器端口，将窑温快速降至900℃。再将窑炉上的所有孔洞封堵住自然降温。他和其他盐烧陶艺家一样，每隔四周烧一次窑。戈尔格发现在盐烧的过程中有很多额外且耗时的劳动："清理窑炉和装窑需要耗费大量时间，如果不把这些工作处理妥当的话，很容易引发烧成缺陷。这是盐烧与生俱来的弊端。要想烧制出令人满意的作品就必须承担一定风险，我接受这种烧成方式的一切特性并尽己所能地去降低其风险。"

戈尔格虽然也创作盐烧餐具，但令他驰名业界的代表性作品为体量巨大的器皿，他荣获过许多重大的国际性奖项，其中包括在科布伦茨举办的萨尔茨布兰德（Salzbrand）陶艺大赛一等奖。戈尔格创作的很多大型容器是用拉坯成型法或泥板成型法制作的。因为观感重量和实际重量之间存在巨大差异，中空结构常令观众感到困惑。这种方法不仅能让坯体保持合理的厚度，同时还能赋予作品强大的气场。

坯体外表面上的肌理由包含一种或多种物质的化妆土熔结而成。这些物质包括锆石熔块、玄武岩或浮石等。底层化妆土彻底干透后通过涂、淋或浸等方式再施另外一种化妆土，叠摞化妆土可以起到强化肌理和颜色的作用。大型作品的内壁上可以施长石亚光釉。

戈尔格说道："窑炉内的钠蒸气分布得极不均匀，我利用这一特性为不同的作品选择不同的窑位。它们会因钠蒸气的吸收量不同而呈现出外观丰富的肌理和颜色。有了这种方法我就不需要刻意地添加其他装饰了，仅靠富有立体感的肌理和熔结的各种物质，便能和作品内壁上纯净且光滑的釉色形成鲜明的对比。"

《坩埚》

高：94 cm，直径：51 cm。这件作品完美地展示了密集装窑，往作品周围定点摆放盛满盐的小容器所能获得的闪光肌理。除了盐之外，马丁·戈尔格（Martin Goerg）还会往坩埚内掺和一些细锯末，这样做不仅有助于盐蒸发，还有助于营造还原气氛

通体都施以盐釉的小器皿，外观一般显得有些冗杂无序，戈尔格的作品体量很大，刚好规避了上述问题，大造型和大面积的橘皮肌理搭配在一起十分协调。他将坯体外表面的吸盐量控制到最少，由此生成的纹饰很容易让人联想到日本备前烧器皿上的"火焰条纹"。

"我之所以选择盐烧，是因为它最适合我的作品。盐釉和我设想中作品的表现效果完全一致。对我而言，典型的橘皮肌理并不是我追寻的唯一目标。盐釉的所有特征我都很欣赏，既包括橘皮肌理，也包括因重度吸盐而生成的熔融效果。盐烧的可能性无穷无尽，还有很多宝藏等着我们去挖掘。"戈尔格说道。

上图：
《未命名的泥板造型》
高：18.5 cm，边长：25 cm。白色化妆土内添加微量氧化钴

下图：
《一对坩埚》
高：66 cm。拉坯成型的中空器皿：内壁上施橙色化妆土和长石釉

伊恩·格雷戈里（Ian Gregory）

"每一个人都需经过火的历练，就像祭品都需经过腌制一样。盐本有味，但倘若它失去了味道，还能让它复原吗？你们要将这份味道长存于心，用平和的心态与世人相处。"

——摘自《圣经：马可福音》第10卷第49页和50页

《带底座的盐烧狗》
高：27.5 cm。这件作品上的蓝色由添加了1%氧化钴的天目釉生成。用旧气泵带动汽车喷漆罐，往坯体的外表面上薄薄地喷一层釉。天目釉通常会因配方中含有大量铁元素而呈现深色调，但盐烧的漂白作用会令它转变为宜人的蓝色和灰色

黏土
我使用各种各样的黏土及其混合物。虽然每一种黏土都能用，但烧成效果有区别。我会为每一件作品量身选用最适宜的黏土

1号化妆土成分	份额
球土	33
高岭土	33
霞石正长石	33

尝试各种球土，看它们能烧制出什么样的肌理和颜色

2号化妆土成分	份额
高岭土	50
球土	50

我会往基础化妆土内添加少量长石、石英或霞石正长石，目的是获得更多效果。添加金红石或二氧化钛可以烧制出带有黄色裂纹的釉面

早在18世纪初期，英格兰和苏格兰就有生产盐烧塑像的传统。最早产自斯塔福德郡的盐烧塑像由印坯成型法制作而成，工人先在两半模具内各压一张软泥板，之后用泥浆将两半模型黏合成整体，进而塑造出中空的造型。

尽管早期的盐烧雕像只是从日用陶瓷中衍生出来的"新奇"副产品，但题材相

《高个子孕妇》
高：22.5 cm。盐釉很适合装饰
雕塑性作品。坯体的各个部分都
受到了钠蒸气的影响

当丰富。各种姿态的人物、兽类和鸟类一应俱全，无一不给人质朴天真的感觉，是典型的民间艺术佳作。其中，最具代表性的作品为长椅系列和熊形罐子，而猫是迄今为止最受欢迎的主题，其次是狗。这些诞生于300多年前的雕像让我联想到伊恩·格雷戈里（Ian Gregory）的作品。

格雷戈里的近作风格和传统的盐烧雕塑如出一辙。除了盐烧之外，其创作领域还包括灰釉炻器、真人大小的雕像、乐烧和混合材料装置。格雷戈里是一个多才多艺的人：是第一批尝试用纸浆泥进行创作的陶艺家；是一位技艺超群的窑炉建造专家，能在数小时内（他经常这样做）为某件雕塑作品量身建造窑炉；是一位造诣深厚的水彩画家，陶艺是继绘画之后才开始尝试的艺术门类；是一位成功的演员，经常在影视作品中出演角色。

若问格雷戈里职业生涯中最重要的作品类型是什么，答案非盐烧陶瓷莫属——他是20世纪60年代末盐烧复兴运动最有影响力的领军人物之一。他曾在哈罗学院教授陶艺课程，与同事彼得·斯塔基（Peter Starkey）、沃尔特·基勒（Walter Keeler），以及学生简·哈姆林（Jane Hamlyn）和萨拉·沃尔顿（Sarah Walton）等共同积累了大量有益的知识和经验。他所取得的成绩成为后辈的福荫。

1969年，格雷戈里从伦敦迁居多塞特郡（Dorset）郊区，在有茅草屋的16世纪大花园里创建工作室。他才华出众，能用惊人的速度制作建筑模型陶瓷作品。那些作品反映出了当年他在建筑方面的浓厚兴趣。维多利亚时代的建筑不仅高大还带有很多装饰部件，盐釉巨细无遗地展现了模型上的每一个小细节，最常见的作品主题是摆满商品的店面和橱窗。除了建筑之外，家具也是他展现细节的主要主题，他发明了一种简单而巧妙的方法，能够在短时间内制作出大量造型。这些造型与斯塔福德郡传统烟囱装饰的质朴气质如出一辙。伦敦维多利亚和阿尔伯特博物馆及荷兰王子博物馆收藏了他的盐烧家具模型。在剑桥菲茨威廉（Fitzwilliam）博物馆的藏品中，有一个他制作的精美的盐釉窑模型，细节生动到窑室里的一层层硼板上摆满了待烧的坯体！

无论是从成型还是从带给观众的感受角度上来说，格雷戈里的新作对他来说都算得上是迄今为止最大的挑战。他塑造的狗凶残、暴戾，甚至透露出一丝邪恶，和家里饲养的宠物大相径庭：像是柯南·道尔（Conan Doyle）或斯蒂芬·金（Stephen King）笔下的恐怖生物。它们腰背蜷曲，四肢夸张，一副蓄势待发随时都会蹿起来撕咬的模样。其他代表作包括僵硬地跳着死亡之舞的疯狂斗鸡，这些鸡抬脚露爪，绑在爪子上的刀片瞄准对手的要害，以及酷似图卢兹·劳特累克（Toulouse Loutrec）画作

 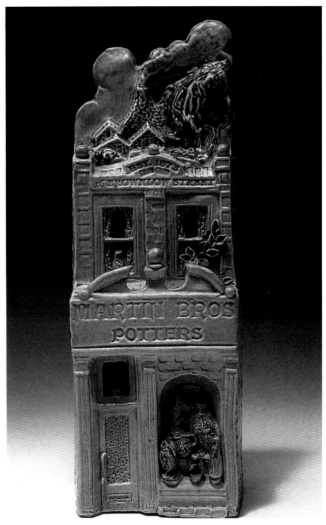

中的妓女，疲惫而夸张的胸部影射着风尘女子青春已逝的悲情！

格雷戈里塑造的动物不全是充满攻击性且令人恐惧的，也有充满喜感的。他以十分巧妙的方式表现出肥胖、慵懒的猪和沉睡的狗。他用一层一层的黏土展现松弛的赘肉，肌肉的张力和骨骼的轮廓隐隐地透露其间，表现语言非常抽象。他就像雕塑家那样深谙解剖学知识，所以作品才能如此生动。他对写实不感兴趣，创作目的是揭露生物的本质，展现动物的内在特征，表达人类对生物的内心感受，而不是视觉感受，也不是完美复制结构完全准确的动物。

格雷戈里一直在追寻能够展现特定对象本质的抽象表现语言，而不是照搬、复制或超写实。他塑造的模型细节生动且充满艺术性，这和纯粹描摹事物表象的工艺品完全不同，后者只是把二维的东西立体化，巧妙归巧妙，观感上却总有一丝庸俗的成分。

格雷戈里目前有两座盐釉窑，窑壁由氧化铝含量为42%的重质耐火砖建造而成，外面用K23型轻质绝缘耐火砖铺了一道保温层，两座窑炉的燃料都是丙烷（我之所以这么了解，是因为参与过该窑炉的建造工作！）。由于他追求的并不是坯体相互遮

左图：
《五斗橱模型》
高：12.5 cm。制作这些小家具模型的速度极快，几乎没有附加装饰，和传统的斯塔福德郡烟囱装饰一样，尽显民间艺术的质朴特征
右图：
《坐落在伦敦索撒尔（Southall）区的马丁兄弟工作室模型》
高：25 cm。伊恩·格雷戈里（Ian Gregory）创作的很多建筑模型是用泥板成型法制作的，体量通常很大，有些作品高达1.8 m。这是一件特殊的作品，由注浆成型法结合模塑成型法制作而成，伦敦理查德·丹尼斯（Richard Dennis）画廊举办马丁兄弟作品展时，委托他限量定做了200件，它们是为该展览精心创作的"邀请函"

《坐着的狗》(细节图)

挡后形成的鲜艳的闪光肌理，所以钠蒸气的流动方向并不是他关注的重点。更让他忧心的问题是，如何保证造型不受高温的影响失去平衡。他为此开发了一种新的装窑方法，能保证每一件作品都不会在烧制的过程中变形。首先，用水准仪检查硼板摆放得是否水平，如果不平，可通过往立柱顶部夹垫软填充物校正。其次，将作品摆放到硼板上之后，再用水准仪复查，如果还不平，就往作品的底部也夹垫一些软填充物。对于那些摆放在硼板边缘且紧邻炉膛的坯体而言，还有另一种处理方法。他发现放在该位置的坯体都有一种被高温吸引的倾向，开窑后总能看到放在此区域的狗（他的作品）向炉膛方向倾斜。为了抵消高温的牵引力，他会在坯体底部夹垫软填充物，并通过适度按压将坯体的角度朝相反方向调整10°左右。

格雷戈里在素烧过的坯体上施化妆土和釉料。之所以素烧，是因为作品的造型及结构比较复杂、精细，如果直接用作装饰，化妆土和釉料中的水分很容易导致坯体损伤。

"长腿"结构本身就很容易出问题。格雷戈里尝试过各种类型的支撑，有时候甚至不拆支撑，把它和坯体一并入窑烧制，让支撑也成为作品的组成部分。

格雷戈里的近作都是用纸浆泥制作的，纸浆的添加量为10%～20%。他使用纸浆泥的时间已逾数年，这种材料帮他规避了很多结构性问题，不借助复杂的支撑或不采用分段拼接也能塑造出雕塑型作品。由于纸浆泥内含有纸纤维，所以即便是湿坯强度很高，在成型的过程中也不易出现变形坍塌现象。除此之外，缠绕在一起的纸纤维令生坯的强度大幅提升，让造型复杂的坯体在干燥的过程中不易出现开裂现象。装窑时发生意外的可能性亦随之降低。除了重量会明显减轻之外，往盐烧坯料内添加纸浆泥并不会对釉面效果造成不良影响。

把一个高举手臂的人像或骄傲地翘着尾巴的动物雕像放入盐釉窑中烧制，人像的手臂或动物的尾巴很容易下垂。高温本足以导致坯体软化，而盐的助熔作用更是令其雪上加霜。格雷戈里的解决方法很简单，这种方法是他从斯塔福德郡的陶瓷厂里学到的，这些工厂生产盐烧陶瓷的历史长达数世纪，经验十分丰富。他将填充物卷成卷后垫在需要支撑的结构下，填充物的高度取决于支撑部位的具体情况。填充物的收缩率极小，只需在支撑部位和硼板之间夹垫填充物，就能有效预防坯体移位、变形。

烧窑共耗时14小时，峰值温度为10号测温锥的熔点温度。由于所有的坯体都已经过素烧，所以烧成初期的升温速度非常快。在5.5小时之内将窑温提升至07号测温锥的熔点温度，之后开始烧还原气氛，直至8号测温锥熔融至其一半为止。接下来的30分钟烧氧化气氛。似乎所有的盐烧陶艺家都会在投盐之前烧一段氧化气氛。给人的感觉就像是只有在纯净的氧化气氛中才能烧制出纯净且鲜亮的釉色，在还原烧成初期（大约1 050℃），把残留的盐彻底蒸发干净，或许真的有助于将釉面中滞留的

基础化妆土成分	份额
高岭土	50
球土	50
尝试各种球土，看它们能烧制出什么样的效果	
橙色化妆土成分	份额
老矿（Old Mine）#4	
球土	41.9
E. P. K高岭土	41.9
硅酸锆	10.5
硼砂	5.7
填充物成分	份额
高岭土	50
氢氧化铝	50

碳元素排尽。

投盐耗时1.5小时。从每个燃烧器的前面同时投盐，每包盐的重量为0.45 kg，把烟囱挡板彻底闭合住，以便借助背压将钠蒸气禁锢在窑室内。此时须降低燃气的供给量，以改善烟囱抽力不足的问题。5分钟后，抽出烟囱挡板并将燃烧器调至最佳燃烧状态，再过5分钟后重复之前的步骤。

让燃烧器和烟囱挡板维持平衡关系有两个优点。第一，在投盐的过程中将燃气的供给量调小，以及把烟囱挡板闭合起来，可以令釉面吸附游离碳的风险降至最低；第二，在烧窑的后半段，窑炉内的温度需保持不变甚至略微上升，全程开启烟囱挡板会导致温度难以提升，既浪费时间也浪费燃料。

投盐环节结束后，烧1小时氧化气氛，将窑温提升至10号测温锥的熔点温度。10号测温锥彻底熔倒后，停止供应燃气并将窑温快速降至1 000℃。最后，将窑炉上的所有洞口封堵起来自然降温。

简·哈姆林（Jane Hamlyn）

"我完成了前期工作之后就开始祈祷烧窑成功，一切只能顺应天意……颜色、肌理、各种变化、令人兴奋和不可预测的特性，以及适度与过度之间的平衡，这些因素深深地吸引着我。它们是我沉迷盐烧的关键原因。"

——《盐烧陶艺家简·哈姆林》（*Jane Hamlyn in Salt-Glaze Ceramics*），珍妮特·曼斯菲尔德（Janet Mansfield），1992年

《心形水罐》
高（最高处）：19 cm。简·哈姆林的作品有一种管弦乐般的精准和敏锐感，这两只罐子就是典型例证

《带有涡卷装饰的斜茶壶》
高：12.5 cm

简·哈姆林（Jane Hamlyn）是哈罗学院陶艺专业毕业的优秀陶艺家之一，是英国乃至全球盐烧复兴运动的领军人物。我在前文中多次强调过，哈罗学院开设的陶艺课程在整个艺术陶瓷发展史上占据着重要的地位。不谈哈罗学院、迈克尔·卡森（Michael Casson）和沃尔特·基勒（Walter Keeler）的影响力，就无法真正了解当代盐烧陶艺家这个群体。哈姆林曾说：

"在哈罗学院读书时，盐烧作品最漂亮、最有趣。一批学生在沃尔特·基勒（Walter Keeler）的鼓励下建造盐釉窑并尝试烧盐釉，我不但欣赏他们的作品，也很钦佩这些同学——泽尔达·莫瓦特（Zelda Mowatt）、米奇·施洛辛克（Micki Schloessingk）、莎拉·沃尔顿（Sarah Walton）、约翰·埃迪（John Edye）和彼得·斯塔基（Peter Starkey）。毕业离校后，我和彼得·斯塔基在诺福克郡烧了六周盐釉窑。我俩都来自卡迪夫（Cardiff），他不但是大我一届的学长、老乡，从某种意义上说他还是我的'导师'。泰德·哈姆林（Ted Hamlyn）来亨沃斯（Hunworth）参观时，我跟他说我们想找个地方成立一家盐烧陶瓷公司。1975年3月，我们迁居埃弗顿（Everton）并在那里创建了米尔菲尔德（Millfield）陶瓷公司。"

哈罗学院的陶艺课程让学生建立起一种特殊的思维方式。教师希望学生将全部精力放在专业上，了解与制陶相关的所有知识和技能，把制陶作为谋生手段时必须付出的时间和辛苦视为一种享受。这些专业课程旨在培养技能全面，具有独立完成能力的手工艺者或艺术陶瓷从业者，教授的重点是伯纳德·利奇（Bernard Leach）和盎格鲁

窑炉釉料成分	份额
钾长石	65
碳酸钙	8
高岭土	23

在新窑炉的内壁上涂这种釉料，不仅能起到保护重质耐火砖的作用，对获得好的盐烧效果亦有益

盖子、子口与盖座隔离剂成分	份额
煅烧氧化铝	3
球土	1
（以重量为单位）	

硼板、立柱和炉膛隔离剂成分	份额
氢氧化铝	3
球土（硅含量不高）	1

填充物成分	份额
氢氧化铝	10
高岭土	2.5
球土	1.25
细熟料	1.25

《两只斜花瓶》

高：32.5 cm。先拉制无底的中空瓶身，然后将其底部切成略微倾斜状。这样做的目的是让造型向一侧倾斜。最后，将瓶身粘在底板上并仔细修整造型的外轮廓线，可以把棱边部分塑造得厚一些

东方（Anglo-Oriental）美学式拉坯器皿。哈姆林通过勤学苦练成为最优秀的学生之一，她自1975年起制作了大量品质极高的盐烧日用陶瓷，并因此成为英国陶艺界公认的制陶大师。

自此之后的15年里，哈姆林的作品外观风格悄然变化着，但她最关注的功能问题却鲜有改变。1990年，英国《陶瓷评论》（*Ceramic Review*）杂志收录了她的一篇文章，她在文中这样写道：

"我认为日用陶瓷在艺术创作中扮演着重要的角色，原因是此类作品能激发观众的使用欲。制作者塑造器皿，考虑它的实用性，使用者往里面放水果，用完后清洗干净，二者共享这件器皿衍生出来的创意生活。这种概念正是我喜欢的。"

1995年，哈姆林在拉夫堡大学（Loughborough University）举办了一场名为"功能、语境和意义（Function, Context and Meaning）"的讲座，她就日用陶瓷所阐述的观点既明确又富有启发性。《陶瓷评论》杂志刊登了她的演讲稿。在如今这个科技似乎已凌驾一切的时代，手工业缘何未被取代，她就此问题深入浅出地表达了自己的想法并分析了原因。这是一篇很有分量的文章，准确且深入地解释了全球各地的日用陶瓷依然盛行的原因，对那些始终迷茫于角色定位的专攻日用陶瓷的陶艺家而言，这篇文章令他们大感欣慰。

感觉是一种情感反应，其诱发因素是感官而非理性分析。功能方面的附加部分包括触感，它令使用者和制作者共享同一种体验。非实用型陶瓷作品虽然也能触摸，但这并非陶艺家的创作目的，它们有自己的展示重点。日用陶瓷则不然，它们就是为了被使用而创作的，陶艺家最希望看到的就是自己的作品被人触摸。

手工艺，特别是与功能息息相关的手工艺，其未来的发展或许就是对材料的直接体验。

1989年，匈牙利科克斯米特（Keckskemet）举办了一场为期六周的研讨会，哈姆林参会时结识了很多盐烧陶艺家，与同行合作和交流令其眼界大为拓宽。在聆听了珍妮特·曼斯菲尔德（Janet Mansfield）、本特·汉森（Bente Hanson）和玛丽亚·盖兹勒（Maria Gezler）等业界大咖的观点后，哈姆林的风格稍有改变，作品中展现了一丝巧妙和复杂的成分。直到现在，这些作品都给人以从传统民艺中汲取创作灵感的感觉，能让人联想到乡间的陶器和农舍的餐桌。此类作品的特点是颜色鲜艳、棱边硬朗、造型精巧、结构复杂且具有挑战性。她的作品充满新时代的气象，表现的重点是功能和展陈，犹如雕塑般的优雅外观令原本普通的餐具熠熠生辉，给人的感受远超其实际体量和实际功能。

哈姆林有一座容积为1.7 m³的油窑，由重质耐火砖建造而成，燃料为28秒燃油，两个燃烧器端口位于窑炉前部。该窑炉打破了盐釉窑使用寿命短的说法，其使用时间已超过25年，这足以证明爱护和保养的重要性。

两个人合作装窑需要耗费一天的时间，工作包括清理和修缮窑炉，以及将硼板上的黏结物打磨掉并重新涂隔离剂。简·哈姆林和泰德·哈姆林开发了一种无需往坯体底部垫填充物，也能把坯体与硼板顺利分开的方法。

把4份氢氧化铝和1份球土加水调和成奶油般的浓稠度。把一包壁纸胶加水调和成果冻状。把上述两种调和物混合在一起。在硼板上厚厚地倒一层，并用深锯齿形工具梳理一番。装窑时把坯体放在上面，齿痕肌理的高点与坯体的底部紧紧地挨在一起，经过烧制后会在坯体底部留下红色的印迹。只有盖子的底部需要夹垫填充物，所以这种方法既省时又省力。哈姆林之所以会将未经烧制的生坯密密麻麻地摆放在一起，是因为她了解原料的烧成反应，知道坯体收缩后一定会形成大量空间，足够钠蒸气自由地穿行其间。她的丈夫泰德·哈姆林是一位画家，除了自己的事业之外也负责烧窑和窑炉保养，为米尔菲尔德陶瓷公司做出了重要的贡献。

一批作品的总烧成时间为36小时。先点燃一个小型燃烧器预热一夜，次日点燃第二个燃烧器，燃料为天然气。正午时分，将一推车木柴顺着投盐孔投入窑炉中，以便在炉膛内积攒一层厚厚的木灰。在烧窑初期，燃烧器很容易突然熄火，在炉膛前部放一层热灰可以有效预防上述情况发生。

下午5时，点燃两个燃油燃烧器，调低供气量，缓慢升温一夜。次日，用标准的

蓝色化妆土成分	份额
霞石正长石	62
AT球土	13
SMD球土	25
金红石	1
氧化钴	1.5

装饰器皿内壁的釉料	
成分	份额
钾长石	33.3
霞石正长石	33.3
AT球土	33.3

装饰器皿外壁的蓝色釉料	
成分	份额
长石	33.3
康沃尔石	33.3
球土	33.3
碳酸钴（根据个人兴趣选择添加量）	0.5～1

装饰器皿外壁的绿色釉料	
碳酸钙	17.65
钾长石	23.53
球土	29.41
石英	29.41
红色氧化铁	6.00

《散发结晶光泽的盐烧罐》
高：35 cm。罐子左侧的结晶是在蓝色化妆土上涂二氧化钛后生成的

还原气氛烧至6号测温锥的熔点温度，之后烧1小时氧化气氛。窑温达到1 260℃或9号测温锥的熔点温度后开始投盐。总投盐量为10 kg，每次投500 g，将盐平铺在角钢的凹槽里伸进炉膛，整个投盐环节耗时2小时。投盐结束后烧氧化气氛，待窑室前部的10号测温锥和窑室后部的11号测温锥熔倒时停止烧窑，快速降温后将窑炉上的所有洞口封堵住。

"我们的烧窑时间确实挺长，参与者（通常是学生！）提了很多加快烧成速度的建议。我们发现之所以烧得这么慢，是因为窑炉内衬由重质耐火砖砌筑而成，这种材料的升温速度较慢。还好，这座窑炉和这种材料已经为我们服务了很多年，已经过时间的检验，我们已经找到了和它和谐相处的正确方法！"哈姆林说道。

哈姆林先在半干的坯体内壁上施釉，待坯体彻底干透后再往其外壁上涂或喷化妆土。除了在外壁上擦洗颜色（她在蓝色化妆土上涂二氧化钛，她是第一位用这种方法烧出绿色的盐烧陶艺家）之外，还在成型的过程中添加很多装饰性元素。用带浮雕的壁纸或橡胶汽车脚垫压印肌理。自制的黏土图章可以塑造出有序的图案，金属滚轮工具可以强化造型或为造型增添动感美。由于这类肌理较浅，所以盐的使用量或者说盐釉层的厚度很重要。哈姆林说道：

"我觉得最理想的投盐量是烧成后的釉面颜色既鲜艳又纯净，能巨细无遗地展现出造型和外表面上的所有装饰细节。过量投盐会弱化细节，投盐量不足会呈现干涩且深暗的亚光外观。具体投多少盐取决于作品。当造型较简洁时，完全可以与复杂且厚重的釉面搭配，我个人的观点是多一些总比不够强！"

1992年，哈姆林举办了一场名为"使用和装饰"的个人作品巡回展，沃尔特·基勒（Walter Keeler）在为该展览撰写的导言中写道：

"简·哈姆林在外表面装饰和颜色方面独具天赋，颇有一丝道尔顿陶瓷厂鼎盛时期产品的味道，能让人感受到盐烧的无限可能性。她在创作的过程中开发了很多成型和装饰技法，当把这些技法与盐烧搭配使用时，坯体外表面上的每一处细微变化都能被展露出来。尽管她沉迷于创意，但对功能亦很关注。她的作品融装饰性和实用性于一体，能带给使用者双重的享受。盐烧要求高且无法预测，整个烧成过程如同魔法一般神奇，或许只有亲身体验过的人，才能真正地明白简·哈姆林在此领域取得的成就是多么令人钦佩。"

可以在以下博物馆看到哈姆林的作品：坐落在伦敦的维多利亚和阿尔伯特博物馆、坐落在斯托克城（Stoke-on-Trent）的汉利（Hanley）博物馆、坐落在贝尔法斯特的阿尔斯特（Ulster）博物馆、坐落在诺丁汉的诺丁汉城堡博物馆、坐落在荷兰的王子博物馆，以及坐落在法兰克福的科拉翁（Keramion）博物馆等。

马克·休伊特（Mark Hewitt）

"盐烧赋予我的作品复杂的肌理和丰富的色调，激励我去探索和追求更具魅力的美。我住在北卡罗来纳州，用木柴烧盐釉，这也是当地传统陶器的首选燃料。"

——马克·休伊特（Mark Hewitt）

《4.5 L水罐》

高：37.5 cm。这只水罐的造型属于北德文郡陶器风格，这与马克·休伊特（Mark Hewitt）当年在迈克尔·卡杜（Michael Cardew）门下学徒有关。罐子肩部的水平线是用高岭土浆挤出来的。蓝色区域是将小块钴蓝色玻璃嵌入湿坯中，待玻璃熔融流淌后形成的。这是北卡罗来纳州盐烧工人经常使用的一种传统装饰技法

碱性釉料成分	份额
石灰石	10
混合硬木灰（橡木和山胡桃木）	30
钾长石	10
煅烧红色黏土（含铁量为7%）	40
碎玻璃	10

这种釉料是由多种传统南方碱性釉料配方优化后的版本

一次烧成透明釉成分	份额
骨灰	2
滑石	2
碳酸钙	10
康沃尔石	22
卡斯特（Custer）长石	14
膨润土	2
方德瑞·希尔（Foundry Hill）米白色球土	32
燧石	16

添加5%二氧化钛可以将透明釉转变为白色釉

此釉料为迈克尔·卡杜开发的温德福桥（Wenford Bridge）锆石釉的改良版

白色志野釉成分	份额
霞石正长石	40
卡斯特（Custer）长石	40
XX匣钵黏土	10
石英	10
膨润土	5

马克·休伊特将这种釉料装饰的坯体摆放在窑温较低处烧制，对于蓝色和褐色陶瓷着色剂而言，是很好的底釉

填充物成分	份额
高岭土	50
氢氧化铝	50

马克·休伊特（Mark Hewitt）的童年在斯通（Stone）镇度过，该镇位于英格兰斯托克制陶中心附近。他的祖父和父亲创建了斯波德（Spode）陶瓷有限公司，产品是典型的斯塔福德郡传统瓷器。他家的陶瓷公司和一家名为布勒斯（Bullers）的电瓷工厂有业务往来，该厂于20世纪30年代在厂区内创建了一间艺术陶瓷工作室，以中国青瓷为蓝本生产了一系列产品。当时该厂聘用了多位设计师，最著名的当属阿

格内塔·霍伊（Agnetta Hoy），她后来凭借个人能力成为了知名的陶艺家。

休伊特在斯塔福德郡长大，他的日常生活一直沉浸在与陶瓷相关的话题中。直到去布里斯托尔（Bristol）读大学时看了伯纳德·利奇（Bernard Leach）的著作《陶艺家手册》（*A Potter's Book*）之后，他对陶瓷的认知才由从小到大见惯了的机械化陶瓷转变为全新的、表现语言完全不同的艺术陶瓷：

"读完第一章'趋同化的标准'后，我就被打动了。该书介绍的很多制瓷观念是我之前闻所未闻的。它让我突然意识到自己的审美，甚至成长经历很'浅薄'。曾被我视为大游乐场的陶瓷厂突然间让我感到既压抑又缺乏人性。"

——《陶瓷月刊》，1991年4月

休伊特到温德福桥拜迈克尔·卡杜（Michael Cardew）为师，学徒三年，掌握了很多技能。他遵照师父的观点和方法系统地学习陶艺知识——作为学徒，所有与创作相关的体力劳动均亲力亲为。他研究材料（师父使用的大多数原料也都是亲自从当地收集、制备的），了解以制陶为生必须要付出的精力和决心。最重要的是，他从师父那里学会了如何欣赏作品，明白了什么样的作品才算得上美。卡杜在当代陶艺作品的价值或其他方面有很多独到的观点和见解，休伊特对之完全认同。所以，他现在的审美观和创作风格不可避免地受到了师父的影响。

令人惊讶的是，来自师父的影响力并未波及休伊特的盐烧作品。在师父看来，盐烧"毫无技术含量"。或许他觉得在这种烧成方式中，窑炉掌握的决定权远高于人，听天由命的分量太重了。但不管卡杜嘴上如何说，事实上他也尝试过盐烧，坐落在阿伯里斯特威斯（Aberystwyth）的威尔士大学就收藏了卡杜制作的一只盐烧苹果酒罐。1983年，休伊特迁居北卡罗来纳州，当他看到产自19世纪的传统盐烧陶瓷后即刻便被吸引住了。

休伊特曾和托德·皮克（Todd Piker）在康沃尔桥陶瓷厂共事三年，该厂坐落在康涅狄格州西北部。托德·皮克开发了一种特殊的投盐方法，即在装窑的时候把盛满盐的坩埚摆放在坯体之间。坯体紧靠坩埚的一侧会生成外观丰富的盐釉，休伊特非常喜欢这种效果。当他创建了自己的陶瓷厂后，一直都在用这种方法烧盐釉，烧成技术取得了飞速进步。经过两年实验后，休伊特总结出一套烧成方案，用该方案烧窑可以做到每一窑的烧成效果几乎完全一致。

休伊特是那种能让同行觉得其工作就跟玩儿一样的陶艺家，他的作品数量之多、体量之大、形式和装饰之广泛着实令人惊讶。他的作品都是用电动拉坯机拉制的，使用的坯料比大多数陶艺家使用的坯料硬得多：

《大罐子》
高：1 m。马克·休伊特（Mark Hewitt）先在这个造型厚重的罐子上施含有二氧化锰的化妆土，之后施灰釉，蓝色流淌痕迹由一块嵌入湿坯的蓝色玻璃熔融后形成。他对盐的作用不太感兴趣。盐釉最典型的橘皮肌理在他的作品上并不占主导地位。他更注重盐和釉料同时使用时的烧成效果。釉料在盐的助熔作用影响下会呈现出丰富而复杂的外观，生成色调多变的肌理

"与在慢轮上用软泥拉制充满松颓感的造型相比，我更喜欢在电动拉坯机上，用较硬的黏土拉制轻薄、对称的中空器皿。我在陶瓷世家长大，'厚罐子'这个词在我家就是取笑别人的绰号！因为这个原因，我努力地磨炼技艺，拉过不计其数的器皿。我拉坯速度非常快，造型也把握得十分精准。超大体量的造型是在大型脚蹬式慢轮上塑造的，基础坯料重 13.6 kg，后续添加的每一根泥条重 8 kg。用于塑造口沿的泥条重 9 kg。我做过的最大一件作品总重量为 59 kg，是将韩国和西非的成型方法混合在一起制作的。"休伊特说道。

休伊特将其居住地的三种含铁黏土混合成坯料。三种黏土品质各异，每一种都能为拉坯造型增添一份独特的颜色和肌理。坯料中可以添加适量的长石和叶蜡石。所有坯体均未施釉，某些体量较小的坯体会被套摞在大坯体内烧制。窑炉前部的落灰量相对较多，所以外壁上未施釉的坯体放置在此。其余的大部分坯体上施类似于传统南方灰釉的碱性釉料。他喜欢在坯体内壁上施淡青瓷色釉。

休伊特的工作室和窑炉的体量与其作品的产量很相称。他的工作室坐落在北卡罗来纳州匹兹波洛（Pittsboro）以东三英里的一个农场中，毗邻希格罗夫（Seagrove）——北卡罗来纳州传统盐烧陶瓷中心，该农场给这位多产的陶艺家提供了宽敞的空间。休伊特的窑炉容积为 25 m³，他将其形容为"有着流线型身材的凶猛巨兽"。该窑炉长 12 m，宽 2.7 m，最高处高 1.8 m。平均装窑量为 1 000 件坯体，每年会烧 3～4 次。

休伊特是卡杜门下的高徒，是陶艺家托德·皮克（Todd Piker）的合伙人，是斯文德·拜耳（Svend Bayer，在英格兰北德文郡制陶，和休伊特是同门师兄弟，以制作大型柴烧器皿及建造巨型窑炉而闻名业界）的挚友，这些阅历足以让他有能力建造一座容量远超同行的窑炉。该窑炉是 14 世纪泰国北部柴窑的改良版。烧窑步骤如下：首先，预热两天（所有坯体均为一次烧成）；随后，用一天时间将窑室前部提升至 12 号测温锥的熔点温度。接下来的 12 小时往窑炉侧部投柴孔内添柴，将其他区域的温度提升至预定的数值。在整个烧成过程中，交替烧氧化气氛和还原气氛。一轮接一轮地投柴不仅让上述两种气氛达到微妙的平衡，还让坯料和化妆土呈现出其他燃料无法烧制出来的柔和、温暖的外观。

在带叶轮的大型鼓风机上安装长 0.6 m，直径为 10 cm 的管道，管道口上焊接金属漏斗，将盐倒进漏斗中，让它随着鼓风机的气流顺管道进入窑炉中。总投盐量为 68 kg，整个投盐过程耗时 2 小时，投盐环节结束时已接近烧窑尾声。分阶段投盐，12 号测温锥彻底熔倒后，从炉膛前部开始投。休伊特先将 4.5 kg 盐吹入炉膛上的主投盐孔内，然后往窑室侧壁上的投盐孔内吹盐，每间窑室的投盐量大约为 2.25 kg，

《一对盛放冰茶的茶道容器》
高：17.5 cm。左边的杯子施灰釉，蓝色玻璃是趁坯体柔软时嵌进去的。右边的杯子上也嵌了蓝色玻璃，但未施釉，只在深色坯体上用高岭土浆挤了几条装饰带，坯料由产自当地的三种黏土调配而成

上图：
丹尼尔·约翰斯顿（Daniel Johnston）将一大杯盐倒进与鼓风机相连的金属漏斗中。马克·休伊特（Mark Hewitt）发现投干盐不仅有利于钠蒸气均匀分布，而且对炉膛耐火材料的损伤也相对较低
摄影：凯利·卡尔佩珀（Kelly Culpepper）

他尽量将盐均匀地吹落在窑室内的每一个角落。之后，他开始往窑室另一侧的投盐孔内吹盐。最后回到炉膛上的主投盐孔，往那里再投4.5 kg盐。

把试片从窑炉中取出来，检查釉面是否已达到理想的烧成状态，必要时再投一次盐。投盐环节结束后，将窑温维持在峰值温度烧1小时，之后快速降温至1 038℃。

休伊特对窑位和烧成效果之间的关系有一定了解，他为不同类型的作品选择不同的窑位，以便利用火焰的移动路径和钠蒸气的分布状态让作品呈现出最佳外观。不过，如此大的窑炉很难保证各个区域都烧得好，所以他每次装窑时都会作调整，力图让所有窑位各尽其能。在他看来，盐烧不是听天由命地胡乱操作，成功烧成不是偶然地碰上了好运，他觉得盐烧过程既精确又复杂，完美的烧成效果是可以被识别和被复制的，休伊特说道：

"我尽量使用无化学添加剂的纯盐。我曾烧过一次苏打釉，发现它会对硼板造成很严重的损伤，后来就再没使用过。我不使用含碘的盐和含黄血盐钠的盐——一种肉类防腐剂——在美国很容易购买。我从未尝试过上述类型的盐，也不想尝试。"

投盐环节结束后，将窑温从1 302℃快速降至1 038℃，整个过程耗时约15分钟。接下来，将窑炉上的所有孔洞封堵住，8小时后窑温大约为648℃，此时盖住烟囱口，原因是573℃是石英的转化温度，必须缓慢过渡才能避免烧成缺陷。要经过整整一周后才能出窑。

下图：
《一组杯子》
高（最高处）：12.5 cm。最左侧的杯身上用含铁化妆土挤装饰条纹，外面施灰釉；中间的杯身上先施含锰化妆土，之后施灰釉；最右侧的杯身上用高岭土浆挤条纹，杯颈处施锡釉。三个杯子上均镶嵌蓝色玻璃碎片，是趁坯体柔软时嵌入的

158

休伊特是一位各个方面都很优秀的陶艺家。他的作品是公众热切期待的消费对象，每次刚出窑不久便被一抢而空。他的大部分作品目前只在当地的实体店出售，每到售货日，收藏家和爱好者不辞舟车劳顿前来排队，价格是按照他心目中日用陶瓷应有的价位自定的。诸如大花盆和盖罐之类的大型容器（有些高达1.2 m）售价相对较高，与体量成正比。休伊特于1983年迁居至北卡罗来纳州，只用了不太长的时间便跻身美国最著名的陶艺家行列。他博采众长，将各种元素融合在一起，逐渐形成了自己的风格。

1997年，休伊特在北卡罗来纳州立大学视觉艺术中心举办了一场展览，以下是他为该展览撰写的前言摘要，文章深入地阐述了其创作生涯的现状与过往。这位对自己的作品充满自信，对自己的地位举重若轻的陶艺家，其声明令人耳目一新。很多以"前沿"为自我标榜的新兴事物令我们深感困扰，而聪明的休伊特却对陶瓷领域强求创新这件事有独到的见解：

"我住在北卡罗来纳州，我的创作方式是将个人审美喜好、最常使用的材料和技法，如林肯郡的碱性釉料、缅甸马达班（Martaban）的陶器、日本早期的濑户釉、北德文郡的'巴扎斯'（buzzas）陶器，以及

《雨伞罐》
高：55 cm。罐身上的水平条纹是用高岭土浆挤出来的，蓝色痕迹由嵌入坯体的蓝色玻璃融熔流淌后形成

尼日利亚的豪萨（Hausa）食器的特征全部融合在一起。我会在创作的过程中慢慢地过滤并采用上述信息，比如我也许会用一天时间拉几个圆滚滚的罐子，给它们配上经过我改良的迈克尔·卡杜（Michael Cardew）式的盖子、斯文德·拜耳（Svend Bayer）式北德文郡风格的把手，在粘上把手之前先按照北卡罗来纳州的制陶惯例在侧壁上压两个指痕。器型塑好后，我可能会在其颈部和盖子上施一种外观酷似中国古瓷器的釉料。配方中有一种深红色黏土，是我从孩子学校的棒球场看台后挖的。再下一步，我有可能在坯体的外壁上挤南卡罗来纳州式环形装饰纹样（我喜欢这种轻快的表现形式），环形装饰给人的感觉是'快乐、快乐、无比快乐'，这一步完成后把坯体摆放在虽有风险但烧成效果较好的窑位上烧制，窑温达到1 302℃时，该区域的余烬会将环形装饰的周围烤焦。用上述方式创造出来的作品与南方的传统陶瓷虽有区别，但运气好的话，它会散发出一种和南方民间陶器及世界各地传统陶瓷极其相似的气质。

在创作的过程中，当我综合运用上述传统制陶手法时并不会纠结于这种做法是否有学术性。我的目的既不是显示自己的参考资料有多么高深、自己有多么聪明，也不是在搞干巴巴的复兴主义。我的目的是借此向那些民间的传统制陶匠人致敬，他们的作品虽少有题款，但却有一种震撼人心的简约美和实用美。"

《面包盘》

高：10 cm，宽：15 cm，长：25 cm。这个矩形盘子能让人联想起18世纪和19世纪英国德比郡布兰普顿（Brampton）陶器厂的产品。装饰纹样由绿色化妆土绘制而成

卡西·杰斐逊（Cathi Jefferson）

"说不上来什么原因，我从刚刚接触陶艺时就觉得盐烧和苏打烧最适合自己。经过深思熟虑的造型，在我看来颇有意义的颜色和设计，烧窑时能影响外观的决定性和偶然性因素，这一切都让我深深地沉醉在创作中。那种感觉美妙至极。"

——卡西·杰斐逊（Cathi Jefferson）

　　卡西·杰斐逊（Cathi Jefferson）的工作室位于加拿大温哥华北部的市区内，这在盐烧陶艺家里很罕见。杰斐逊的居住地和工作室周围的自然环境非常优美，可以俯瞰大海。工作室建造在摇摇欲坠的陡峭石阶上，一面巨大的岩壁亦为工作室的墙壁。窑房位于工作室上方的石阶上，外人很难想到这种选址。陶艺家真是很有创意的人，什么样的困难也不能阻断他们与黏土之间的联系！

　　杰斐逊早年学习护理，1974年开始接触陶艺，和很多盐烧陶艺家一样，从一入行便发现盐烧正是她想要研究的领域。20世纪80年代中期，她没有窑炉，每次烧窑都得历时4小时，借用陶艺家林恩·约翰逊（Lynn Johnson）的硬质耐火砖盐釉窑。直到1994年，她才用旧焚化炉上拆下来的废砖给自己建造了一座盐釉窑。不幸的是，这些旧砖与其制造商宣扬的品质相去甚远，根本无法承受钠蒸气的侵蚀，仅仅烧了40次整座窑炉就塌毁了。1998年，她新建了一座容积为 1 m³ 的平顶梭式窑。它由轻质绝缘耐火砖建造而成，窑身上涂窑炉隔离剂，我也尝试过这种建造形式，结果并不理想，但杰斐逊的窑炉似乎还不错。她解释自己如何装窑：

"盐釉窑的装窑形式不同于普通气窑。为每一件坯体选择最适宜的窑位，以便控制其吸盐量。我将容器上的把手朝向钠蒸气流动的方向，这样做可以在把手上生成光滑且带有橘皮肌理的釉面。由于我的窑炉是梭式窑，所以装窑及进行其他操作时无需取下硼板。我使用的硼板是3.8 cm厚碳化硅硼板，单块硼板的重量为18 kg，已经过多次烧成。我装窑时不以最有效地利用空间为目标，烧窑也并非为了追求效率，我只是单纯地享受盐烧过程。最好的做法是了解盐和火的特性并充分发挥其优势，而不是违背其特性并试图让它们去挑战不可能。

挡火墙附近有几个吸盐量相对较高的窑位，原因是从炉膛里升腾至此处的钠蒸气特别猛烈。我会将那些需要多吸盐才能生成好釉面的坯体放至此处。杯子通常放在硼板最外围一圈，但必须注意在坯体之间预留空间，以便让钠蒸气顺利流入较密集的中心区域。借助支撑物将硼板上的坯体垫至不同高度，以便让那些很难接触钠蒸气的坯体也有机会吸盐。"杰斐逊说道。

拉出窑车后，装窑形式一览无余。每个坯体的周围都预留了空间，这样做的目的是便于钠蒸气流进较密集的中心区域。注意观察，较高的坯体摆放在靠近窑顶的位置。通常而言，放在顶层硼板上的坯体距离窑顶过近，会阻隔气体流通，进而影响烧成。另外请注意观察那些放在挡火墙上的坯体，当钠蒸气从炉膛向上流进窑室时，位于此处的坯体会过量吸盐

杰斐逊很少在坯体底部垫填充物，这样做的前提是投盐量少，以及使用碳化硅硼板，她这样说：

"我只在钠蒸气较重的区域使用填充物，例如挡火墙周围。杯子和配套的碟子摆在一起烧，按照杯底的形状在底部四个角上各放一块填充物，以利用火焰和钠蒸气形成相应的图案。为了不让盖子和容器的口沿黏为一体，我会花点儿时间将填充物搓成条并垫在二者之间。"

杰斐逊制定了一套烧窑方案，并自她的第一座窑炉起就严格地遵守该方案。她在窑炉内设置了四个燃烧器——每个角各一个，点燃它们让窑温缓慢提升至600℃。先在数小时内升至08号测温锥的熔点温度，之后通过调整烟囱挡板营造弱还原气氛。保持还原气氛，9号测温锥融熔弯曲后开始投盐。将粗盐和小苏打按照6∶4的比例混合在一起，再掺和一些潮湿的锯末，并用报纸包起来。她的窑炉容积为1 m³，而总投盐量只有1.6 kg左右（远低于行业的平均投盐量）。她每年会烧12～14次窑。

杰斐逊曾说："先在四个燃烧器前方各投一包盐，把烟囱挡板稍微闭合一些烧10分钟。接下来，将烟囱挡板彻底开启再烧10分钟。重复上述步骤4次。烟囱挡板的闭合程度每次都不一样，同时交替移除窑门顶部、中部和底部的耐火砖，以便将钠蒸气引向窑室前部及其周围区域，进而获得更好的烧成效果。我只在首次烧盐釉窑时使用过环形试片，投四次盐效果不错，可以做到复制前次烧成的釉面外观。投盐结束后保温烧成大约1小时，窑温达到10号测温锥的熔点温度后，将烟囱挡板稍微打开一些，以便快速降温。"

填充物成分	份额
氢氧化铝	50
E. P. K高岭土	50
（以体积为单位）	

硼板和立柱隔离剂
成分同上，涂层厚度须适宜

《格子纹面包盆》
长：30 cm
下图：
《套叠的面包盘》
直径：（最大的一个约）25 cm

沃伦·麦肯齐（Warren MacKenzie）开发的志野釉	
成分	份额
卡斯特（Custer）长石	42
锂辉石	36
E. P. K 高岭土	12
纯碱	9
膨润土	2
用于装饰容器内壁，薄薄地施一层即可	

赤陶封泥基础化妆土成分
4.5 kg球土（OM-4球土和红艺Redart球土）
13.6 L水
48 g碱液或六偏磷酸钠（六甲基磷酸钠）
*充分混合后静置24小时，之后借助虹吸法提取上面的67%备用，下面的33%丢掉
*碱液或六偏磷酸钠的作用是将粒径较大的黏土粒子从细黏土中分离出来

绿色化妆土成分	份额
绿色/蓝色化妆土	50
金红石化妆土	50

金红石化妆土成分
20 g金红石
OM-4（100 mL）球土赤陶封泥基础化妆土

拉格尔斯（Ruggles）和兰金（Rankin）开发的蓝绿色化妆土成分	
成分	份额
E. P. K 高岭土	400
OM-4球土	600
霞石正长石	600
二氧化硅	600
硼砂	100
氧化铬	80
碳酸钴	60
膨润土	40

用于绘制外轮廓线的陶瓷颜料
5汤匙6134号马森（Mason）牌陶瓷着色剂
将OM-4球土调配的赤陶封泥作为基础化妆土使用，总量为500 mL

杰斐逊目前使用的坯料并不是自己制备的，该坯料名叫B型混合黏土（B-mix），是一种粉白色硅质耐火黏土，来自加利福尼亚州拉古纳（Laguna）黏土公司。可以在素烧过的坯体上施化妆土。先将赫尔姆斯（Helmar）高岭土和E. P. K高岭土按照80：20的比例调成牛奶般的浓度，之后在坯体的外表面上浸一层。待涂层干透后，用毛笔蘸陶瓷着色剂绘制纹饰的外轮廓线。再下一步，用含有多种氧化物的赤陶封泥化妆土填涂纹饰。

杰斐逊说："我将造型和设计放在一起考虑。经过变形处理的造型就像窗户或门，可以透过它观察作品的内部或外部。绘制草图的时候，我会尽量寻求有意义的设计形式。希望使用者能体会到我的设计意图，想要探索造型的各个体面，并发现颜色

上图：
《三个花器》
高：约12 cm。接触钠蒸气越少的区域橙色越浓重。卡西·杰斐逊（Cathi Jefferson）在坯体外表面上施富含氧化铝的化妆土，此类化妆土吸盐较少时便会出现这种发色反应

下图：
《套摞的调味罐》
高（总高度）：27.5 cm。装饰纹样经过精心设计，从底到顶逐渐延伸。烧制成套作品时必须严格控制烧成。投盐太多极易导致纹饰消散［卡西·杰斐逊（Cathi Jefferson）的窑炉容积为1 m³，使用盐和小苏打的混合物"取"釉，总使用量仅1.6 kg］

和肌理的变化。装饰设计源于两方面：第一，我喜欢的东西，通常都与我周围的环境有关，都是来自大自然且对我而言非常有意义的图像；第二，装饰纹样能否与造型相适宜很重要，只有二者完美搭配时才能呈现出最佳的视觉效果。"

大自然的颜色总能打动杰斐逊，带给她无限的创作灵感。她努力发掘周遭事物的色调和肌理，运用到创作中。她发现赤陶封泥化妆土吸盐较少时能呈现出极佳的效果，虽然这种原料使用起来颇费心神，但她觉得一切都是值得的。该化妆土能赋予作品迷人的暖色调。

我将在作品中融入自然之美视为挑战，这个主题带给我无限的灵感。我尽己所能用黏土捕捉美国西南部崖壁丰富的红色调和肌理，静谧的远古森林，以及立石的视觉冲击力。盐烧能赋予陶艺作品以鹅卵石般的丰富色调和肌理。我的目的是让自己创作的每一件食器都能给人平和感和舒适感，能让人在使用的过程中获得享受。

杰斐逊的作品深受使用者青睐。独特的造型、良好的实用性和优美的装饰融为一体，是令人赏心悦目的巧妙佳作。北美有很多闻名遐迩的盐烧和柴烧陶艺家，例如迈克尔·西蒙（Michael Simon）、杰夫·奥斯特里奇（Jeff Oestrich）和琳达·克里斯汀森（Linda Christianson）等，但杰斐逊的作品独具特色，原因是她追寻的创作方向与众不同。我收藏了很多陶艺家创作的咖啡具，首次来访的客人为自己挑选杯子时，通常都会选杰斐逊的作品，其魅力可见一斑！

沃尔特·基勒（Walter Keeler）

"盐釉是黏土和釉料的结晶。如果说干燥和素烧是掠夺黏土生命的话，那么盐釉就是通过展现细节特征令黏土重获新生。"

——沃尔特·基勒（Walter Keeler）

沃尔特·基勒（Walter Keeler）是盐烧复兴运动的核心人物之一，甚至可以说是领军人物之一。他对英国本土乃至全球都有影响力，没有他就没有20世纪中叶以来盐烧陶艺领域取得的辉煌成就。20世纪50年代的英国陶艺家极少关注盐烧〔美国的情况有所不同，美国陶艺家唐·雷茨（Don Reitz）早在20世纪50年代初就开始尝试盐烧

《倾斜的茶壶》
高：25 cm。1981年，沃尔特·基勒（Walter Keeler）首次尝试制作这种造型的茶壶，壶型经过不断改良和重塑后发生了微妙的变化。这只创作于2001年的茶壶虽然源于机械美学派，但却清晰地展现了基勒的代表性风格——器型微微向后倾斜。之所以塑造成倾斜状，一是因为椭圆形壶身变形了，不得不将错就错掩盖缺陷；二是为了给这只茶壶增添一份活泼的气质和仿生的幽默感

了]。21世纪初，业界公认的第一批"艺术陶瓷"作者
马丁兄弟在工作室内烧盐釉，伯纳德·利奇（Bernard
Leach）和迈克尔·卡杜（Michael Cardew）在圣艾夫
斯（St Ives）烧盐釉。20世纪50年代，珍妮特·利奇
（Janet Leach）在利奇陶瓷厂内建造了一座小型盐釉窑，
她和伯纳德·利奇及威廉·马歇尔（William Marshall）
经常烧盐釉。丹尼斯·韦恩（Denise Wren）有一座焦
炭盐釉窑，她在付出了大量时间和精力后烧出了很多
佳作，代表作是一系列盐烧大象雕像。

盐烧早就被英国的陶瓷厂和陶艺家抛在了脑后，
直到20世纪60年代中期都基本没有单位或个人尝试
它。而基勒首当其冲，他通过大量实验终于掌握了这
种烧成方法。

《底座上的碗》
高（最高处）：25 cm。精致的外
观和清晰的纹饰得益于仔细选材、
精心制作及严格控制烧成

基勒说道："我从十二三岁起就见过盐烧陶瓷，以
贝拉明酒瓶和德国的陶瓷产品为主，我当年就觉得这种迷人的釉色比其他任何陶瓷
都吸引人。但那时候的我不懂得请教行业专家，只是一个人闷头做实验，想通过探
索烧制盐釉。20世纪60年代末，我一边在哈罗学院教授窑炉建造，一边尝试盐烧。
1967年，我终于成功烧出了首批盐釉陶瓷。"

基勒烧出盐釉陶瓷之后便开始探索其他烧成方法，在英式乐烧领域做出了巨大
贡献。20世纪80年代初他又开始烧盐釉，同时还制作了大量极优美的灰釉餐具。目
前，除了令他享誉业界的盐烧陶瓷之外，他还创作以下类型的日用陶瓷——茶壶、
水罐、花瓶和杯子，做这些是因为他一直痴迷于18世纪（工业革命初期）的英国陶
器。其盐烧陶瓷作品颇具新意，为他赢得了国际性的声誉，作品被伦敦维多利亚和
阿尔伯特博物馆、洛杉矶艺术博物馆和日本京都国家艺术博物馆等众多国际知名博
物馆收藏。他曾在日本、美国、德国和荷兰等地举办个展。

基勒不仅是技艺高超的陶艺家，也是有影响力和感召力的教师。20世纪60年代
末和70年代，他在哈罗学院教授陶艺，对全球现代陶艺家的观念和创作方式影响至
深。但最重要的是，他是那种极其罕见的追求籁于天成、发乎自然的人，仿佛一降
生手里便攥着黏土。陶艺是他命中注定的事业：对他而言，就和鸟儿天生就要飞翔
一样自然。他说自己对陶艺的一切都很痴迷，除此之外"别无他求"。他能凭借直觉
将一块毫不起眼的黏土转变为令人惊叹的杰作。

1980年，我去拜访基勒，他的工作室坐落在威尔士蒙莫斯（Monmouth）附近的
山上，俯瞰美丽的瓦伊（Wye）河谷。他当时以烧灰釉为主，还没有复烧盐釉。就在
我去的前几天，维多利亚和阿尔伯特博物馆陶瓷部联系他，说正在筹办盐烧作品展，
主办方知道他早年尝试过盐烧，所以邀请他参加。基勒当时没有窑炉，而展览数周
后就要开幕，在这种情况下，令人出乎意料的是他居然接受了邀请。

坯料成分	份额
HVAR 球土	50
阿诺兹（Arnolds）公司生产的沙子（80目）	6
先用和面机将上述原料搅拌均匀，之后添加大约25 kg陶泥有限公司（Potclays）生产的1145号可塑性湿陶土，再次搅拌均匀	

装饰素烧坯的化妆土成分	份额
长石	60
高岭土	40

装饰内壁的釉料成分	份额
康沃尔石	70
硅灰石	30
红色氧化铁	8

基勒拉制并素烧了6只高大的水罐。他用耐火砖建造了一座矩形窑炉，燃烧器设在窑室一侧，建造时间还不到1小时。窑顶由两块硼板搭建而成，一侧预留了一条小缝，远离缝隙处安装了一个英国产燃油燃烧器（由家用吸尘器供风）。硼板下方的火焰先回流到窑室前部，之后顺着缝隙流出窑炉外。基勒非常聪明，他在窑身上嵌入了一小块陶瓷纤维，该纤维块身兼二职——既是烟囱挡板也是燃烧器端口，盐就是通过这里投入窑炉内的。经过6小时烧制，维多利亚和阿尔伯特博物馆如期收到了6件完美的盐烧展品。讲求实效、简便易行，这种风格和这件事一直深深地烙印在我心中。我曾多次向学生们提起，因为他们中的很多人有一种错误的观点，认为没有配备最新设备的工作室和各种商购工具的辅助，就不可能创作出好作品。

　　基勒目前的窑炉呈立方体结构，悬链线拱顶建造在两面直壁上。窑室内安装了两个燃油燃烧器，位置关系呈对角线型，可以在火焰和钠蒸气的流动路线上形成涡流效应。两面挡火墙上架着硼板，这里也是摆放坯体的地方，总容量大约为 0.51 m³。

《时钟》
高：约16.5 cm。这个时钟可以让人
回想起20世纪50年代

装窑时在坯体底部垫填充物和面粉的混合物。面粉可以为填充物提供可塑性和黏度，避免它们从坯体的外表面上脱落。（注意：面粉不宜添加过多。根据每次要装烧的坯体数量酌情制备，一旦剩余，即便放进密闭的容器也无法长期储存，会长出奇异的绿色霉菌！）往窑炉内摆放坯体时，需在考虑吸盐量的前提下设定窑位。对此，基勒说：

"我在装窑时会考虑钠蒸气的走向。尽量避免某件坯体过度吸盐，但这种情况在所难免，所以规划窑位时须特别谨慎。"

典型的烧成数据为13小时烧至10号测温锥的熔点温度。升温速度很快，从室温提升至1 050℃只需4小时。此时开始烧还原气氛直至9号测温锥彻底熔倒，测温计的读数显示1 260℃时开始投盐。总投盐量为6.5 kg，整个投盐环节持续一个多小时。接下来烧一会儿氧化气氛，10号测温锥彻底熔倒或测温计的读数显示1 280℃后停止烧窑。最后，将窑温快速降至880℃，并把窑炉上的所有洞口封堵住。

基勒善于观察且兴趣广泛，他的作品一直都在进步。影响其创作的因素虽然很多，但最具代表性的造型源于他收藏的维多利亚时期的锡器。在他之前从未有人尝试过用黏土仿制金属器皿的造型，他是第一位借鉴并改良金属器皿的外轮廓线、外表面装饰和比例，并将它们融合成个性化陶艺设计语言的人。

在选定上述创作目标时，基勒已开发出一套能让他获得理想中的锐利线条的技法。他将较硬的黏土拉成轻薄的雏形，用颇具新意的方法切割、削铲拉坯成型和挤压成型的组合部件。口沿、把手和内底上精心设计的漩涡形装饰纹样既精致又低调，这些都是其作品的重要特征。

用金属尺子的棱边敲击出来的锐利线条彻底改变了造型的张力，用图章压印的同心圆图案酷似凯尔特（Celtic）文化中的涡卷纹（顺便提一句，该纹样几乎等同于基勒的签名，他的每一件作品上都有），其作用是将观众的视线吸引至此处，将作品中的各种元素汇集起来，进而形成视觉焦点。

乍看基勒的作品，会以为他想表现极简主义，但实际上，复杂的细节和精妙的构思才是表现重点。除此之外，把手、茶壶的壶嘴或储物罐的盖子上多带有明显的橘皮肌理，这与器身上的光滑釉面形成了强烈对比。他只用一种化妆土，利用化妆土和坯料的肌理差异营造视觉冲击力。他将氧化物和陶瓷着色剂调配在一起，并喷涂在整个坯体上。

沃尔特·基勒的关注重点是造型设计及其与功能之间的巧妙结合。对此，他这样说：

《三足高碗》
这件作品创造性地将挤压成型和拉坯成型的部件组合在一起。注意观察，陶艺家是如何让挤压成型的泥管巧妙地转了180°。底足的曲线哪怕只有一丁点儿变形或弯曲，也会在盐釉的衬托下显得无比突兀
摄影：詹姆斯·罗布松（James Robson）

"我做的所有容器都有实用性，这是我给自己设定的最基本的要求，或者也可以称为我的挑战起点。我不会劳神费力地去做一些不能用的东西。我坚信，创新的关键往往源于传统。"

幸运的是，基勒在控制烧成方面有着与生俱来的超强能力，他能像音乐家演奏乐器那样控制火焰，能在盐烧的过程中精准掌控每一项因素。先往坯体的外表面上施一种化妆土，之后再往涂层上喷陶瓷着色剂，这种装饰形式可以让作品在保持整体风格的前提下既快速又便捷地呈现出变化。除此之外，在同一座窑炉中使用多种化妆土时，会因化妆土的类型多样而需要不同的吸盐量和烧成温度，这会为引发烧成缺陷留下隐患。相比之下，基勒只使用一种化妆土即是将烧成风险降至最低。

基勒曾说："观众可以从多种角度解读我的盐烧作品——欧洲的传统盐烧器皿、廉价的功能性锡器、拉坯成型法及相关技法的创新运用，以及制作者和使用者之间的复杂关系。我赋予它们朴素且现代的外观，希望能从某种程度上展现温暖和人性。我喜欢这种于平凡处见不凡的创意。"

《水罐》
高：22.5 cm。虽然罐身上整体施了钴蓝色陶瓷着色剂，但施化妆土的区域和未施化妆土的区域一眼可辨。口沿和把手上未施化妆土，橘皮肌理和光滑的釉面形成了强烈的对比效果，化妆土的配方中含有大量富硅长石

玛丽·洛（Mary Law）

　　"我第一次接触盐烧是在彭兰德（Penland）学习制陶时的某个夏天，当时的我觉得亚光还原釉最好看，盐釉太扎眼。第二次尝试盐烧后，我的作品获得了卡伦·卡恩斯（Karen Karnes）老师的高度评价，这让我深受鼓舞，从此便坚定地踏上了盐烧之路。我从不在作品上做太多装饰，因为觉得盐釉本身已经足够美了。我的另外一位老师拜伦·泰普勒（Byron Temple）也很喜欢盐烧，我陶艺生涯的前十年一直在烧盐釉陶瓷。"

——玛丽·洛（Mary Law）

《屋形罐子》
高：27.5 cm。先用拉坯成型法塑出锥形，之后将其修整成矩形。既高又深的底足由从口沿上切割下来的部件黏合而成。原料为XX匣钵黏土和琥珀色青瓷釉。弱还原气氛苏打烧，烧成温度为10号测温锥的熔点温度
摄影：理查德·萨金特（Richard Sargent）

玛丽·洛（Mary Law）站在建造了一半的窑炉内

XX 匣钵黏土成分	份额
AP 格林（Green）耐火黏土	40
XX 匣钵黏土	35
雪松山金艺（Cedar Heights Goldart）炻器球土	15
95 目硅砂	5
卡斯特（Custer）长石	10
罗尼（Lone）412 号熟料	5

E. P. K 高岭土浆（用于装饰素烧坯体，可以令其呈现光泽）	
	份额
E. P. K 高岭土	80
霞石正长石	20
其他化妆土由高岭土和球土简单调配而成	

罗伯（Rob）开发的绿色釉料	
	份额
康沃尔石	7.5
碳酸钙	1.75
焦硼酸钠	0.5
碳酸铜	1.0
膨润土	0.25

琥珀色青瓷釉成分	份额
阿尔巴尼（Albany）黏土	33
硅灰石	13
E. P. K 高岭土	3
硬硼钙石	3
碳酸钙	7
燧石	13
卡斯特（Custer）长石	20
黄赭石	7

天目釉成分	份额
卡斯特（Custer）长石	43
燧石	27
碳酸钙	12
乔丹（Jordan）黏土	11
E. P. K 高岭土	2
红色氧化铁	8.8
膨润土	2

填充物成分	
E. P. K 高岭土	
氢氧化铝	
（以体积为单位）	

　　我第一次见到玛丽·洛（Mary Law）的作品是在韩国首尔首屈一指的"Tho Art"陶瓷画廊。略显怪异的造型和强烈的盐釉（或为苏打釉）色调展现出一种力度美和坚定感。直到今天我还清楚地记得那件《屋形罐子》，切割成型的底足轮廓笔挺，圆锥形盖子上有一个低矮的提钮。并且，作品中有我之前从未在盐烧器皿上见识过的靓丽的橙色。我当即决定尽快联系她，期待将她的作品和创作方法收录在本书中。

　　1968 年，洛在北卡罗来纳州彭兰德手工艺学校学习陶艺，师从布鲁诺·拉弗迪尔（Bruno LaVerdiere）、卡伦·卡恩斯（Karen Karnes）和拜伦·泰普勒（Byron Temple）。不久之后，拜伦·泰普勒将工作室迁至新泽西州兰伯特维尔（Lambertville）市，洛便拜在他的门下。1975 年，洛从纽约阿尔弗雷德陶瓷大学毕业并获得硕士学位。从那时起，她的作品在美国、韩国和日本多次参展。她曾在阿尔弗雷德陶瓷大学、海斯塔克山（Haystack Mountain）工艺学校，以及彭兰德手工艺学校等多所学院和大学任教。

　　洛住在加利福尼亚州伯克利市区，她的工作室位于住宅后面。那是一片靠近旧金山湾的住宅和工业混合区，距其工作室一平方英里的范围内住着大约 30 位陶艺家。工作室的容积为 67 m³，气窑旁边放着一台布伦特牌（Brent）拉坯机和一台用于素烧的电窑。室外有一座带窑棚的苏打窑。

　　该苏打窑为天然气倒焰窑，内壁由硬质耐火砖建造而成，外面罩轻质绝缘耐火砖。烟囱两侧各有一个燃气燃烧器，由田纳西州沃德（Ward）燃烧器公司生产、安装。窑室内平铺三块 30 cm × 60 cm 的硼板，硼板与拱顶最高点之间的距离为 1.2 m。因为该窑炉只烧苏打不烧盐，所以洛在窑室上共设置了 14 个喷料孔——两侧各 5 个，前后各 2 个。将极少量（每次烧窑仅使用 1.8 kg）苏打均匀喷洒到上述所有喷料孔中。

　　许多陶艺家在装窑的时候很讲求"节俭"，他们会把坯体摆放得十分密集，但洛不这样做，她会在坯体与坯体之间预留出足够的空间，以便让火焰和钠蒸气自由流动。

"我通常会把只施化妆土或未施化妆土的坯体摆放在硼板周边，以便让它们多吸收一些钠蒸气，把施釉的坯体摆放在硼板中心处。诸如天目釉之类的某些釉料吸盐后别具特色，所以上述装窑形式并不是硬性规则。由于我喜欢在底足上施釉，所以所有坯体底部都垫着填充物。"洛曾如此说道。

一般是从下午5点开始烧窑，先点燃一个燃烧器。数小时后点燃第二个燃烧器，到次日清晨窑内已达到低温。08号测温锥彻底熔倒后开始烧弱还原气氛。将1.4 kg碳酸钠（纯碱）溶于4.6～6.8 L热水中，窑温达到9号测温锥的熔点温度后，将溶液顺着喷料孔喷入窑炉中。喷溶液的工具为园艺气压喷壶，每隔15～20分钟喷一次，直到10号测温锥彻底熔倒为止，此环节通常会耗费1～1.5小时。在喷洒作业间隙内，将喷嘴浸入凉水中降温。10号测温锥彻底熔倒后停止烧窑，洛会将烟囱挡板抽出2.5 cm左右，对此，她这么说道："这样做可以让降温进行得更快一些。"我烧窑时也会在同一时间段打开烟囱挡板，但我的目的是将残留在窑室内的钠蒸气排出窑外。

洛最初选择苏打烧是因为人们认为苏打烧比盐烧环保。她现在已经解决了苏打溶液喷洒不均的问题。相较均匀的盐釉，她越来越喜欢苏打釉的颜色及其闪光肌理。

上图：
《椭圆形切面花瓶》
高：22.5 cm和27.5 cm。XX匣钵黏土拉坯成型，弱还原气氛苏打烧。瓶身上由苏打生成的闪光肌理清晰可见。渐变的颜色、肌理和切割形成的锐利棱边之间的关系，是早在成型阶段就规划好的
摄影：理查德·萨金特（Richard Sargent）

下图：
《切面碗》
高：20 cm。这只碗由B型混合黏土（B-mix）制作而成，该材料在北美盐烧领域应用广泛。供应商为加利福尼亚州拉古纳（Laguna）黏土公司。化妆土由E. P. K高岭土和霞石正长石混合而成，二者的比例为8：2，弱还原气氛苏打烧，烧成温度为10号测温锥的熔点温度
摄影：理查德·萨吉姆（Richard Sargem）

《屋形罐子》
高：30 cm。先用拉坯成型法塑造锥形，之后修整成矩形。坯料为XX匣钵黏土，罐身上施E.P.K.高岭土浆，盖子上施天目釉。烧成温度为10号测温锥的熔点温度
摄影：理查德·萨金特（Richard Sargent）

洛说道："70年代初在阿尔弗雷德陶瓷大学读书时，我们尝试用苏打代替盐（当时的观点是苏打烧对人和环境的危害相对较小），在花费了大量时间后终于解决了苏打溶液喷洒不均的问题。除了喷溶液，我们也尝试过吹干粉。绝大多数结果令人失望：坯体一侧熔得一塌糊涂，外观就像格雷格牌（Greg）糖浆一样，而另一侧则未生成一丁点儿釉面，仍保持干坯状。多年后，当我在缅因州海斯塔克山工艺学校任教时，发现用气压喷雾器喷洒纯碱溶液能生成效果极好的苏打釉，我对之很满意并在日后建造私人窑炉时部分仿制了该窑炉的设计形式。"

洛根据烧成方式进行分类创作——气窑还原气氛烧成或苏打烧——她早在成型阶段就规划好每件作品烧成后的模样。具有松颓感的拉坯造型、切割、修形和选择化妆土，所有这些都是围绕充分利用钠蒸气和燃气的特点及走向而量身设定的。

"有些时候，我会在半干的深色坯体上施瓷泥浆，目的是营造对比效果。泥浆是我拉坯时的副产物。其他类型的化妆土会被施在素烧过的坯体上。我会在坯体的外表面上薄薄地施一层高岭土浆［E. P. K高岭土和艾弗里（Avery）高岭土］，这样做有利于生成闪光肌理，以及在拉古纳（Laguna）黏土公司生产的B型混合黏土（B-mix）、XX匣钵黏土和其他深色坯料上施各种釉料。有些釉料只对某些坯料起作用，有些釉料则不同，例如罗伯（Rob）开发的绿色釉料，与各种坯料和化妆土搭配使用时效果各异。罩在白色坯料上呈淡绿色，罩在褐色坯料上呈青绿色和墨绿色。我每次烧窑时都会试烧一两种。"洛介绍道。

洛的作品属于典型的20世纪后期北美风格。我曾在前文中提到过美国陶艺家拜伦·泰普勒（Byron Temple）是影响一代人的大师，洛因其嫡传弟子的身份而感到无比自豪。

洛曾表示："希望观众能从我的作品中感受到各位恩师的影响力。对我影响最深的当属拜伦·泰普勒，我从他那里学会了创作富有力度美的造型、鲜艳的外观、快速成型及制出清爽线条的技法；从贝蒂·伍德曼（Betty Woodman）那里学会了即兴改变湿坯的外形；从卡伦·卡恩斯（Karen Karnes）那里学会了如何欣赏作品的静谧美。"

桑德拉·洛克伍德（Sandra Lockwood）

"在我看来，盐烧是最佳的陶艺表现语言。我喜欢黏土的生命力，喜欢从最终烧成的作品中感受其创作过程。我的作品里包含很多信息：感观、活力和幽默，盐烧毫不掩饰的特性有利于展现上述内容。"

——桑德拉·洛克伍德（Sandra Lockwood）

桑德拉·洛克伍德（Sandra Lockwood）1953年出生于英国伦敦，1960年随家人移居澳大利亚。从刚接触陶艺起就爱上了盐烧，尤其喜欢盐烧可以巨细无遗地展示黏土本色及造型的特征。无论是传统样式还是现代风格，只要是盐烧陶瓷她都喜欢。

"我收藏了很多盐烧工业制品，包括园林铺路砖、墨水瓶、杜松子酒瓶和旧排水管。我喜欢悉尼周边的陶质烟囱管帽和铺路砖，也喜欢参观历史悠久的本迪戈（Bendigo）陶瓷厂盐釉窑。"洛克伍德如此说道。

洛克伍德在大学读书期间花费了大量时间和精力研究约翰·埃迪（John Edye）、简·哈姆林（Jane Hamlyn）和珍妮特·曼斯菲尔特（Janet Mansfield）等业界前辈的作品，以及彼得·斯塔基（Peter Starkey）的盐烧著作，认真探求柴烧和盐釉的可能性。1980年，她在距悉尼160公里的西南部购买了一块约2公顷的荒地，建造了一座房子和一间工作室。洛克伍德逐渐成长为澳大利亚首屈一指的陶艺家和教师，曾在澳大利亚及海外多次举办个展。她的作品被很多知名博物馆收藏，其中包括坐落在塔斯马尼亚州朗塞斯顿（Launceston）的维多利亚女王博物馆。

洛克伍德共有五座窑炉：两座柴窑和三座气窑。由于她对柴窑更感兴趣，所以目前只烧柴窑。较大的窑炉有两间窑室，单间容积为 0.85 m³。为第一间窑室提供热量的是两间并排建造的布里（Bourry）式炉膛，为第二间窑室提供热量的是侧壁上的投柴孔，以及两间窑室之间的通道。洛克伍德用游泳池盐烧窑，两间窑室共耗费 20 kg盐。把盐放在树皮内交替投入两间炉膛中，单次投盐量为 3 kg。投盐时既不用将盐打湿，也不闭合烟囱挡板，投盐总时长大约为 2 小时。

坯料成分	份额
瑟拉姆（Clay Ceram）球土	43
帕戈恩（Puggoon）187	
黏土*	12
钠长石	12
100目二氧化硅	8
60目二氧化硅	12
30~80目沙子	10
膨润土	3

瓷器黏土成分	份额
HRI高岭土	24
瑟拉姆（Clay Ceram）球土	24
霞石正长石	24
200目二氧化硅	5
100目二氧化硅	10
膨润土	3

高岭土浆成分	份额
高岭土	45
瑟拉姆（Clay Ceram）球土	45
霞石正长石	5
200目二氧化硅	5

二氧化钛化妆土成分	份额
高岭土	35
球土	35
霞石正长石	20
200目二氧化硅	10
二氧化钛	10

蓝色化妆土成分	份额
球土	60
钾长石	20
二氧化硅	20
碳酸钴	0.5
氧化铁	2

从正前方看桑德拉·洛克伍德
（Sandra Lockwood）的"长喉窑"

包括体量巨大的作品在内，所有坯体均一次烧成，所以正式烧窑前会点燃两个燃气燃烧器长时间预热。窑温达到400℃时，洛克伍德开始往窑炉内投澳大利亚桉树硬木。08号测温锥彻底熔倒后开始烧还原气氛。接下来整晚缓慢升温，到次日下午4时至8时，窑温可达到10号测温锥的熔点温度，此刻开始投盐。在投盐的过程中，将窑温提升至12号测温锥的熔点温度直至投盐环节结束。尽量维持氧化气氛。第三天凌晨时烧窑结束。

洛克伍德的另外一座柴窑名叫"长窑"，已被罗伯特·桑德松（Robert Sanderson）和科尔·米诺格（Coll Minogue）收录到二人的著作《柴烧陶瓷》（Wood-fired Ceramics）中。长窑是韩式管状窑的改良版，由布里（Bourry）式炉膛、4.3 m×0.9 m的狭长窑室和一个高大的烟囱组合而成。两道窄窑壁的顶部搭着若干块注浆成型的可拆卸式泥板，坯体放在上面烧制。

管状窑炉抽力太大，乍一看似乎不太适合烧盐釉。当盐和灰烬从炉膛快速流至烟囱时，很难令坯体的所有部分都生成理想的釉色。但这一点正是洛克伍德看重的。她发现某些化妆土（含有高岭土和球土）特别适合放在距离炉膛较近的地方。此处窑温较高且钠蒸气较充沛，可以令化妆土生成湿润、流淌状外观，而坯体的另一侧会因管状窑室巨大抽力的影响生成相对干涩的外观，进而令作品两侧呈现出微妙的变化和十分显著的对比效果。吸盐较多的一侧釉面湿滑、呈流淌状，吸盐较少的一侧发色浓郁，渐变的外观突出展现了拉坯造型的松颓感。了解坯料的特征极为重要，只有这样才能烧出类似的效果。当化妆土的配方中含有大量二氧化硅甚至接近瓷器黏土时，更容易生成"湿滑"的外观。奈杰尔·伍兹（Nigel Woods）曾在其著作《东方釉料》（Oriental Glazes）中介绍，将高铝球土和霞石正长石按照85∶15的比例混合在一起，效果与中国南方的青瓷坯料差不多，我按照该配方做过实验，烧成效果非常好。很多美国陶艺家用B型混合黏土［B-mix，拉古纳（Laguna）黏土公司出品］也烧制出了非常漂亮的外观。

洛克伍德无论是装柴窑还是装盐釉窑都很谨慎，会按照心目中的烧成效果为每一件坯体选择最佳窑位。对此，她曾说道：

"我会根据心目中的烧成效果为不同的作品选择不同的窑位。装窑密度较大，大多数坯体夹垫耐火黏土填充物，少数坯体夹垫贝壳。填充物的类型虽不同，但都会在坯体的外表面上留下痕迹。这些痕迹也是釉面效果的组成部分，我所有的作品外表面上都有填充物的痕迹。我会仔细考虑填充物的放置位置。我曾使用过含有氧化铝的填充物，其烧成效果不如耐火黏土填充物。坯体侧壁的烧成效果非常重要，因为它反映了釉料和灰烬的流动轨迹……作品的烧成效果是早在成型阶段就已经想好的。但将想法转变成现实的却是窑火而不是我。烧成本身也是创造的过程，人无法严格掌控它。作品最终的烧成效果和我的设想不一定完全一致。"

桑德拉·洛克伍德（Sandra Lockwood）追求颜色和肌理变化，这四只盘子是很好的例证。它们由同一种坯料制作而成，上面施的都是高岭土浆。虽然烧成方式和投盐量一样，但窑位不同烧成效果亦不同

摄影：拉塞勒斯（J. Lascelles）

　　洛克伍德从未停止过坯料、化妆土和釉料实验。每次烧窑时，在不同窑位放置化妆土和釉料试片，以期了解窑位与最佳烧成效果之间的关系。她目前正在做的实验是不施任何化妆土，仅靠黏土自身生成有趣的外观。实验对象的二氧化硅含量高于普通的盐烧坯料，有些几乎不含铁。每次烧窑时都试烧数种新坯料。

　　洛克伍德用面粉搅拌机混合坯料，质地松散的回收旧泥占配方总量的三分之一，这些旧泥具有提升可塑性的作用。先用真空练泥机将坯料加工一遍，之后至少"陈腐"数月。在半干的坯体上浸或淋化妆土。对于体量特别大的坯体，则要等它干透后喷化妆土。关于开发新化妆土，洛克伍德补充说：

　　"高岭土和球土都能生成有趣的烧成效果，外观取决于其化学成分。工作室里所有的材料，单独的及混合的试片都值得试烧。当烧成后的外观过于干涩时，可以通过少量添加钾长石、钠长石、霞石正长石和二氧化硅改善。有些时候，当化妆土的配方内含有大量黏土时，会出现与坯料收缩率不一致的问题。遇到这种情况时，可以将该黏土提前煅烧至06号测温锥的熔点温度，这样做能有效避免因收缩率而引发的烧成缺陷。"

　　很多炻器釉料可作为盐烧化妆土使用。以干粉为称量标准，在低温釉料配方中添加2%膨润土，即可转变为盐烧化妆土。有些釉料的配方内含有足量的黏土，可直

作品内壁上可以施两种炻器釉料中的一种	
志野釉配方成分	份额
霞石正长石	80
球土	20

或者当坯体为未经素烧的生坯时，施伯纳德·利奇（Bemard Leach）开发的"8号测温锥"釉的改良版成分	
	份额
球土	10
碳酸钙	20
#200型二氧化硅	30
钾长石	40
氧化铁	6
膨润土	2

接作为盐烧化妆土使用。在半干的坯体上施黏土含量等于或超过20%的釉料，试烧一下看它能生成什么样的效果。

我问洛克伍德，在她看来，盐烧到底有哪些其他烧成方式所不具备的优点。作为回应，她给我列了一张清单，可以通过下述词汇总结其创作：

迷人（Lusciousness）	品质上乘（The 'gems'）	触及人心（Spirit）
彰显泥性（Clay qualities enhanced）	生动（Life）	湿润（Wetness）
富有戏剧性（Drama）	毫无掩饰（Nothing hidden）	类型多样（Variety）
富有挑战性（Opportunity for risk）	微妙（Subtlety）	温暖（Warmth）
丰富（Richness）	柔软（Softness）	难以预料（and the Unexpected）

结合这些词汇看她的作品，无论是她自己的评价还是来自别人的评价，最能展现其作品特征的词是"柔软"。从最初的制作开始，所有元素都是为了展现黏土和釉料的流动性及柔软度。她的终极目标是把塑造形体、选择化妆土、装窑方式等可控因素，以及火和盐这两项无法完全掌控的因素完美地融合成一个整体。在所有因素间取得平衡实非易事，但她却巧妙地做到了。

洛克伍德把柔软的坯料拉成器型，之后交付窑火完成杰作。在她眼中窑炉是合作的伙伴，而非要控制的敌人。她仔细斟酌每一个细节，有计划、讲方法地引导窑火实施烧成。她把自己能做的所有工作全部认真地完成后，便将主导权和祝福送给了伙伴们——窑炉、火焰和盐。她的作品融黏土的可塑性和釉料的流动性于一身，是最具代表性的盐烧佳作。对此，洛克伍德说道：

"我能做的就是为烧成创造好条件。涉及的因素包括拉坯、塑形、施釉、施化妆土、装窑、放置填充物，以及按照烧成方案烧窑等难以尽述的可变因素。整个过程非常流畅——我完成自己的工作，把坯体放进窑炉后便将后续工作放手交给窑火。我静待佳音，不会劳神费力地去试图掌控一切。"

硼板隔离剂成分	份额
氢氧化铝	70
高岭土	30
填充物成分	份额
氢氧化铝	80
高岭土	20
或者	
只用哈拉姆（Hallam）耐火黏土	

珍妮特·曼斯菲尔德（Janet Mansfield）

"盐烧具有直观性，陶艺家的每一项细小操作都会反映在作品上。从最重要的坯料制作到装饰细节，再到作品的缺陷和优点，各种要素一览无余。"

——珍妮特·曼斯菲尔德（Janet Mansfield）

《柴烧盐釉高罐》
高：1.09 m。珍妮特·曼斯菲尔德往坯料里添加了她所在地的花岗岩碎屑，它们会在烧制的过程中熔融在坯体的外表面上。灰烬受钠蒸气助熔作用的影响，在罐子肩部生成如丝般柔和的绿色。罐子的体量和气场都很大

用"吸引"这个词形容陶艺在珍妮特·曼斯菲尔德（Janet Mansfield）心中的分量远远不够，更接近事实的词是"陶醉"。1997年，她在日本举办展览，澳大利亚著名陶艺家兼教师欧文·瑞伊（Owen Rye）博士在为该展览撰写的序言中这样写道：

"珍妮特·曼斯菲尔德的成就令人瞩目，足以被载入史册。她的作品入选展览、广受收藏、屡获奖项，在陶艺专著撰写、编辑和出版方面贡献卓绝，努力与付出为她赢得了1990年澳大利亚理事会荣誉奖。该奖项是官方授予极少数艺术家的殊荣。

珍妮特·曼斯菲尔德的悬链线拱顶梭式柴窑

容积为2.5 m³，窑车两侧各有两间炉膛。炉膛和灰坑均配备推拉门，以便于控制气流。投盐孔设置在炉膛上部的侧窑壁上

她于1987年荣获澳大利亚勋章，这是国家对其个人价值的充分肯定。"

曼斯菲尔德有时在城市生活及工作，有时在乡村。她在悉尼市中心经营画廊，旗下的两本杂志已成为全球陶艺著作出版界的行业标杆。虽然她在市区内也建造了一座盐釉窑，但其盐烧主阵地位于她家乡［新南威尔士中西部加尔贡（Gulgong）］的工作室内，在那里她可以恣意纵享柴烧的乐趣。

曼斯菲尔德建造了一座大型阶梯窑和一系列其他类型的柴窑，包括一座凤凰式速烧窑和一座布里（Bourry）式炉膛窑［参考杰克·特洛伊（Jack Troy）的著作《柴烧炻器和瓷器》（*Wood-fired Stoneware*），以及科尔·米诺格（Coll Minogue）和罗伯特·桑德松（Robert Sanderson）的著作《柴烧陶瓷》（*Wood-fired Ceramics*）］。她的私人窑炉不仅类别丰富，数量也多，她目前共有八座窑炉，此等规模怕是绝大多数艺术院校也自叹不如。但她最常用于烧盐釉的是一座大型悬链线拱顶梭式窑。

烧窑

该窑炉为倒焰窑，由产自当地的高铝耐火砖建造而成。窑身两侧的炉膛上方各设有两个投盐孔，把盐直接撒在燃烧的木柴上。窑身前部设有两个安装着合页门的投柴孔。为了严格控制空气的摄入量，连通灰坑的部位也安装了小门。窑身两侧的耐火砖炉算下各设有五个耐火砖搭建的主进风孔，且孔洞的宽度可以随意调节，可为0.25倍砖宽、0.5倍砖宽或0.75倍砖宽。

每次烧窑的总时长均超过24小时，烧大而厚重的生坯时，初期的升温环节进行得特别慢。06号测温锥开始熔融弯曲时，闭合烟囱挡板。直到从下层观火孔内冒出火舌后便说明窑炉内已生成还原气氛。从此刻起投放大块木柴并加快投柴频率，至少烧1小时强还原气氛。随后改烧弱还原气氛，直到2号测温锥开始熔融弯曲时再次换烧强还原气氛。

曼斯菲尔德说："坯料及装饰坯体的化妆土或釉料在被盐釉覆盖住之前，其色调会在上述两个时期变得更加浓重。我工作室的周边环境是典型的澳大利亚乡村，满眼尽是棕色的土地、黄色的植被、蓝色的山丘和灰绿色的桉树。我力图用盐釉在作品上复刻出它们。"

保持弱还原气氛，直至10号测温锥彻底熔倒烧窑接近尾声为止。9号测温锥熔融弯曲至一半时开始投盐。每隔5分钟往4间炉膛内各投一杯"光滑"级别的盐。盐落在燃烧的原木上即刻挥发出滚滚气浪。1小时后，将环形试片从观火孔（位于窑身上部和下部）中挑出来。通常来说，很有必要将投盐时间延长半个小时，以确保釉

《花瓶》
高：40 cm。盐和飞灰结合后生成异常有趣的釉面

层沉积至最佳厚度。10号测温锥开始熔融弯曲时，再将烧窑时间延长半个小时，目的是将炉腔内残留的盐彻底燃尽。10号测温锥彻底熔倒后，将窑炉上的所有孔洞封堵住，曼斯菲尔德和我一样，她也不会完全闭合烟囱挡板，我们这样做是为了将窑炉内残留的钠蒸气彻底排尽。每次烧窑的用盐量约为20 kg。

曼斯菲尔德很喜欢这座窑炉，因为它烧出的灰烬极其细腻。

她说："在我的作品上，木柴对盐烧的影响清晰可见，而在很多同行的作品上却未必表现得如此明显。这是我研发的独特效果，我一直在潜心钻研它。"

盐烧陶艺家很擅长独立思考，各人的烧窑方法具有微妙的区别。出于实用和审美考虑，大多数人喜欢"快速降温"。我们已经分析过快速降温的两大优点——阻止生成有害的方石英，有些同行采用快速降温是为了提亮作品的色调。曼斯菲尔德也喜欢快速降温，她在其著作《盐烧陶瓷》（Salt-Glaze Ceramics）一书中这样解释：

化妆土	
1号	
球土	50
钠长石	50
2号	
球土	40
红色黏土	10
钠长石	50
底釉	
长石	80
球土	20
伯纳德·利奇（Bernard Leach）	
研发的8号测温锥釉料	
长石	40
高岭土	30
碳酸钙	20
石英	10

《四只盘子》

直径（每只）：20 cm。这些盘子是
叠摞在一起烧的，盘子与盘子之间
夹垫贝壳。贝壳内塞满黏土、二氧
化铝和沙子的混合物。盐、木灰、
灰釉、富铁深色坯料，以及紧凑的
装窑方式结合在一起，进而生成极
其丰富的外观

"我认为釉层里的棕色、红色和黄色物质是慢速降温过程中熔融生成的铁晶体。我所
有的窑炉都是用本地的白色建筑用砖建造的。这种砖很重，密度非常高，虽然升温
较慢但保温时间较长，因此极利于慢速降温。这种砖之所以能承受盐烧，或许是因
为我在窑壁上涂了锆石粉和墙纸胶的混合物。该混合物是我参观一家盐烧瓷砖厂时
了解到的，它虽然不能阻止釉层沉积，但能阻止钠蒸气渗入砖体内部。"

成型

曼斯菲尔德的大部分作品是用利奇脚踏式慢轮制作的。她喜欢软泥的原因是使
用起来省时省力，作品的外观展现了工具和人力的高效共同作用。很多作品色调单
一，仅靠盐或灰随机着色。有些作品通体施化妆土，或者只在小而重要的部位（例
如把手）上施化妆土，让盐釉进一步强化该区域，进而形成视觉焦点。这种方式展
现了曼斯菲尔德对日本伊贺烧的兴趣。装窑时，把坯体放在气流和灰烬的必经路线
上，以便充分利用其优点。对此，曼斯菲尔德说：

"大罐子的外表面特别适合做装饰。广阔且光滑的曲面将造型映衬得愈发显眼。由于盐釉具有强化切口和肌理的作用，所以很有必要在坯体的外表面上刻出或排印图案——这些装饰纹样会赋予作品个性和意义。装饰和烧成效果与窑位息息相关，能否接触灰烬、盐或碳对作品的最终效果十分重要。

盐烧或柴烧制品的外观应尽显其烧成过程的特征。就我的作品而言，该特征包括独特的橘皮肌理、富有力度的造型和温暖且层次丰富的釉色。窑火和窑位会在作品的外表面上留下'证据'，可以据此解析其过往经历、周边环境和烧制过程。除此之外，还可以通过外观感受到制作者的创作灵感和动机。"

曼斯菲尔德的作品重在展现黏土的本质，她只用两种化妆土装饰坯体，在半干的器身上薄薄地施一层，借助它们赋予釉面些许变化。正如前文所述，她从不素烧坯体，诸如杯子、茶壶、碗等器皿达到半干程度后先施化妆土，再往内壁上施简单的釉料。作为支钉的贝壳内通常塞满混合填充物，由于配方内含有富铁耐火黏土，所以未被完全密封的部位不会显得过于苍白单调。坯料由加尔贡（Gulgong）当地出产的原料配制而成。该地区蕴藏丰富的红色、白色耐火黏土及瓷器黏土，曼斯菲尔德会根据作品的类型将各种黏土混合成最适宜的坯料。

"地表上有多种花岗岩和富含石英等元素的岩石，我将岩石碎屑混入黏土中以求营造肌理。不同粒度的岩石碎屑至少能为拉坯坯料增添些许摩擦力。位于坯体表层的较大的碎屑周围极易出现放射形裂痕。无论何种尺寸的碎屑都能为作品增添一种独特的装饰效果。"曼斯菲尔德说道。

曼斯菲尔德身兼数职。她是一位精力充沛的陶艺家、出版商、教师、组织者和倡导者。她对柴烧、盐烧，以及宣传陶艺充满激情。她的作品虽外观粗犷但气质优雅，二者间没有违和感。轻松的拉坯风格和鲜明的搭配为火焰和盐成就杰作提供了最完美的条件。

《盐烧茶壶》
高：25 cm。曼斯菲尔德的拉坯作品给人以轻松、质朴感，把手和其他附属部件的结合方式非常直接，完全保留了黏土的原貌。既没有修饰也没有任何再加工的痕迹。这种处理方式与柴烧和盐釉完美匹配

上图：
《提梁壶》
高：22.5 cm。往素烧坯体上施白色化妆
土和墨蓝色着色剂

左下图：
《椭圆形提梁壶》
高：15 cm。化妆土由当地黏土制备而成

右下图：
《椭圆形提梁壶》
高：22.5 cm。布莱尔（Blair）开发的红
色化妆土，局部施灰釉

布莱尔·米尔菲尔德（Blair Meerfeld）
的作品富有趣味且精巧，这三个茶壶就是
最典型的例证。此类造型一旦处理不好，
极易给人机械感和生硬感。他通过娴熟的
拉坯技巧和敏锐的审美眼光，软化了造型
的棱边，增添了微妙且极其重要的波浪形
起伏。很难想象这些作品的外表面上除了
一层薄薄的盐釉之外别无他物

布莱尔·米尔菲尔德（Blair Meerfeld）

米尔菲尔德说："盐烧的过程也是窑炉和材料通力协作的过程。作品的最终效果反映了陶艺家的知识储备、直觉及与各种要素之间默契的合作关系。这是一种奇妙的'炼金术'！"

某些身处一隅的制陶能手会因地域偏僻而难以引起世人的关注。米尔菲尔德的盐烧工作室坐落在美国科罗拉多州一个僻静的村庄里，我的工作室坐落在威尔士中部一个僻静的村庄里，相距甚远。

米尔菲尔德的作品颇具新意，整体格调在现代陶艺里较为罕见。他的作品造型富有想象力，外表面上虽了无修饰却处处充满细微的差别，给人以轻薄如纸般的观感。

紧致的拉坯造型、极富艺术感的外表面和超薄的盐釉融为一体，赋予作品轻盈的外观。观众的注意力会被器皿的"内空间"及其对"外表皮"的影响所吸引。值得一提的是，同行里鲜有其他人能将这种对立效果展现得如此到位。米尔菲尔德在考虑作品上各个元素的相对比例时，似乎有一种内在的"正确"感。盖子、壶嘴和把手虽然造型独特且位置"怪异"，但做工十分精细，特别是金属提梁，它进一步强化了壶身轻薄如纸的观感。

米尔菲尔德在一家19世纪的农庄内生活和工作，窑炉建造在一个旧式谷仓里，是一个容积为1.8 m³，从外面看是1.2 m高的立方体。立方体是业内公认的最佳的窑炉形状，有利于热量和钠蒸气均匀分布。他使用天然气烧窑，原

上图：
《"塔"形罐子》
高（最高处）：47.5 cm。素烧坯体上施白色化妆土和黑色着色剂。该化妆土富含二氧化硅，与霞石正长石结合后生成外观柔和且光滑的釉料

尽管米尔菲尔德的投盐量已控制到最低值，但二氧化硅仍会阻止（或至少阻碍）釉面生成橘皮肌理。大量投盐会让作品表面上生成丰富的肌理，但会对化妆土层下的坯料发色造成不利影响

下图：
米尔菲尔德的窑炉
容积为1.8 m³，四角上各设有一个天然气燃烧器。每个燃烧器上方各有一个投盐孔，每次烧窑的用盐量仅为1.8 kg。大约每隔6周烧一次窑

因是与短且猛烈的丙烷火焰相比，他更喜欢长而柔和的天然气火焰。

先推敲每件作品重点展示的"头脸"区域，再据此确定窑位及摆放方式。米尔菲尔德说：

"由于盐釉窑内的气流（或称抽力）具有方向性，所以坯体朝向气流的那一面釉层相对较厚。当投盐量为中等或较低时，富含高岭土的化妆土会呈现出鲜亮的橙色至红色。投盐量不同，白色化妆土的发色亦不同——用量较多时发色更白，用量较少时偏肉色。含钛化妆土只有在大量投盐时才能呈现出色彩斑斓的金色珍珠光泽。"

《大口水罐》
高：15 cm。盐釉结合绿色灰釉。注意图章纹饰下的那条细线，它不但在水平方向上将造型一分为二，也将观众的视线引向壶嘴底端

烧成

米尔菲尔德的烧窑方法颇不寻常，点火后不久便开始烧还原气氛。窑温达到3号测温锥的熔点温度后开始烧中性气氛，直到8号测温锥彻底熔倒为止。最低投盐量为1.8 kg，用角铁充当勺子，在5分钟之内将盐平均撒入4个投盐孔内。闭合烟囱挡板，只留一条3.8 cm的窄缝，将供气量调至最低。保持此状态15～20分钟，挑出环形试片，观察釉料的沉积厚度。

除了天然气之外，米尔菲尔德也用柳枝烧窑，目的是把火苗拉得更长一些，进而令盐釉生成独特的肌理。他认为修长的柳枝火舌有助于钠蒸气深入到坯体之间的缝隙中和每一个偏僻的角落里。他用4号磨坊牌（No.4 mill）畜牧盐烧窑，这种盐比岩盐细腻得多。在大多数情况下，只需耗费1.8 kg盐，外加投盐后停止供气、闭合烟囱挡板并将窑炉上的所有孔洞封堵住，就可以获得理想的颜色和肌理。米尔菲尔德说：

"我认为点火后不久便开始烧还原气氛有助于二氧化钛还原，这能让高岭土发色更红更艳。不这样操作，高岭土只能生成难看（个人观点）的橙色。除此之外，缓慢降温亦能让高岭土呈现出丰富的红色调，这是我一直在追求的效果。窑壁分内外两层，先用硬质耐火砖砌筑雏形，之后在外面铺一层绝缘耐火砖，我相信这种结构有助于延长降温时间。我见过一些烧成效果令人惊艳的作品，它们都出自硬质耐火砖建造的窑炉，烧成和降温总时长可达数日。"

米尔菲尔德自己制备坯料，泥块揉得非常软，用脚蹬式慢轮拉制造型。除了白色化妆土之外，其他颜色的化妆土均装饰未经烧制的生坯，素烧出窑后再为作品的内壁施釉。

米尔菲尔德的近作几乎没有装饰，目的是借助盐釉衬托造型上的微妙之处。面对他的作品时，可以感受到他最关注的是造型和盐釉那种令一切细节无处遁形的特

适用于盐烧的坯料成分	份额
G-200长石	10
C-1大理石混合物	20
A. P.格林（Green）密苏里耐火黏土	25
H. C.斯宾克斯（Spinks）5号黏土	45
罗尼（Lone）熟料（35目）	3

绿色灰釉成分	份额
碳酸钙	20
木灰	20
科纳（Kona）F-4长石	20
SGP球土	20
燧石	20
添加剂：	
黑色氧化铜	4
碳酸铜	2

《椭圆形水罐》
高：22.5 cm。红色化妆土结合
厚重的盐釉

布莱尔开发的红色化妆土	
成分	份额
霞石正长石	10
格罗莱戈（Grolleg）	
高岭土	20
赫尔默（Helmer）	
高岭土	70
适用于生坯	

含钛黄色化妆土成分	份额
霞石正长石	32
10 号田纳西球土	63
燧石	5
添加剂：	
硅酸锆	5
二氧化钛	10.5
适用于干透的生坯	

斯托尼（Stony）开发的白色化妆土（适用于素烧坯）	
成分	份额
霞石正长石	20
球土	15
高岭土	15
煅烧高岭土	20
二氧化硅	20
硅酸锆	10
3124 号硼砂熔块	5
尝试各种球土和高岭土，看它们能烧制出什么样的肌理和颜色	

墨蓝色化妆土成分	份额
阿尔巴尼（Albany）	
黏土或黑鸟牌黏土	10
肯塔基石	90
添加剂：	
碳酸钴	3
适合用刷子蘸着往生坯上涂	

性，他追求的是去伪存真而不是流于表象。

米尔菲尔德掌控拉坯工具的能力令人叹服。他一边提泥一边熟练地轻颤手中的工具，用这种方式塑造出来的器壁上布满层层波纹，仿佛紧贴着骨骼的皮肤。向上延展的螺旋线时常被正方形图章打断。图章上的纹饰虽简单，却能和螺旋线形成强烈的对比效果。用它装饰造型似人体的作品时，我将其视为肚脐，用它装饰造型似建筑的作品时，我将其视为建筑部件——开在空墙或高塔上的小窗户。他在 2000 年2 月的《陶瓷月刊》（*Ceramics Monthly*）杂志上这样解释：

"盐有一种神奇的能力，它可以把深藏在黏土和化妆土层下的秘密挖掘并暴露出来，进而为我们所用。每次烧窑都能收获不同的外观——或如霜冻的肌理，或如熔融后黏稠的玻璃。由盐生成的绯红色调和闪光肌理赋予作品多副面孔和多重个性。数年来我一直在烧盐釉，近期的作品更注重干涩且绯红的外观，酷似早期的锡格格堡容器。我用多种球土和高岭土浆装饰坯体，原因是此类化妆土接触少量钠蒸气后反应非常敏感。传统盐烧追求的是在釉面上生成多少橘皮肌理，以及呈现出多强的黏稠感，我现在的做法与传统大相径庭。和灯光相比，我更喜欢烛光。"

伊娃·穆尔鲍尔（Eva Muellbauer）和
弗兰兹·鲁佩特（Franz Rupert）

"我们发现高温和火焰可以赋予作品高品质——盐提供的是一些难以定义的额外元素。它自然、柔和、充满动态美且富有变化，就像轻抚树梢的微风。"

——伊娃·穆尔鲍尔（Eva Muellbauer）和弗兰兹·鲁佩特（Franz Rupert）

伊娃·穆尔鲍尔（Eva Muellbauer）和弗兰兹·鲁佩特（Franz Rupert）在德国斯佩萨特（Spessart）特区韦伯斯布伦（Weibersbrunn）村生活和工作，他们的工作室由鲁佩特的曾祖父亲手建造，是一座经过改造的谷仓。穆尔鲍尔曾在伦敦圣马丁艺术学院学习雕塑，之后在伦敦学院学习陶艺，师从已故陶艺家威廉·纽兰德（William Newland）。鲁佩特原本从事绘画和蚀刻（二人合作的陶艺作品明显保留了各自原专业方向的特征），后来转行做陶。近20年来携手合作至今，他们的分工很明确。大部分器皿是穆尔鲍尔拉制，鲁佩特虽然也负责制作泥板和挤压部件，但其主要职责是装饰。

他们的投盐方式与本书中的其他陶艺家完全不同，是在装窑的时候将盐和坯体一并放入窑炉中，每次烧窑的用盐量约为0.7 kg。穆尔鲍尔解释道：

《壁挂大方盘》
边长：约38 cm。花卉图案的轮廓是用挤泥器"绘制"的，内部填充铜红釉。蓝色区域是在志野釉下擦洗氧化物。少量盐将志野釉转变或"晕染"成暖橙色，釉料和氧化物的颜色虽保持不变，但整体色调却很统一

"多年来，我们先后借助木灰釉、天目釉和铜红釉逐步探索、改进盐烧方法。最初我们往器皿间放少量盐，是为了给坯体上未生成盐釉的部分提供接触钠蒸气的机会。"

将盛放盐的容器或坩埚预烧至炻器温度后再使用，这一点非常重要。如果不这样做，坯料会在盐的助熔作用下熔融成渣并牢牢地黏结在硼板上，很难清除掉。

大部分器皿施铜红釉、灰釉或志野釉中的一种（有些时候三种都施），施釉部分需要精心设计，目的是突出展现不同方法创作的装饰纹样。事实上，整个装饰过程既复杂又耗时——先在坯体上压印纹饰，之后往纹饰上施釉，在釉层上擦氧化物后，往氧化物上再施釉。

这样做的目的是突出图章纹饰，令它更加生动，同时通过颜色强化它，进而令总体设计更加完善。随着装饰形式日趋风格化，投盐也变得越来越重要，除了能给未生成釉面的区域增添趣味之外，还能进一步衍生出更多肌理，以及可作为不同釉料之间的柔和的过渡媒介。

施釉过程虽复杂但应井然有序。每种釉料都需严格遵守喷涂顺序，志野釉位于最外层时釉面极易起泡，所以最好先往坯体上施志野釉，然后往志野釉上施铜红釉和灰釉。装饰纹样内擦洗的氧化物会向上渗入釉层中。先在底釉上擦洗三层氧化物，然后往氧化物上薄薄地施一层釉料，这样做可以生成独特的肌理。其他陶艺家很难在短期内掌握这种方法。只有经过长期实践，反复尝试、试错和钻研，才能总结出类似穆尔鲍尔和鲁佩特发明的方法，烧制出和他们的作品类似的外观。

和大多数盐烧陶艺家的作品不同，穆尔鲍尔和鲁佩特的作品外壁上施了多种釉

左图：
《方盘子》
边长：60 cm。在柔软的坯体上绘画和压印肌理、拖泥浆，以及创造性地运用釉料，这些方法结合在一起能赋予作品动态美。盐令各种颜色柔和过渡，让志野釉散发出珍珠般的光泽

右图：
《带盖储物罐》
高：22.5 cm。这个罐子的圈足展现了盐对坯料的影响。这种黏土经过烧制后发色偏焦黄，薄薄的釉面将颜色衬托得更加浓郁，外观酷似柴烧效果。实际上，柴烧和盐烧一样，可以将其理解为借助其他类型的蒸气为坯体"取"釉——木材燃烧时会挥发镁、钾和钠蒸气，这些元素随着蒸气在窑炉内穿梭，和传统盐烧一样，它们也会同二氧化硅及氧化铝发生反应

从正前方观察柴窑。此处是这座窑炉的入口，炉膛紧贴窑门前部，位于地平线以下。这座大窑炉每年只烧一次，对象主要是穆尔鲍尔创作的户外大花盆和实验性作品，所谓实验是指在坯料内添加各类物质以求获得独特的肌理。器皿均为一次烧成，坯体外表面上的化妆土是用喷枪喷的

索拉吉尔（Solargil）出产的适用于气窑的坯料	
拉伯恩（La Borne）出产的适用于柴烧的坯料	

志野化妆土成分	份额
碳酸钠	3.2
透锂长石	12.15
钠长石	8.65
霞石正长石	36
高岭土	28
球土	12

志野釉成分	份额
碳酸钠	3.4
透锂长石	12.6
钠长石	14
霞石正长石	50.5
高岭土	3
球土	16.5

铜红釉成分	份额
苹果灰	30
钾长石	39
石英	29.5
碳酸钡	9
氧化锡	3.5
碳酸铜	2
高岭土	2.5
膨润土	2

苹果灰釉成分	份额
苹果灰	40
钾长石	40
高岭土	10
球土	10
石英	10

料，考虑各种烧成因素时也必须将这些釉料纳入考虑范畴。穆尔鲍尔一方面只将盐作为调节剂使用，不让它起主导作用，另外一方面又得确保它能产生应有的效果。某些釉料，特别是铜红釉必须慎重选择窑位，以便能充分接触窑炉内的火焰和蒸气：

"装窑的时候，我们会把需要多吸盐的坯体放在窑室顶部，把施三种釉料的坯体放在窑室中部，坯体摆放得十分密集，坯体之间还会摆放盛满盐的小坩埚。把所有施铜红釉的坯体放在远离火焰处，目的是防止火焰对釉料发色造成不良影响。把较大或较高的坯体放在窑室底部，并在坯体之间摆放盛满盐的大坩埚，以便生成更好的闪光肌理和更光滑的釉面。"

该窑炉的容积大约为 0.76 m³，每年烧20多次，燃料为丙烷，窑底四角处各设有一个垂直向上的常压燃烧器。直面热源的窑壁由轻质耐火砖砌筑而成，外表面上涂莫来石浆，作用是为窑壁提供一定的保护，让它免于遭受钠蒸气的影响。

每次烧窑耗费16小时，由于坯体入窑之前已经过素烧，所以这么看来16小时着实有点长，但只有如此漫长才能烧制出穆尔鲍尔和鲁佩特想要的效果（对于绝大多数烧成方式而言，长时间烧成通常比短时间烧成更容易获得令人满意的效果。特别是将烧窑尾声的时间拉长一些，即最后一次投盐后至少再烧1小时更有益——釉面有足

够的时间熔融软化。想让釉料呈现暖色调时，需在此阶段烧氧化气氛，这一点非常重要）。窑温达到915℃后开始烧还原气氛，直到放在窑炉底部的10号测温锥彻底熔倒为止。维持还原气氛不变，这对铜红釉而言非常重要。之后将窑温快速降至960℃。

尽管穆尔鲍尔和鲁佩特已经开发出一系列具有代表性的食器和炊具，此类物件已成为他们的主打商品，但二人仍在不断地探求新创意，相信经过努力后这些创意亦将成就一系列标志性作品。1993年，鲁佩特建造了一座大柴窑，每年烧1～2次。尺寸为1.35 m×4 m×1 m，由硬质耐火砖建造而成，投柴区的两侧各有一间窑室。主炉膛位于窑炉前部的地下，可以通过窑炉前预留的小门进入"隧道"形的炉膛内。

该窑炉主要用于烧制大花盆，由于坯体是未经素烧的生坯，所以烧窑时间长达三昼夜，燃料包括松木、橡木和少量山毛榉。

"出窑后可以发现，放在窑炉前部烧成温度为10号和11号测温锥熔融温度的作品外观没有差别。窑炉侧壁上设有投柴孔，上方是穹顶，穹顶上设有投盐孔，我们将10～15 kg盐倒入投盐孔内。窑炉前部可以生成极好的飞灰效果，窑炉后部的钠蒸气会对窑炉前部造成一定影响。"

现代陶艺多强调"个人"作用，穆尔鲍尔和鲁佩特是少见的合作默契的团队。虽然二人在不同领域内各有专长，但创作需要时亦会介入彼此的专业领域。多年来，他们开放工作室，开发了一系列融审美价值和实用价值于一体的设计精良、功能完善的食器和炊具。穆尔鲍尔说：

"我们希望自己的作品既现代又不浮夸，既微妙又不张扬，既多彩又不扎眼，既有吸引力又不幼稚。为了实现上述目标，我们投入了大量时间和精力，力求肌理与颜色和谐共存。"

杰夫·欧斯特里希（Jeff Oestreich）

"在我眼里，一个好器皿就像一片秘境，等待观众去发掘宝藏。造型、外表面装饰纹样和釉色中的微妙品质会在日常使用的过程中显现出来，给使用者带来愉悦感。即便是经过数天、数年也依然让人百看不厌。"

——杰夫·欧斯特里希（Jeff Oestreich）

杰夫·欧斯特里希（Jeff Oestreich）出生于明尼苏达州圣保罗市，在伯米吉（Bemidji）州立大学读书时受沃伦·麦肯齐（Warren Mackenzie）的影响学习陶艺。获得学士学位后前往英国康沃尔郡圣艾夫斯（St Ives），在伯纳德·利奇（Bernard Leach）的陶瓷厂里当学徒。从刚接触陶艺起就遇到上述两位大师，这让"功能"成为欧斯特里希创作时最关注的因素并始终伴随着他的职业生涯。近几年，他的某些作品虽然超出了或改变了功能性陶瓷的常规界限，但实用性仍然是其最基本的关注点。实际上，作为创造者，他的关注点是如何让想法发挥作用，或者更准确地说，其关注点是功能。2000年6月《陶瓷月刊》（*Ceramics Monthly*）收录了他的著作《不断进化的造型》（*Developing Forms*），在文中，他解释道：

《鸟嘴水罐》
高：25 cm。流线型把手和极富几何感的造型及纹饰形成了鲜明对比。把手底部和口沿外侧的装饰纹样融为一体，进而在视觉上形成一种连贯性，这种设计形式着实聪明。先用拉坯成型法拉一个圆筒形，切成两半，然后把这两个部分重新黏合成椭圆形

"我乐于迎接挑战。我的脑海中充满了各种各样的创意，且很多创意实施起来颇有难度。几年前，我开始尝试给低矮的圆形带盖造型加上长长的鸟嘴形壶嘴，我将这些茶壶称为'一人壶'。做了几十个之后，我决定从中选一个试用一下看看它的功能如何。结果根本倒不出水！当时的情景至今仍历历在目，那批作品最后虽然被回收了，我也很沮丧，但并没有放弃心中的执念，我觉得假以时日一定会成功。此后，我将关注重点放在功能上，在历经了数次改良后，终于能做出顺畅出水的作品了！这件事给我的教训是：功能绝对不是想当然就可以达到的。"

欧斯特里希交替使用丙烷和木柴烧窑近20年，直到1991年才建造了第一座蒸汽窑。他在阿尔弗雷德大学的任教时间虽短，却发现将中性气氛至氧化气氛与苏打烧结合在一起，可以让作品呈现出令人心动的色调。他对橘皮肌理等其他同行津津乐道的典型的盐釉外观并不感兴趣。比这些更吸引他的是盐或苏打对施釉坯体的潜在影响，以及由极度弱还原气氛成就的鲜亮色调。

欧斯特里希的苏打窑由轻质耐火砖建造而成，容积为 1.4 m³，燃料为天然气，直面热源的窑壁上喷了抗盐物质，作用是抵御钠蒸气的侵蚀。该窑炉有两大与众不同

杰夫·欧斯特里希的工作室位于明尼苏达州，他正在组装"鸟嘴"水罐

《奶油碗》
高：7.5 cm。不仅碗身是方形的，就连底座也是方形的。这件作品的所有特征都能让人联想到装饰艺术时代的作品

欧斯特里希的苏打窑

这是一座容积为1.4 m³的梭式窑，燃料为天然气，窑室内安装了4个常压燃烧器。梭式窑的结构比普通窑炉的结构略复杂一点。优点是便于装窑及有效预防装窑者腰背受损

绿色釉成分	份额
钾长石	45
碳酸钙	7
氧化锌	10
碳酸锶	25
OM4球土	13
碳酸铜	5
金红石	1
氧化铁	1.25
琥珀色釉成分	**份额**
康沃尔石	46
碳酸钙	34
高岭土	20
红色氧化铁	4
带闪光肌理的橙色化妆土成分	**份额**
艾弗里（Avery）高岭土	70
霞石正长石	30
填充物成分	**份额**
氢氧化铝	50
高岭土	50
窑具隔离剂成分	**份额**
氢氧化铝	50
高岭土	50

之处，一是选材，二是窑室内安装了可以自由出入的窑车。由于装窑很容易伤及人体的腰背部，所以欧斯特里希将其设计成带窑车的梭式窑。

欧斯特里希的装窑密度很大，他熟知哪些窑位适合烧哪类作品，并根据烧成经验为各种化妆土或釉料选择最适宜的窑位。没施化妆土或釉料的坯体通常放在硼板外侧靠近喷料孔的地方，目的是让坯体多接触蒸气进而生成较明显的橘皮肌理。把苏打和盐加以比较，前者在同一件作品的外表面上更易生成对比强烈的颜色和肌理。欧斯特里希利用这一特点，为每件作品选择最适宜的窑位和釉料，尽力营造最夸张的视觉效果。他希望作品各具特色，这是窑火回馈给制陶者的厚礼，也是他眼中最关键的创作环节，对此他投入大量时间和精力从不敢有丝毫的懈怠。

欧斯特里希说："我之所以选择苏打不选择盐，原因是苏打不易挥发。苏打蒸气会在坯体上留下变幻丰富的印迹。用某些釉料装饰器皿时，棱边部位会在苏打蒸气的助熔作用下发生有趣的变化，我尤其喜欢这一点。我选用的釉料本来是亚光釉，但口沿处的釉面会在苏打蒸气的助熔作用下深度熔融，进而呈现出更好的光泽度。我喜欢这种效果。

烧窑总时长约为15小时，窑温达到010号测温锥的熔点温度后仅还原烧成0.5小时，接下来烧中性气氛，直至9号测温锥开始熔融弯曲为止。从此刻开始，在1.5小时内将1.4 kg碳酸氢钠（小苏打）溶液喷入窑炉中。窑身周围的20个喷料孔和4个燃烧器端口全部用于喷洒碳酸氢钠（小苏打）溶液。接近烧窑尾声时烧20分钟氧化气氛。之后，在1小时内将窑温快速降至010号测温锥的熔点温度。再之后，将窑炉上的所有孔洞彻底封堵住自然降温。"

近距离观察欧斯特里希的作品，会发现坯体上只有一层薄薄的釉面。对于容积为1.4 m³的窑炉而言，1.4 kg苏打是最少用量，但足以生成暖橙色闪光肌理，并与铜釉的绿松石色形成鲜明对比。化妆土由高岭土和霞石正长石混合而成，几乎是擦洗到坯体的外表面上，轻薄的涂层将图章纹饰和贴塑图案映衬得分外醒目。苏打过量会影响化妆土发色。其他部位施除釉剂，通过巧妙切割和重新拼装造型，令装饰纹样有序延续，力图融动感和平衡感于一身。

很多作品上的几何形图案能让人联想到装饰艺术。在某些作品上，宛如植物般的线条顺着造型的曲线向上延伸。块面的边缘通常也是颜色的边界，通过色调衬托坚实且带有棱角的造型。贯穿多个块面的曲线会打破造型的整体感并产生视错觉，让观众情不自禁地想要走近观察。向上延伸的线条与造型之间的关系十分微妙，能在观感上给人脱离作品实际尺寸的错觉。这种延伸感甚至可以让朴素无华的茶碗呈

现出庄严的气质。欧斯特里希的作品不仅能让我联想到20世纪30年代宏伟而美妙的奥迪安连锁影线（Odeon）——曲折的结构、对胶木材料的偏爱和对透视的关注，还能让我联想到埃及艺术和建筑中的图案所展现出的雄伟壮观的景象。

欧斯特里希是他那一代陶艺家中最受尊敬的大师之一。经常受邀参加美国和海外举办的驻场活动和示范表演，作品被诸多公共机构收藏，包括华盛顿特区伦威克（Renwick）画廊、纽约埃弗森艺术博物馆（Everson Museum），以及伦敦维多利亚和阿尔伯特博物馆。他的作品识别度极高，不断进步，对细节和完成度有很高的追求。他将几何形元素同时融入造型和装饰纹样中，充分展现了黏土材料在烧成前的柔软和韧性。

上图：
《"装饰艺术"花瓶》
高：30 cm。切面、除釉剂的巧妙应用和模型翻制的细节，为这只花瓶增添了一丝"时代"气息。苏打用量少不仅有利于彰显切割造型的硬朗，还能为未施釉的区域着色，令其呈色与铜绿色釉完美衔接

下图：
《"鸟嘴"水罐》
高：27.5 cm。这只拼装成型的水罐造型均衡。装饰纹样是专门为该造型量身制定的，向上延伸的把手曲线和罐嘴相互映衬，达到了完美的平衡状态。罐身右侧的轮廓线舒展流畅，是罐嘴轮廓线的延续。上述种种元素结合在一起，赋予作品动态美、协调性和少许幽默感

保琳·普洛格（Pauline Ploeger）

"在我看来，盐烧的魅力在于制陶者不仰仗釉料。相反，刻意保留成型过程中的种种痕迹，以此赋予黏土生命，并通过钠蒸气进一步强化盐烧的独特魅力是盐烧艺术家的常见做法。窑室内的坯体彻底'裸露'，钠蒸气令这种特征更加纯粹。制陶者和作品之间的关系无比密切。"

——保琳·普洛格（Pauline Ploeger）

《基数》

高：40 cm。这件作品由七个单独成型的部件组合而成，是趁坯体处于半干状态时结合在一起的。这些圆环是空心的，俯瞰整体结构时内部呈圆锥状。在圆环上压印纹饰时会对环内的空气造成压力，进而对压印点之外的器壁形成反向扩张力

摄影：约翰·维尔（Johan v. d. Vere）

保琳·普洛格（Pauline Ploeger）在其职业生涯早期与20世纪70年代末的美国陶艺圈多有接触。她的老师荷兰陶艺家伊娜·巴克尔（Ina Bakker）曾在纽约求学，师从卡伦·卡恩斯（Karen Karnes）、罗伯特·温诺克尔（Robert Winokur）和贝蒂·伍德曼（Betty Woodman），这些老师对她后期的雕塑型作品的演变和发展影响至深。巴克尔和另外一位荷兰陶艺家海尔·柯米思（Her Comis）共享一间工作室，并在英国和法国结交了很多业内挚友。老师的朋友圈为普洛格提供了四处求艺的机会，法国拉伯恩的陶艺家斯韦恩·霍特·詹森（Svein Hjort Jensen）、英国威尔士的兰迪尔姆温（Rhandirmwyn）的陶艺家比尔·马诺（Bill Marno），以及英国唐卡斯特的陶艺家简·哈姆林（Jane Hamlyn）都是她的授业恩师。1981年，普洛格在哈姆林门下当学徒时发现盐烧是她最想学习的陶瓷品类。她解释道：

"盐烧的外观非常耐看，用历久弥新来形容也丝毫不过分。正因为它有如此特质，才赢得了使用者的长久青睐。面对盐烧作品时，观众的眼睛和手完全停不下来，不自觉地想要去深入观察和感受。我最感兴趣的作品是那种低调含蓄的，观众无法一眼尽览，每次观察时都能展现出新的内容的类型。"

普洛格对盐烧的历史和传统了如指掌。虽然她对东方陶瓷很感兴趣，但仍秉承欧洲传统。欧洲陶瓷比东方陶瓷落后很多，这让她意识到根植自己的文化，并以当时崭露头角的其他"知名"女性陶艺家为榜样，立志成为业界新星才是正途。哈罗（Harrow）学院前毕业生哈姆林和萨拉·沃尔顿（Sarah Walton）对普洛格的影响很深，同时，她也为后辈树立了榜样，展示了在体力劳作为主的陶瓷行业中，女性该如何奋斗及女性也能获得成功。

她在荷兰北部弗里斯兰（Friesland）生活和工作，和陶艺家海尔·柯米思（Her Comis）共享一间工作室。他们各自拥有创作区域，共享窑炉和机械设备。他们的窑炉容积为0.7 m³，是一座奥尔森（Olsen）"速烧窑"，这种窑炉通常以木柴为燃料，但这座窑炉比较特殊——炉膛里设有两个大型常压燃烧器。每间炉膛末端与燃烧器相对的位置设有一个投盐孔。这种布局巧妙地利用窑内气流抽力将钠蒸气引入窑室，进而令燃烧器免受钠蒸气的腐蚀。窑壁由轻质绝缘耐火砖建造而成，外表面上涂抗盐保护层。烧过80窑之后，保护层严重受损，砖体破败不堪，只能等日后重建。

普洛格使用的是碳化硅硼板，这种材料的使用寿命相当长——经历过100多次烧制后仍然崭新如初。装窑的时候，她会在最高的坯体上方预留空间，让坯体顶部与上层硼板底部至少相距4 cm，以便于钠蒸气顺利流动。

每次烧窑耗费5 kg细食盐，在2小时内借助铝角铁将盐投入窑炉中。普洛格发现，时间久一些，投盐量少一些，更有利于钠蒸气均匀分布。烧窑总时长为16小时，窑温达到1 000℃时开始烧还原气氛。持续还原烧成直至窑温达到

窑具隔离剂成分	份额
氢氧化铝	3
球土	1
填充物成分	份额
氢氧化铝	1 000
高岭土	250
球土	125
细熟料	125

《瓷碗》
直径：12.5 cm。这只碗的装饰灵感源于现代涂鸦。普洛格对视觉形象的态度非常开放，只要能与其个性化技法相得益彰便不排斥。她以乳胶作为除釉剂塑造碗身上的"蝙蝠"图案，除釉剂和周围的化妆土的厚度不一致，她喜欢这种"浮雕"效果，她常使用的除釉剂包括乳胶、纸和蜡

基础化妆土成分	份额
长石	50
球土	50

我会往这种化妆土里添加卡尔·贾格尔（Carl Jager）公司生产的氧化物或者着色剂，该企业坐落在德国霍格伦兆森（Hohr-Grenzhausen）

橙色化妆土成分	份额
高岭土	50
球土	50

金红石化妆土成分	份额
长石	50
球土	50
金红石	10
高岭土	10
氧化钴	2

我用这种化妆土覆盖以下成分的蓝色化妆土：
基础化妆土+3%碳酸钴

1 240℃，届时开始烧氧化气氛，烧约半个小时，窑温提升至1 260℃。此时开始投盐。投盐总时长为1.5～2小时，每包盐重0.5 kg，通过燃烧器对面的投盐孔投入炉膛中。这种布局有效利用了炉膛内的气流抽力，让燃烧器免于钠蒸气的侵蚀。投盐环节结束时，窑温可达1 280℃或10号测温锥的熔点温度。关闭燃烧器并快速降温10分钟，之后将燃烧器端口封堵住。降温时烟囱挡板始终保持开启状态。

普洛格既做雕塑也做日用器皿，成型方法为拉坯，雕塑的组合部件也是用拉坯成型法塑造的。坯料名为WB04256，是荷兰温格尔林（Vingerling）公司的产品，这是一种白色耐火黏土，普洛格将其称为"中性者"：

"我的创作重点不是突出展现某种坯料自身的美，而是追求造型、肌理和颜色的和谐。中性坯料的创作空间较大，能让我尽情追求理想中的外观。不同寻常的颜色组合与中性坯料搭配使用时更富表现力。"

坯体达到半干程度后，通过淋、涂或喷等方式施化妆土，具体选用哪一种化妆土取决于制陶者想要营造的外观效果。涂层的厚度亦很重要。

"化妆土内含有黄色或绿松石色着色剂时，涂层厚一些利于发色。当化妆土内含有黑色着色剂或氧化钴时，涂层薄一些利于发色，这是我通过实践总结出来的经验。"普洛格说道。

普洛格的作品造型和装饰纹样的灵感源自很多方面。她作品的造型是音乐和舞蹈节奏的视觉再现。虽然器皿上并没有塑造出明显的人体部位，但却展现了舞者的动作、

《腾空球》
高：22 cm。先把拉坯成型的圆柱体晾至半干，之后再分割成数段。将它们重新拼装在一起时，把每个部件扭转180°，以便营造多角度效果。用剪纸阻隔釉料形成外观明显的浮雕状装饰纹样，这种方法是普洛格一直在积极探索的
摄影：埃里克·海默格（Erik Hesmerg）

平衡和姿态。重点区域的装饰纹样和衣服上的图案同理，动作牵动纹饰，反过来，纹饰又彰显了造型的动态美。对比色系——淡淡的黄色、橙色与浓郁的墨蓝色背景相互映衬——形成动感十足且极其醒目的外表面纹饰，当观众的目光在各种装饰元素间来回游走时，作品的节奏感亦得以强化。这是三维的爵士乐！普洛格解释道：

　　"关于装饰，我的看法是：特定的造型与特定的纹饰之间应当紧密关联。二者结合后的整体效果应当比它们独立时更有趣。我将装饰视为创作理念的组成部分。倘若不是这样，装饰很容易掩盖造型，夺走观众的注意力。我认为将二维纹饰运用在三维造型上效果最佳，能营造出超越纹饰原本尺寸的观感，这也是黏土材料及陶艺的魅力所在。"

佩特拉·雷诺兹（Petra Reynolds）

"给工作室里的部分生坯添加装饰、烧窑前的各项准备、装窑及烧窑都是创作过程中重要的组成部分。烧成具有不可预测性，失望在所难免但惊喜更多，意外收获的犹如珍珠般的霓虹色调是我取之不尽、用之不竭的灵感源泉。"

——佩特拉·雷诺兹（Petra Reynolds）

佩特拉·雷诺兹（Petra Reynolds）是20世纪90年代英国陶艺界的新星之一，其作品摆脱了伯纳德·利奇（Bernard Leach）或哈罗（Harrow）学院的影响。她创作的日用陶瓷风格独特，与常见的拉坯成型的实用器皿大相径庭。她采用的手工成型法比较特殊，塑造出来的作品外轮廓呈流线型，完全没有几何体的硬朗感，关注点并不是黏土的可塑性。

"我用泥板成型法制作各种各样的日用陶瓷器皿，每件作品都有纸模板。首先，将泥板晾至适宜的硬度，并借助纸模板裁切轮廓。其次，通过倒角、卷曲和拼接等方式将这些裁好的泥板塑造成理想的造型。用小滚轮或手指按压接缝部位，既确保牢固黏结也保留清晰的压痕。用海绵修整并软化口沿的形状，有些时候用木工具将口沿敲厚一些。"雷诺兹说道。

雷诺兹在威尔士大学取得陶艺专业学位后，和搭档杰里米·斯图尔特（Jeremy Steward）应迈克尔·卡森（Michael Casson）及希拉·卡森（Sheila Casson）之邀入驻沃巴奇（Woabage）农场。该农场现已发展成一个小型手工艺社区，目前共有11位驻场艺术家，包括6位陶艺家、2位木艺及家具设计师和1位首饰设计师。他们既

《椭圆形烘焙盘》
长：25 cm。首先，为泥板卷的低矮圆柱形黏合底板。其次，滚压二者的接缝部位，以确保牢固黏合。再之后，把口沿处理成圆滑的环状，以便突出展现下方的器壁。装饰纹样由文中所述的"转印"法塑造而成。本书作者藏品

独立工作又相互合作，共同承担日常事务。他们每年会组织两次展览，作品深受英国和欧洲各地买家青睐。

对于这两位刚刚走出校门、才华横溢的新人来说，能与英国首屈一指的业界大师密切合作是上帝恩赐的良机。他们的工作室由养驴的旧谷仓改建而成，工作室的面积大约为15 m²，旁边有一座容积为0.76 m³，使用了五年的柴窑。柴窑由轻质耐火砖建造而成，每年烧10次或11次。斯图尔特与雷诺兹都在这里烧制作品，密切合作共享同一座窑炉，遇到问题一起解决，充分展现了亲密的私人及工作关系。

装窑的密度和硼板的尺寸都很大。雷诺兹之所以使用大硼板是看中了它的两项优势——器皿的装载量多；大而厚的硼板使用量少，大量使用此类硼板不利于温度、苏打蒸气及灰烬均匀分布。施黑色化妆土的坯体摆放在窑室顶部，原因是该化妆土需要密切接触苏打蒸气及灰烬才能生成令人满意的颜色和肌理。

雷诺兹作品上的装饰纹样通常为简约的符号，灵感来源非常丰富：古老的建筑、生锈的钉子、退潮后沙滩上遗留的蟹爪、种子荚，虽然只有若干个点，却充满了神秘感，酷似孩子涂鸦般的纹饰被巧妙地布置在矩形或椭圆形器皿上，突出展现了造型之美。对此，雷诺兹说道：

"坯体达到半干程度后，我用各种简单的化妆土和釉料装饰它。首先，用涂或淋的方式在坯体上分层着色，偶然也借助剪纸遮挡法营造对比效果。这些符号和纹饰多呈线条状，是借鉴版画技法创作的。然后，往报纸上涂黑色化妆土并晾干。接下来，把这些报纸贴在器皿的外表面上。我用各种工具、指腹或指甲在报纸的背面绘制装饰纹样，往半干的器皿内壁上施化妆土。

坯料成分	份额
海普拉斯（Hyplas）	
71球土	50.8
AT球土	25.4
高岭土	25.4
耐火黏土	1.8
沙子	5.9
霞石正长石	3.6
红色黏土	2.7
另添加一小把粗耐火黏土	

化妆土成分	份额
HVAR球土	50
高岭土	50
若再添加5%黑色着色剂便可调配出黑色化妆土	

志野釉成分	份额
霞石正长石	3
AT球土	1

我经常借助报纸往器皿上转印装饰纹样。经过抽象处理的纹饰虽与其原型相去甚远，但这种令人兴奋的装饰形式足以为我日后的创作提供灵感。"

迫于外力不得不妥协，调整后持续探索，最终成就个人风格，这种工作方式在陶艺界很常见。雷诺兹选择苏打烧而不是盐烧的原因是她工作的大学不容许盐烧，选择相对"简易"的小窑炉是为了方便实验，可在蒸气施釉和纯化妆土装饰之间自由选择。这种独立的精神通常能造就天赋异禀的人才。她熟知氯化钠（盐）和碳酸钠（纯碱）的烧成区别，并选择后者作为目前的主攻对象。

雷诺兹谈道："苏打蒸气在窑炉中的分布状况不似钠蒸气那般均匀，但生成的釉面比盐釉更自然、更柔和。由于我不喜欢喷苏打溶液，所以等日后对 2.3 m³ 的交叉焰窑更熟悉一些时，再尝试一些新方法，即把苏打调和成稠膏状并涂在木柴的表面上烧。"

佩特拉·雷诺兹年轻有为、才华横溢，通过刻苦钻研为日用陶瓷领域增添了一丝新意。她制作的器皿风格独特，甚至给人些许怪异感，但构造精妙，实用性极强。她用独特的手工成型法代替常规的拉坯成型法，让人们对日用陶瓷有了全新的认识和期望。

上页图：
《两只椭圆形盘子》
长（每只）：25 cm。先把薄泥板卷成管，之后弯曲成把手形。这种成型方法可以赋予造型柔软的质感，能让观众联想到枕头或气球。方格图案由剪纸遮挡法形成，圆点图案由涂了化妆土的报纸转印而成

《滤器》
宽：26 cm。手工成型结合柴烧

菲尔·罗杰斯（Phil Rogers）

"我从刚刚接触陶艺时起就很想尝试盐烧。我收藏了很多维多利亚时期生产的盐烧罐子和墨水瓶，其釉色之美深深地烙印在我的脑海里，用传统釉料装饰的作品很难展现出同等的魅力。"

——菲尔·罗杰斯（Phil Rogers）

我入行的时间比较晚。大二结束时才第一次接触黏土，没想到这种材料一直伴随着我日后的职业生涯。第一次做陶便感觉自己找到了理想的材料，只要坚持不懈地练习就一定能掌控。我虽不是天生的陶艺奇才，但当我把一块黏土放在拉坯机的转盘上时，直觉告诉我，我有能力把它塑造成型。

1986年，距我第一次接触黏土整整14年后，我才建造了第一座盐釉窑。做陶需要静谧的空间，为此我迁居到威尔士中部一座俯瞰瓦伊（Wye）河谷的小山上，把山顶的农场建筑改建成工作室。那座外观质朴的容积为0.9 m³的悬链线拱顶窑已经为我服务了11年。它由大型还原窑的边角料建造而成，初期烧木柴，之后改烧油。图片中的这座窑炉是我目前使用的，它建于1997年。内部直面热源的窑壁由氧化铝含量为42%的硬质耐火砖砌筑而成，外部的隔热层由高温轻质绝缘耐火砖铺就。燃料是注射速率为28秒的燃料油，由两个威莱姆瑟（Whirlamiser）牌喷油燃烧器供油。这种燃烧器属于精密设备，生产标准非常严格。油被压缩空气雾化后进入窑炉。燃烧需要以仔细控制每个燃烧器上下两侧的二次风的输入量为前提。该品牌燃烧器在燃料控制方面既可靠又精确，曾广受陶艺家青睐，现已被燃气系统所取代。

当我写下这段文字的时候，我正在建造一座双窑室阶梯柴窑。第二间窑室用于烧盐釉，我迫不及待地想要快点感受那些激动人心的开窑瞬间。

在烧盐釉之前我一直在烧还原釉，这种过渡是一种自然的延续。我喜欢在成型的过程中装饰作品。我既在坯料内做装饰也在坯体表层做装饰。虽然也偶尔尝试画笔和颜料，但在为某件作品苦苦思索最佳装饰形式时，绘画并非首选方式。

1992年，我编写了《灰釉》（*Ash Glazes*），旨在介绍灰釉的制备方法，当时我使用该方法已逾15年。我最喜欢的灰釉类型是中国汉代的影青釉，它外观柔和并略带流动性。灰烬、黏土和矿物质简单组合后，经高温烧成熔融、流动并汇集成洼，可以生成极富表现力的颜色和肌理，进而在坯体的外表面上形成神奇的装饰层。灰釉中的可溶性碱性物质具有突出展现黏土肌理的作用。棱边部位经过烧制后通常呈棕褐色，与绿色或蓝色釉料的冷色调形成鲜明对比。将沉积在肌理深处的釉料

上页图：
《三只刻纹盐烧盘》
直径：25 cm。盐烧的细微差异在这三只盘子上展露无遗。共六只盘子叠摞在一起烧，盘子之间夹垫塞满填充物的扇贝。先在坯体上施煅烧高岭土浆，素烧出窑后薄薄地施一层志野釉。浓度不等的钠蒸气穿梭在盘子之间，并生成柔和且变化丰富的红色

我的盐釉窑正在全速运转！内部直面热源的窑壁由氧化铝含量为42%的硬质耐火砖砌筑而成，外部的隔热层由高温轻质绝缘耐火砖铺就

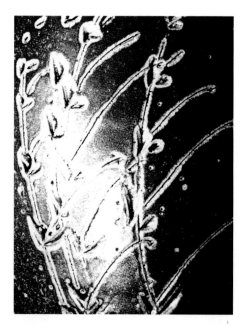

《盐烧瓶》（细节图）
盐釉的最佳效果是达到人力无法
企及的突出展现装饰纹样的细节

所有釉料和化妆土均烧至11号测温锥的熔点温度	
1号坯料成分	**份额**
海普拉斯（Hyplas）71球土	50
AT球土	25
长石	1
高岭土	5
怀特菲尔德（Whitfields）202耐火黏土3	4
红色氧化铁	200
2号"巧克力"坯料成分	**份额**
海普拉斯（Hyplas）71球土	37.5
AT球土	25
202耐火黏土	5
40目白色硅砂	2
多布尔（doble）沙子4	5
长石	1
红色氧化铁	850
这种坯料经过盐烧后呈巧克力色，能与任何一种白色化妆土形成鲜明的对比效果（涂、浸、拖均可）	

和附着在光滑部位的釉料加以对比，前者色调深且富有光泽，后者色调浅且呈亚光状，二者相互映衬，令作品更具立体感，让简单的纹饰更显深邃。

所以，我会被盐烧吸引也是顺理成章的事。现在的我既做盐釉作品也做灰釉作品，二者的相似之处显而易见，许多需要考虑的因素也一样——于我而言，选择盐烧是自然发展的结果，或者更准确地说是釉烧的延续。

很多陶艺家表示他们最喜欢刚刚拉制成型时的坯体，这时的坯体表面上泛着水光，外观无比鲜活。在整个创作过程中上述阶段最让他们着迷。这是为什么呢？原因或许是这种"新生"状态的潮湿黏土对光影具有轻微的反射能力，外表面不被遮挡，更没有丝毫隐藏，造型上的任何细节都很容易被观察到。灰釉和盐釉作品与此类似。轻薄的盐釉不似天目釉或米糠釉那样具有覆盖力，它既不隐藏也不遮盖，完全展露坯体本身的样子。它突出展现了坯体上的细节，制陶者的手艺无论好坏均"成倍"地被展露出来，它吸引制陶者与黏土建立相互尊重的"伙伴关系"。对于陶艺家而言，盐釉既可以成为亲密的战友，也可以成为令人胆寒的强敌。只有陶艺家竭尽所能，盐才会慷慨回报。

陶艺家在盐烧的过程中需要全神贯注，片刻放松都会导致烧成失败。陶艺家须和盐釉窑"达成协议"：人尊重窑炉、关爱窑炉、滋养窑炉，作为回报，窑炉将是人最慷慨的挚友。反之，倘若人只把窑炉当作可有可无的工具，毫无怜爱之心，那么窑炉也会以相同的冷漠态度对待人，让人吃尽苦头。

本书详细介绍了烧盐釉窑相关的力学知识。我想借此向广大读者展示烧大型盐釉窑时，陶艺家感受到的神奇和兴奋、气味和气氛、炙热和疲惫。

装盐釉窑是一件乏味且注重细节的事。先把数百块豆子大小的填充物黏结在器皿底部，之后小心翼翼地摆放就位，遇到更好的装窑方案时需要重新来过。为了达到预期的烧成效果，既要做到省工省力，又要凭借经验制定最理想的装窑方式。整个过程酷似玩儿一个巨大的三维拼图。很难做到尽善尽美——并非所有的作品都能以最理想的形式被摆放。开窑的那一瞬间，悬着的心终于放下，长舒一口气，心中颇有几分成就感，并热切地期待下一次烧窑的日子快点到来。

早上7点，我不慌不忙地点燃窑火。烧窑初期只需启用一个燃烧器，火焰虽不猛烈却足以快速升温。除了低沉的嘶嘶声之外周遭一片寂静，此次未能入窑的坯体摆在倚靠窑房壁的硼板上，炉膛内的火光在坯体上投射出跳动的身影。

3小时后，从窑门上的观火孔中挑出环形试片，可以看到些许变化。待黑暗的窑炉内隐隐露出一丝不易察觉的红热后，随即点燃第二个燃烧器。之后不久（大约30分钟），等窑炉内的光照亮包括摆放在后部的所有坯体时，调节烟囱挡板的位置以控制空气的摄入量，进而营造还原气氛。

我的窑门上部、中部、下部各有一个观火孔，通过它们观测并记录窑炉内的烧成情况。烧窑接近尾声时，先将上述观火孔内放置的环形试片挑出窑炉外，之后用旧扑克牌的顶端刺试片的表面，以这种方式检查釉面的烧成状态。窑炉内呈还原气氛意味着参与燃烧的气体正处于压力中。当我把最上部的观火孔塞子拔掉后，一股

20 cm长的蓝色火苗即刻蹿出来，反应慢的话很容易灼烧手指或燎着眉毛。

窑炉周围会飘散出一股淡淡的气味，闻起来酷似旧式蒸汽火车进站时，把站台和乘客笼罩在蒸汽和煤烟中的那种气味（对于我这个年龄的人来说，很容易联想到上述情景）。窑炉内逐渐显露生机，寂静的气氛被低沉的火车轰鸣所取代。烟囱内冒出缕缕浅灰色烟雾，我悠闲地看着计温器上的温度缓慢提升，这表明还原气氛的压力正在迫使热量流向窑室中的每一个角落。

第一个燃烧器已经工作了10小时。窑室内的光线呈黄色，空气中弥漫着钠蒸气特有的气味。我忐忑不安地将第一个环形试片挑出窑炉外。该试片能提供两方面的信息：还原气氛是否足够强，以及之前烧窑时炉膛内残留的盐是否已蒸发，并飘进窑室生成盐釉。如果一切顺利的话，这个试片呈黄色，边缘处色调略深且有一丝光泽。此刻可以松一口气了！接下来的一小段时间烧氧化气氛，之后进入投盐环节。

12小时过后，窑炉内充满了巨大的能量，它似乎已经变成一个鲜活的生物。空气中渐渐地飘散出一种气味，这是一种盐和煤烟的混合气味，并不难闻，我喜欢这种味道，每到这个环节都很期待。我觉得这种味道有一种莫名的解压能力。直觉告诉我一切运转如常，窑炉正在自然而然地工作着。看过测温锥的烧成状态后，我决定开始投盐。

先把湿盐包放在角钢的末端，然后小心翼翼地顺着投盐孔伸进窑炉内。我还没来得及翻转角钢抖落盐包，炉膛里的高温就已经把包装纸烧化了，盐遇热后即刻开始蒸腾。此时需格外注意，务必保护好眼睛和手。一阵低沉的爆炸声过后，紧接着是盐粒爆破的声响，听起来酷似远处传来的枪声。炉膛前部散发出来的强烈热量很容易让烧陶者感到手足无措。直觉告诉我在这种情况下必须从容镇定。投盐是一个让人颇费心神的环节，因为每投一次盐窑温就会下降一些，而作品也是在这段时间内发生了神奇的变化。欲速则不达。虽然我又累又热还有一点焦躁，但我尽量说服自己静静地站着观察窑温，待测温器的读数再次爬升后开始投下一轮盐。

窑房外的烟囱里升起一缕白色的蒸气。它漫延着穿过田野，在寒冬月色的映照下显得格外皎洁。假如是阴雨天的话，烟雾会聚集在地表附近，把周遭的一切笼罩起来。窑炉内部充满蒸气。当我拔下观火孔的塞子时，一股卷曲的长舌状蒸气在窑炉内压力的作用下即刻喷涌而出。

我将盐一次次地投入炉膛内，每次投盐后小心翼翼地挑出一个环形试片，我知道任何疏漏都会影响作品的烧成效果。这些试片能告诉我是否还需要多投些盐，其实之前的烧成经验也能让我获得相同的信息。观察试片时，我最关注的是颜色，它是我判断烧成是否顺利的标准。假如试片的外观不是还原气氛造就的迷人的灰色，而是氧化气氛造就的难看的淡黄色，我的情绪就会立刻受到影响。虽然这种情况只是偶有发生，彼时那种既失望又恐慌的感受一直萦绕在我的心头。

盐全部投完了，最后一个环形试片也挑出窑炉外了。继续烧氧化气氛，直到最后一个测温锥熔融弯曲为止。现在只需要等待。初期的快速降温环节需要1小时左右。窑温从1 300℃迅速下降至1 000℃，此阶段可以让我对烧成结果做出初步判断。向窑炉内望去，炙热的坯体散发着炫目的黄光，烟囱的抽力令冷空气进入观火孔，放在附近的坯体受凉后釉面的颜色和肌理均有所显现。把金属棒靠近坯体时，熔融

化妆土成分	份额
1.	
瓷器黏土干粉	71.5
高岭土	28.5
有光泽的粉色至橙色闪光肌理	
2.	
任意一种球土	45
高岭土	45
长石	10

球土内的氧化铝含量越高，发色越偏橙褐色。尝试用霞石正长石代替其他长石或将石英（或燧石）的添加量提升至配方总量的10%

化妆土成分	份额
3.	
球土	50
高岭土	50

再次尝试添加少量长石、石英或霞石正长石，以便获得不同程度的光泽

适用于"刷毛目"或浸釉的白色化妆土成分	份额
灰白色球土	75
200目煅烧高岭土	25

当氧化锡或氧化锆的添加量达到5%～10%时，可以显著提升化妆土的白度。我经常在素烧过的坯体上施一层薄薄的志野釉，目的是展示笔触及提亮化妆土的白度。

"刷毛目"起源于15世纪的朝鲜半岛，是指用刷子（且通常为硬毛刷子）往坯体的表面上涂白色化妆土，可营造出漩涡状的动感笔触，该技法能确保白色化妆土与覆盖其下的深色坯体牢固地黏结在一起。在朝鲜半岛，这种技法常用于装饰饭碗，日本的茶艺大师欣赏它自然且质朴的外观，日本的陶工引进该技法后将其命名为"刷毛目"。20世纪30年代，滨田庄司和伯纳德·利奇在朝鲜半岛旅行时看到当地农民的饭碗，自此之后"刷毛目"也成为他们一生钟爱的技法

《高罐》
高：37.5 cm。这只水罐上的化妆土配方内几乎不含铁，仅含瓷器黏土和高岭土。颜色来自坯料，内部含2.3%的氧化铁

的光滑釉面会清晰地反射出它的投影。现在是晚上11时30分，一切顺利。可以喝杯啤酒放松一下了！

次日清晨，窑房里仍然残留着熟悉的盐味。窑炉内的余烬尚有余温，即便用手电筒仔细地照也不会发现太多残留物。钠蒸气在窑门上方至拱顶处遇冷后重新凝结成盐粒，地面上散落着试片残渣、包盐用的纸袋、旧扑克牌、防护手套，以及用于封堵二次风进风口的各种尺寸的耐火砖。出窑之前先将场地打扫干净，因为每一件坯体上也附着着大量零碎的杂物。

在大多数情况下，出窑颇令人兴奋，但偶尔也令人心碎。我仔细研究每件作品的烧成效果并思考其成因。将最满意的作品及其窑位记录下来。渴望和兴奋占据了我的全部身心，地面上摆满作品。一切顺利，除了高兴之外，最大的感受是如释重负后的轻松。

我从刚开始烧盐釉至今，一直都是往素烧过的坯体上施化妆土。我也说不清为什么会养成这种习惯，但素烧确实很适合我的作品风格，并且我通常都是在素烧过的坯体上进行装饰。唯一的特例是借助化妆土衬托坯体的本色，通常是借助"刷毛目"技法衬托覆盖其下的坯料自身的颜色。大多数作品上的装饰亦是造型的组成部位，即通过切割、营造肌理、修改或雕刻等方法在坯体上塑造能与钠蒸气相互作用的表面。我先把化妆土调成比牛奶略稠的浆液，之后采用浸或淋的方式装饰坯体。为水罐、瓶子或碗的内部施釉时，我的习惯是先施化妆土再施釉。

对于创作而言，无论哪一个环节，我都喜欢简单直接的处理方法。我使用的化妆土由数种基础材料调和而成，在一件作品上我通常只施一种化妆土。在创作的过程中，我利用细微的烧成效果差别强化造型，这些造型及我控制或改变它的方式是我最喜欢的。我喜欢质朴、素雅的表现形式，这些有利于突出展现盐釉和造型的独特关系。我故意回避杂乱、繁缛或色彩艳丽的表面装饰，以我的经验看，此类装饰初看起来既有活力又刺激人心，但它们的"保鲜时效"很短。

盐釉的潜力极其微妙。传统釉料具有很强的遮盖力——这通常也是它们被选择的原因。盐釉的强化突出功能既独特又神奇，无论是优点还是缺陷，在它的映衬下均一览无遗。有些时候，各种各样的因素会导致无法获得理想的烧成效果，而当烧窑者的竭尽全力和窑炉的慷慨回馈形成完美的互动、互惠关系时，就能收获到其他任何一种烧成方法均无法给予的财富。

时下，全世界的盐烧陶艺家正在创作最令人兴奋的陶艺作品。他们不断拓展旧技术的极限，研发全新的、令人兴奋的视觉效果，为促进知识的发展做出巨大的贡献。利用盐和苏打的蒸气为陶瓷制品施釉，这种方法为陶艺家所用的历史虽然只有100年，但我认为它在陶瓷领域的地位很独特，且仍然拥有无限的创作潜力！我们目前取得的成绩只是冰山一角，还有很多宝藏等待那些敢于挑战、勇于突破的陶艺家去探索和挖掘。

《瓶子》

高：37.5 cm。这只瓶子具有"混血"属性，使用灰釉和盐釉。先在瓶身上施灰釉——是我研发的标准松木灰釉，配方见我的著作《灰釉》——之后放入盐釉窑中烧制。钠蒸气的助熔作用赋予灰釉"流动性"，进而为器皿增添了一丝动态美。灰釉特别适合盐烧，但需要往配方内多添加一些黏土，以防止釉面过度流淌

志野釉成分	份额
霞石正长石	33
AT球土	33
长石	33
用于装饰带盖器皿的内壁时，烧成后呈橙色	

填充物成分	份额
氢氧化铝	8
高岭土	2
细熟料	1
球土	1

窑炉及窑具隔离剂成分	份额
氢氧化铝	3
高铝球土	1

米奇·施洛辛克（Micki Schloessingk）

"我第一次烧盐釉就被它吸引住了，那是一种瞬间的连接，整个过程参与下来既自然又兴奋。盐烧有它自己的节奏，该慢则慢，该快则快。我在它的牵引下深入探索冒险和控制之间的平衡。盐烧正是我想追求的——作为一个广阔的领域，它既有供探索和实验的充足空间，也有植根传统的归属感，它与欧洲最早的炻器器皿联系密切。"

——米奇·施洛辛克（Micki Schloessingk）

四只柴烧盐釉切
面茶碗
高：11.5 cm

20世纪60年代末，米奇·施洛辛克（Micki Schloessingk）在印度旅行时第一次接触陶艺，这是一次改变她人生的美丽邂逅。她于1970年回到英国并决定将制陶作为终身职业，她报考了哈罗学院陶艺专业，结识了迈克尔·卡森（Michael Casson）、沃尔特·基勒（Walter Keeler）和格温·汉森（Gwyn Hanssen）。沃尔特·基勒对盐烧的热情极具感染力，吸引了包括施洛辛克在内的众多学生，即便是女生也同样受其影响致力于盐烧。这对在全球领域内推广和复兴盐烧做出了卓越的贡献。

1974年，施洛辛克从伦敦搬到北约克郡的本瑟姆（Bentham），在当地建造了一座容积为 2 m³ 的柴烧盐釉窑，由此拉开了职业生涯的序幕。她在回顾往事时承认，那座窑炉对于当时还要照顾两个孩子的她来讲太大了，她忙于家事无暇创作，烧窑的频率每年仅有三四次。但第一次成功烧成便令她声名远扬，她很快就成为当地赫赫有名的盐烧日用陶瓷作家。1979年，她当选手工制陶协会会员。

《杯子》
高：13 cm。这只外观质朴的杯子集中展现了盐烧的良好品质。造型源自中世纪欧洲的传统器型，与釉料完美搭配、相得益彰。一侧是凹凸不平的橙色橘皮肌理，另一侧是因吸盐量较少而生成的光滑釉面，二者的对比极其强烈，从深棕色柔和过渡至黄色能让人联想到古老的贝拉明瓶

施洛辛克目前的工作室坐落在南威尔士的高尔半岛上，那里风光旖旎，距离斯旺西市只有数里。她即将建造一座容积为 1.1 m³ 的新窑炉，与当年在本瑟姆的那座容积和风险都较大的窑炉相比，这座新建的奥尔森式"速烧窑"显然更适合她。奥尔森窑的炉膛入口与上方的窑室直接连通。火焰先从两侧扫过后再进入窑室，这和从外部炉膛流进来的火焰走向大致相同。其实这座窑炉和卡罗尔·罗瑟（Carol Rosser）及阿瑟·罗瑟（Arthur Rosser）在澳大利亚建造的柴窑极其相似。前期的准备工作和实际的烧成过程虽有朋友、邻居和孩子们的参与和帮助，但规划和控制烧成的是施洛辛克。她把烧柴窑视为一种精神体验，边看边听，通过触感和经验规划投柴频率，在18小时内将窑温稳步提升至12号测温锥的熔点温度。

施洛辛克说："我一直以木柴为燃料，一部分原因是我喜欢玩儿火，烧柴窑是一件充满乐趣的事。整个过程大约持续18小时，期间得持续关注火势和投柴（施洛辛克的作品在入窑前并未经过素烧，所以早期阶段的升温速度非常缓慢）。烧成效果在很大程度上取决于燃烧的热效率、气候状况及柴和添加的盐。虽然无法掌控上述所有因素，但经验会指引我们去整合及利用它们，最终获得好的结果。木柴火苗长、烧成速度慢、燃烧较柔和，它似乎也把这些特征赋予了陶瓷制品。"

窑温达到 1 260℃时，施洛辛克先将湿盐满铺在角钢的凹槽中，然后伸进炉膛与窑室的连接处，这里也是炉膛内最热的区域。总投盐量为 7.25 kg，将其中一小部分溶解后喷入窑炉中。虽然发现喷盐水生成的釉面更加均匀，但她并不

米奇·施洛辛克目前使用的黏土产自法国拉伯恩	
米奇·施洛辛克以前用的坯料成分	**份额**
普拉弗洛（Puraflow）BLU型高硅球土 [瓦茨·布雷克·比尔恩（Watts Blake Bearne）公司旗下产品]	1
普拉弗洛（Puraflow）HV型高硅球土	2
普拉弗洛（Puraflow）BB型高硅球土	2
硅砂	10

上图：
《带底足的碗》
直径：15 cm。充满活力的化妆土笔触和自然的拉坯造型相结合，呈现出极强的动态美，化妆土因涂层薄厚不均而出现明显的颜色和肌理变化。米奇·施洛辛克在创作时刻意地利用上述特点。但对那些借助浸或淋等方式施化妆土，以求获得均匀涂层的陶艺家而言，他们深知涂层的厚度会对作品的烧成效果造成显著的影响

乐于利用这一特点。相反，她会把坯体横倒放在贝壳上烧，以营造左右侧面视觉效果迥异的外观。投盐环节时长2小时，直到环形试片显示釉面已达到理想的厚度为止，之后让窑火在清亮的气氛中继续燃烧，直至12号测温锥彻底熔倒。打开炉膛门快速降温，测温计的读数为1 000℃时，将窑炉上的所有孔洞封堵起来自然降温。

施洛辛克尊重盐烧的传统并认同其基本原理，她喜欢简单且自然的装饰。把化妆土分层叠压在一起是一种非常聪明的方法，相当于用最少的投资换取最大的收益。层层叠摞的线条和造型完美相融，她创作的茶碗是绝佳例证，每一个切面都是富有节奏感的独立个体，外表面上的化妆土装饰看似随意，但实际上却是在精确的控制下淋上去的。

下图：
《碗》
直径：15 cm。其实在烧制时，还有另外一只碗叠摞在这只碗里，二者之间夹垫了三个贝壳，碗内因空间窄小而生成了深橙色。碗口处之所以呈橘皮状，是因为暴露在外能充分接触并吸收钠蒸气

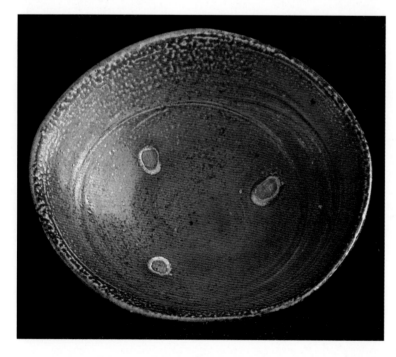

施洛辛克说道："制作餐具和功能性器皿需要面对很多难题，我喜欢这种挑战和突破自我的感觉。同样，我喜欢用少量化妆土创作最简单的装饰，为盐和火焰预留更多的表现空间。我希望这些器皿具有良好的实用性，手感舒适，造型生动有力，用于盛放食物时气质恬静，即

《小水罐》

高：15 cm。这只罐子上的化妆土配方内含有少量金红石或二氧化钛。靠近硼板的部位，以及被贝壳隔开的空隙里呈光滑的黄色，更容易接触钠蒸气的区域则生成外观明显的橘皮肌理

化妆土	
所有化妆土均趁坯体处于半干阶段时施	

橙色至棕褐色	
将任意一种球土和高岭土混合起来都能生成上述颜色	

橙色化妆土成分	份额
AT 球土	50
高岭土	50
长石	20

黄色/褐色化妆土成分	份额
高岭土	60
AT 球土	20
二氧化钛	5

蓝色化妆土成分	份额
高岭土	20
普拉弗洛（Puraflow）	
HV 型高硅球土	60
长石	30
碳酸铜	1
碳酸钴	1

浅橙红色化妆土成分	份额
高岭土	85
瓷器黏土	15

干红色化妆土成分	份额
高岭土	90
AT 球土	10

便什么都不放只是摆在那里也能带给人美的感受。"

　　施洛辛克很擅长往半干的坯体上施浓稠度如奶油般的化妆土。她知道什么时候停手最合适。在经验的指引下，她将"刷毛目"纹饰和造型完美地组合在一起，用不同的颜色和肌理组合出最佳的视觉效果。用蘸满化妆土的刷子扫过坯体的外表面，烧好的器皿上每一个细微的笔触都清晰可见。浓稠的高铝化妆土堆积在器皿的棱边处，较厚的部位烧成后呈鲜红色，化妆土涂层较薄处会对覆盖其下的坯料造成更深的影响，钠蒸气会从中吸收更多二氧化硅，这些部位烧成后呈颜色深暗的橘皮状，鲜红色和深暗的橘皮背景形成强烈的对比。

　　施洛辛克的作品动感十足，这种动感已渗入创作过程中的每一个方面。她创作

的造型融东方和欧洲中世纪器皿的特征于一身，拉坯风格自然洒脱，有一种看似随意的优雅，是在写实和写意之间找平衡，难度极高。坯体上的装饰——无论是用笔刷的、用物品压印的还是用海绵擦的——面积虽小却与造型搭配得十分协调，总能赋予作品以节奏感和动态美。

施洛辛克和本书中介绍的其他代表性盐烧陶艺家一样，她也发现坯体的装窑方式与其最终的烧成效果密切相关。她的近作颜色异常热烈。用高铝化妆土（由高岭土和铝质球土调配而成的含铁量极低的化妆土）装饰的坯体非常适合高温烧成。她在装窑的时候经常用一个器皿挡住另一个器皿，目的是让未被挡住的一侧充分吸收钠蒸气，被挡住的另一侧无法吸收钠蒸气，进而形成闪光肌理。被遮挡的部位都是经过仔细挑选的，通常是化妆土层较厚，更容易生成深橙色和红色的区域。

施洛辛克的作品还有一个特点，那就是使用贝壳。她住在海岸附近，用拾来的贝壳夹垫作品，烧成后会在坯体的外表面上留下独特的痕迹。先在贝壳内塞满铝质填充物，然后把坯体竖立着或横倒着放在贝壳上。钠蒸气穿越窑室时，横倒摆放的坯体很难均匀接触并吸收气体，多会形成颜色和肌理的强对比区域。仔细观察杯子或小水罐的照片，可以立即发现贝壳的摆放位置及其残留的肌理。贝壳刚出窑时和它当初入窑时一模一样。出窑数天后，大

米奇·施洛辛克的窑炉内景，坯体的摆放方式和钠蒸气对外观的影响一览无余。仔细观察第二层硼板上的罐子或顶层硼板上的杯子，会发现左右两侧的外观迥然不同。她利用火焰和钠蒸气的流动方向突出展现造型的美，将坯体横倒摆放可以进一步强化。如果把烧窑比作杂耍抛接球的话，那么烧盐釉的陶艺家比烧其他釉的陶艺家玩儿的球数要多很多

气中的水分会令它出现水合反应，进而化为齑粉。顺便提一句，贝壳也是传统釉料中钙的主要来源。

"在坯体之间夹垫贝壳可以为钠蒸气流入器皿的内部及其周围区域提供空间。在窑火中幸存下来的贝壳会在坯体的外表面上残留下明显的印记。数世纪以来，日本的陶艺家一直都在用贝壳夹垫陶瓷制品。我既把贝壳当做支撑物使用，也十分看重它的装饰潜力。"施洛辛克如此说道。

多年来，我一直很欣赏施洛辛克的作品。我之所以会对陶艺感兴趣也是受她影响。她的作品从本质上来说是具有良好功能性的、令使用者感到舒适的日用陶瓷产品，但与此同时又兼任着更具深意的角色。她深知盐釉和造型之间的独特关系——并不是所有人都能真正理解这一点。其作品是她认真、专注、坚韧和勤奋品质的最好证明，可以从中感受到她对专业的热情。

威尔·辛卡鲁克（Wil Shynkaruk）

"我的作品风格和我看到的当代艺术及社会的发展方向刚好相反。如今的视觉艺术品较浮夸，仿佛不停地对观众大喊'都来看我'。然而，它们的吸引力极其短暂，很难让观众念念不忘。和那些大喊大叫博得关注的作品不同，我的作品通过亲密的低语与观众交流。我不使用鲜艳的颜色，我喜欢黏土本身的柔和色调。与时下盛行的作品体量相比，我有意识地缩小了坯体的尺寸。多年以来，为了促进与观众之间的关系，我一点点地改良造型和颜色，力图让每一件作品都能深入人心。我希望作品中的美和趣味能在时光的洗礼下不断攀升，这也是艺术创作的终极考验。"

——威尔·辛卡鲁克（Wil Shynkaruk）

《带银和赤铁盖子的小罐子》
高：15 cm。罐身上施了一层薄薄的锆石闪光化妆土，吸盐量较少故而呈橙色。吸盐量较多时可能会导致发色偏褐色，或者可能会因吸收、消耗着色材料而导致釉面失色

锆石闪光化妆土成分	份额
E. P. K高岭土	50
锆石粉	25
霞石正长石	25
吸盐量适中时呈橙褐色	

布丁化妆土
旧胡桃56-s型球土
格洛马克斯（Glomax）LL型煅烧高岭土
一种名称怪异的化妆土，其肌理会因涂层的厚度和黏土的干湿程度而呈现丰富的变化

辛卡鲁克（Shynkaruk）

浸润釉成分	份额
卡斯特（Custer）长石	27
碳酸钙	20
E. P. K高岭土	20
燧石	33
红色氧化铁	16

还原气氛结合11号测温锥的熔点温度呈紫锈色，但接触钠蒸气时会被漂成透明的黄色

威尔·辛卡鲁克（Wil Shynkaruk）出生在加拿大温尼伯（Winnipeg），读高中时第一次接触陶艺。有别于常人的是，他入大学读书之前曾在陶瓷厂工作过，入马尼托巴（Manitoba）大学后，在陶艺家罗伯特·阿尔尚博（Robert Archambeau）的指导下开始烧盐釉。攻读艺术硕士学位期间，他将珠宝设计和陶艺技法结合在一起。这些尝试为他后期的创作奠定了基础，即通过盐釉和抛光银质配件展现不同材质的强对比美感。

威尔·辛卡鲁克开发的橘皮坯料	
1号坯料成分	**份额**
28目AP格林（Green）	
耐火黏土	60
卡斯特（Custer）长石	15
OM-4球土	10
金艺（Goldart）炻器球土	10
燧石	10
硅砂	10

一种超乎寻常的耐火坯料，添加硅砂后有助于生成橘皮肌理

2号坯料成分	**份额**
28目AP格林（Green）	
耐火黏土	100
卡斯特（Custer）长石	25
旧胡桃54-s型球土	15
金艺（Goldart）炻器球土	8
燧石	10
红艺（Redart）陶器球土	6
硅砂	15

是1号坯料的配方的变体，因含铁量较高而发色偏暗

赫尔曼（Helman）高岭土50成分

方德瑞·希尔（Foundry Hill）米白色球土
AP格林（Green）耐火黏土
卡斯特（Custer）长石
熟料
泄盐

一种氧化铝含量稍高的坯料。此类坯料生成的橘皮肌理最少。可以用泰勒（Tile）#6高岭土代替赫尔曼高岭土，用OM-4球土代替方德瑞·希尔米白色球土

未受人类影响的自然景观深深地吸引着辛卡鲁克，纯自然的颜色和肌理是他目前正在努力追求的盐烧目标。在盐烧的过程中，他会刻意突出地质特征与外表面肌理之间的对比美。

辛卡鲁克说："我很喜欢盐烧和柴烧之类的气氛烧成。烧成过程（既包括化学层面也包括物理层面）和地壳的形成过程极其相似。此类烧成方法可以在陶瓷制品的外表面上生成酷似地质及自然景观的颜色和肌理。光是这一点便足以吸引广大陶艺爱好者。"

探索的重点是器皿的外表面造型，辛卡鲁克的作品保持着最简洁、最单纯的造型。圆润饱满的球体既不会分散或减损黏土和釉面的光泽，也不会混淆抛光银配件和陶瓷外表面之间的对比效果。他认为外观质朴的球体无任何细节牵绊，更有助于吸引观众参与对话。他只想让观众看到最本质的东西。为器皿制作的盖子经过仔细打磨后显得愈发干净，进一步彰显了造型的美，让我不禁联想到旧科幻电影中某个遥远星球上的空间站。

作为教师和艺术家，辛卡鲁克从未拥有过私人工作室，多年以来一直在受聘的大学里创作。他建造了多座窑炉，既有简陋的小型实验窑也有构造复杂的大型窑炉，他目前最喜欢的是倒焰窑。该种窑炉和他的其他窑炉一样，都以天然气为燃料。提及窑炉设计，他和我都有一个强烈的愿望，即希望能给所有尝试建造窑炉的人提供更多选择，以及更多有益的参考信息。

《浅盘》
直径：31.8 cm。炉膛里的盐粒爆裂后落入盘中，留下清晰的点状印记。往半干的坯体上涂"布丁（pudding）"化妆土，不宜过厚，吸盐量较少

"提及窑炉设计，无论是交叉焰窑还是倒焰窑，我都偏向于将炉膛设置在窑底下方。这种设计形式不但有利于钠蒸气流向窑底，还有利于在窑炉内部营造良好的气压环境。适度的气压有利于钠蒸气均匀分布，而炉膛位置较低则能有效预防燃烧器出现回火现象。当炉膛的位置较高时，盐转化为气体会导致窑炉内的气压突然增强，进而引发回火。发生回火时，钠蒸气和盐粒会顺着燃烧器端口流出窑炉外，这不但会缩短燃烧器的使用寿命，还会对烧窑者的安全造成威胁。"辛卡鲁克如是说道。

辛卡鲁克每次烧窑时都会试烧新坯料和新化妆土，他现在已经积累了一系列配方，每一种都能在不同的烧成方法中呈现不同的外观。除此之外他还发现，化妆土的厚度和盐的种类也会对烧成效果产生影响。

"往窑炉内投少量粗盐，大盐粒会爆裂成碎屑并布满窑炉内的各个角落，它们落在平坦的坯体外表面上时会形成深色斑点。投盐量较多时，则会在坯体的外表面上玻化成釉面，斑点状外观不复再现。倘若不刻意追求这种效果的话，我更愿意使用粉状的农业用盐。粗盐不仅会爆裂成碎屑影响陶瓷制品的外观，还会从燃烧器的端口流出窑炉外。粉状盐则没有这种安全隐患。"辛卡鲁克说道。

辛卡鲁克喜欢把窑炉装得稀疏一些，目的是便于钠蒸气均匀分布。为了能让作品呈现出最佳的烧成效果，他经常根据不同坯体所需的投盐量和温度，为其量身选定最适宜的窑位。每一件作品都夹垫填充物。

辛卡鲁克常用的烧窑方案如下：窑温达到08号测温锥的熔点温度时，开始烧弱还原气氛直至烧成结束。9号测温锥彻底熔倒后开始投盐。将盐放在角钢的凹槽内，交替投入每一间炉膛中。把与炉膛等长的角钢翻转过来，进而让盐均匀落在炉膛内的各个区域。每次投盐后，烟囱里会冒出滚滚烟雾，待其几近消散时，往窑炉的另外一侧投盐。重复上述步骤，直至环形试片显示釉面已沉积至理想的厚度为止。之后，以适宜的速度降温，以获得预期的效果。

辛卡鲁克坚信，降温是盐烧过程中最容易被忽视和被低估的环节。降温速度会从根本上改变坯料或化妆土的发色。对此，辛卡鲁克补充道：

"用我开发的2号坯料创作作品，用10号测温锥的烧成温度实施盐烧，烧成一结束即刻打开烟囱挡板，并通过燃烧器端口和二次风进风口摄入大量空气，坯体的外表面将呈现浅灰色。倘若坯料、烧成方法和投盐方式均保持不变，把坯体放在密闭的窑炉内缓慢降温，其外表面将呈现坚果般的棕褐色。"

《带银盖子的花岗岩化妆土罐子》
高：14 cm。化妆土内混合了花岗岩碎屑。罐子上的化妆土名为"布丁"，每一颗花岗岩碎屑都会在烧成后生成裂痕，那些白色的小斑点是长石碎屑熔融后生成的。我也用类似的方法往坯料内添加长石碎屑

窑具隔离剂成分	份额
氢氧化铝	2
E. P. K 高岭土	2
莫来石（35目，按体积混合）	1
填充物成分	份额
E. P. K 高岭土	50
氢氧化铝	50

辛卡鲁克受哲学和美学的影响，沉迷于盐烧。他对周遭的风景怀有强烈的感情，把盐烧过程视为与脚下的黏土及其创造力之间的直接且有形的联系。他和我一样非常尊敬盐烧的历史传统，乐于以前辈为榜样，在盐烧领域砥砺前行。

辛卡鲁克说："盐烧的历史价值和美学价值启发我去研究与其相关的环境问题。它弥足珍贵，断不能因为某些人的错误猜想便要去承受被抵制的无妄之灾。"

辛卡鲁克在盐烧所涉及的环境问题的研究方面贡献卓越，我对他授权本书收录其研究成果致以由衷的感谢。无论是作为从业者，还是作为忧心传统传承的大众一员，他对自己的职业有深入的思考，这一点显而易见。

上图：
《带银盖子的花岗岩化妆土罐子》
高：16.5 cm。局部罐身上施的釉料和坯料（名橘皮黏土）都是威尔·辛卡鲁克（Wil Shynkaruk）研发的。很多釉料，特别是含铁量较高的釉料极适合盐烧。任何一种在炻器烧成温度下表现良好的釉料，都会在盐烧时出现过度熔融的现象，原因是钠元素介入。所以，烧制此类釉料之前，需对配方做必要的调整。至少要先试烧，以防止出现流釉黏板现象。往配方内添加些许黏土能解决这一问题

下图：
《碗》
直径：25 cm。碗身彻底干透后施化妆土，因涂层很厚故而呈开片效果

吉尔·斯滕格尔（Gil Stengel）

"盐烧具有一定风险，它赋予我挑战自我的机会。尽管如今的我对钠元素在烧成过程中起到的作用深谙于心，但每一窑作品仍会呈现微妙的差异。我的作品和火联系紧密。于我而言，这种联系意味着烧成气氛会直接影响作品最终的烧成效果。火爱抚坯体的外表面并烙印下清晰的痕迹，我喜欢这种过程性的标识。"

——吉尔·斯滕格尔（Gil Stengel）

吉尔·斯滕格尔（Gil Stengel）是美国陶艺家，他第一次接触陶艺时还非常年轻。当年，斯滕格尔只有17岁，在肯塔基州路易斯维尔市（Louisville）读高中，受美术老师的影响迷恋上陶艺。高中毕业后考入路易斯威尔大学，师从已故陶艺家汤姆·马什（Tom Marsh）。老师和妻子金妮（Ginny）在印第安纳州博登（Borden）市生活和工作，是肯塔基州路易斯威尔大学陶艺专业教授。

"我在马什教授门下学习了五年半，他是引领我接触盐烧的人。我在他讲授的陶瓷史课上，第一次了解到美国早期的盐烧器皿，便立即被这种充满活力的烧成方法吸引住了。"斯滕格尔如是说道。

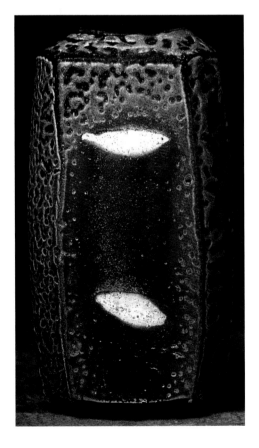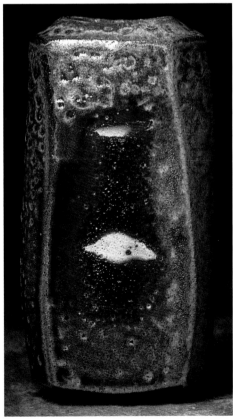

《拉坯切面花瓶》
高：27.5 cm。这两张照片展示了花瓶的不同侧面，先用陶拍将坯体敲成椭圆形，之后切割侧面。装窑时横倒摆放，填充物在瓶身上留下极其生动的装饰纹样。柴烧，烧成温度为13号测温锥的熔点温度

《切面杯碟》

高：12.5 cm。杯子的外壁上施富含高岭土的化妆土，内壁上施天目釉。使用的是碳酸氢钠（小苏打）而不是氯化钠（盐），这也是坯体发色浓郁的原因。我多次发现苏打烧作品很容易生成这种色调，成因或许是碳酸氢钠在窑炉内的分散方式比较特殊：分解速度很慢，缓缓地充斥到窑炉内的各个角落，完全不似氯化钠那样是在气压的作用下以蒸气的形式迅速布满炉膛。这种分散方式易生成闪光肌理

盐烧的过程充满互动性，可将其视为烧成效果的组成部分，这是斯滕格尔喜欢盐烧的重要因素。除此之外，他还认为湿黏土的外观和最终烧成的器皿之间具有直接的联系。盐烧可以再现湿黏土刚刚成型后新鲜和质朴无华的质感。

1984年，斯滕格尔结识了犹他州立大学的约翰·尼利（John Neely），后者在知识、领悟力和支持度方面给予他极大的帮助，让他下定决心成为陶艺家和陶艺教育工作者。斯滕格尔说：

"上述两位恩师对我的生活和创作影响至深，我认为自己的作品风格是他们影响力的结晶。我创作的功能性作品多受马什影响，而大体量的造型则多受尼利影响。他们曾在日本求学多年，日式陶器对我的影响虽然是间接的，但也是显而易见的。美国早期的盐烧器皿不仅令学生时代的我沉醉其中，还对我日后的创作产生了巨大影响，从某种意义上讲，那些我见识过的佳作，其外表面和造型赋予我高水平的鉴赏能力。把手的黏结方式、罐子腹部的曲线转折，以及古老的土拨鼠式穴窑的烧成痕迹都会赋予作品鲜明的特征，在我看来它们展现了手、黏土和火的深度融合。我在美国早期的盐烧陶器上发现了大量此类特征。"

《瓷茶壶》
高：27.5 cm。壶嘴是注浆成型的，壶身是拉坯成型的

斯滕格尔最近迁居至俄亥俄州的辛辛那提（Cincinnati），在此之前，他一直在西伊利诺伊大学（Western Illinois University）烧一座双窑室柴窑。第一间窑室只用于柴烧，第二间窑室用于烧盐釉，窑温达到10号测温锥的熔点温度后投盐。烧成时长大约为35～40小时，燃料为锯木厂的废料。他一直在探索不同区域的烧成效果。大型柴窑内拥有诸多区域，不同区域能烧制出不同类型的、令人难以预料的外观。火焰的距离、氧化或还原气氛分布不均、过量吸碳或者过量落灰都会对最终的烧成效果造成影响。难以预料的发色甚至变色或可成为创造力的催化剂，即利用特定区域的

花瓶的细节特写。困在坯体内的碳元素会产生戏剧性效果，即令坯体发灰色，而不是釉料本身的黄色，可以从这张照片中清晰地看到吉尔·斯滕格尔描述的这一现象

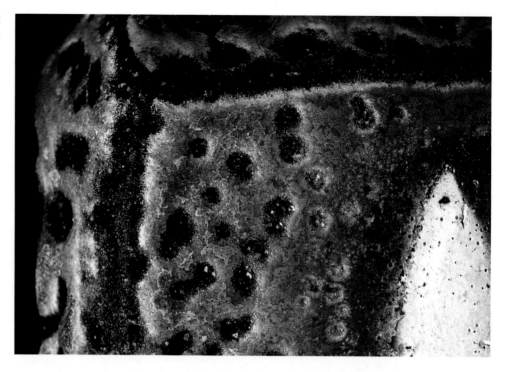

烧成效果量身开发新造型。

"我的烧成方案很简单。用气窑烧盐釉时，08号测温锥熔倒后开始烧还原气氛，之后改用中性气氛缓慢升温至10号测温锥的熔点温度。10号或11号测温锥熔倒后适度投盐，之后通过观察环形试片或放在坯体旁的金属棒上的釉面反射情况目测其沉积状态。我发现大多数盐釉窑经过一段时间的'投喂'后，耗盐量越来越少。反复烧一座窑炉终会让盐的沉积量在某个时刻达到饱和。我喜欢将盐和苏打混合起来使用，二者的比例大约为1：1，有些时候我还会往混合物中加些水，以便提升蒸气的压力。我通常会用报纸把盐包起来投进窑炉中。不会精确称量并记录原料的使用量。"斯滕格尔说道。

经常有人问我陶艺家是如何确定创作方向的，或者说如何形成个人风格的。细致说来诸如怎样汲取创作灵感，或者如何从一种造型或思路衍生出另外一种造型或思路。通常来说，某种独特的烧成效果、新工具、新黏土或其他新材料都有可能成为值得尝试的创意催化剂。想让创作水平不断提升，善于发现的眼睛和对一切充满好奇的天性是必不可少的。以下是斯滕格尔对相关经历的表述，值得我们思考：

"柴窑的某些部位引发了坯体吸碳。与此同时，盐、木灰及灰釉层下的黏土发生了激烈的反应，并导致釉色偏黄。我觉得这或许能成为新的创意。灰、黄二色组合在一起虽然很生动，但却很难找到能驾驭它的造型。观众的注意力多半会被色彩吸引，不会注意到造型。"

1号化妆土成分	份额
埃德加（Edgar）高岭土	100
OM4球土	100
硅酸锆	25
硼砂	12.5

2号化妆土成分
格罗莱戈（Grolleg）高岭土，
外加：
钾长石
石英
细煅烧高岭土
尝试各种组合及添加量

拜伦·泰普勒（Byron Temple）

多年以来我一直在烧炻器，第一次烧盐釉令我兴奋不已！

——拜伦·泰普勒（Byron Temple）

拜伦·泰普勒（Byron Temple）是个寡言少语的人，作品和他本人一样质朴、恬静。他在作品中小心翼翼地注入些许神秘感和仪式感，我觉得他似乎认为任何附加装饰都会以某种方式剥夺上述特性。

"我的个性比较内敛，很少在公共场所高谈阔论，最喜欢的事情是默默地进行艺术创作——将贵族文化和流行文化巧妙地融合在一起。器皿和儿童一样，终将只身面对世界。"泰普勒如是说。

1933年，泰普勒出生于美国印第安纳州，他家附近有很多生产盐烧陶器的作坊，它们的产品供家庭农场使用，这让他意识到可以凭"手艺"谋生。大学毕业后，他在军队当过一段时间宪兵，获得奖学金后进入缅因州海斯塔克（Haystack）工艺学校学习。求学期间师从肯尼斯·奎克（Kenneth Quick）[1]，他是伯纳德·利奇（Bernard Leach）最得意的门生之一。拜伦·泰普勒从奎克那里学习到了利奇的哲学思想，他于1960年到达圣艾夫斯（St Ives），在利奇的陶瓷厂里工作了两年。

《竹提钮三足罐》
直径：7.6 cm。拜伦·泰普勒创作的盖罐通常带有竹子提钮，或者将丝绸、绳子系在盖子上充当提钮，这种形式可以赋予罐子仪式感。让人感觉该器皿用于储存珍贵、稀有的物品，其功能是保护而不仅仅是收纳。适度（偶尔不寻常）的体量、"轻薄"的盐釉层和卓越的拉坯技巧相结合，创造出优雅且具有雕塑美感的罐子
摄影：安迪·罗森塔尔（Andy Rosenthal）

---

1 肯尼斯·奎克曾在利奇陶瓷厂工作过12年，曾在美国短期执教，1963年，在日本和滨田庄司一起工作，某次游泳时不幸溺水身亡。

《纽扣罐》

高：8.9 cm，直径：15 cm。柴烧盐釉。此罐分两个部分制作而成。肩部是后黏结在拉坯罐身上的，目的是展现上方转折处的"柔软"轮廓。底足的做法是：先在厚重的拉坯器皿底部旋挖一定深度作为圈足，之后在圈足上切割造型

摄影：安迪·罗森塔尔（Andy Rosenthal）

"我是在工厂里学会拉坯成型法的，我被要求拉制标准的产品造型，这是极其实用的准则。拉坯工每天会收到一份清单，上面记录了产品的类型和要求。直至今日，我在创作餐具时仍会制定清单。"泰普勒说道。

离开圣艾夫斯之后，泰普勒随科林·皮尔森（Colin Pearson）去英国待了一段时间。后者是一位优秀且多产的陶艺家，当时的他虽主攻日用陶瓷，但很快便将主要精力投入到"带翼把手容器"中，该作品令他享誉业界。皮尔森不仅开发出该款器型，还在随后的30年间潜心钻研，以近乎痴迷的状态不断探索，创作出大量无与伦比的作品。泰普勒的创作道路和皮尔森很相似，这一点蛮有趣的。泰普勒创作的盖罐体量小、外观亲人并具有仪式感，他创作盖罐的时间逾30年，虽然并不拘泥于这一种器型，但深想起来不知道他这种持续探索的创作模式是否受到了皮尔森的影响。

1999年，吉尔·斯滕格尔（Gil Stengel）撰写关于泰普勒的著作时指出，盖罐是拜伦·泰普勒最具代表性的作品：

"泰普勒迁居路易斯维尔后，创作重心转至系带盒子。他从密封容器中汲取创作灵感，并不断衍生新造型，最终成就了一系列各个方面都相当完善的作品。早期造型为低矮的圆柱形盒子，盒盖是切割成型的，他在兰伯特维尔（Lambertville）做这种盒子的时间逾20年，该造型现已发展为一系列器身和盖子都是拉坯成型的罐子，底足经过旋挖和切割处理。虽然叫系带盒子，实际上很多盒子一直未搭配合适的带子，直到近几年泰普勒才将他从世界各地收集的竹子、金属丝和绳子'系'在这些盒子上。它们颜色各异，选用格罗莱戈（Grolleg）高岭土制成的坯体经盐烧后呈纯白色，选用富铁黏土制成的坯体经阶梯窑烧制后呈浓郁的黑色和深蓝色。"

用于支撑器皿的环形拉坯"填充物"成分及份额：	
氢氧化铝	50
E. P. K高岭土	50

《带竹提钮和乳钉装饰的四足罐》
高：17.8 cm
摄影：安迪·罗森塔尔（Andy Rosenthal）

2002年4月13日，坦普尔在长期患病后与世长辞，当时书（英文原版书）尚未截稿，闻此噩耗不甚悲痛。对于美国和许多其他国家的陶艺家而言，他在业界的影响力毋庸置疑。有幸认识他本人，以及见识其作品的人都会长久地缅怀他。

27年来，泰普勒一直在新泽西州做餐具，不过他现已迁居肯塔基州路易斯维尔附近生活和工作。他在城市里建造了一座柴窑（盐釉窑），构造与弗雷德里克·奥尔森（Frederick L. Olsen）在其著作《窑炉指南》（*The Kiln Book*）第二版里介绍的砖砌"速烧窑"一般无二，但建窑的材料并非耐火砖。他有两台兰德尔（Randell）牌拉坯机，他喜欢拉"软泥"。他这样形容自己的拉坯作品：外观"随性"毫无拘谨感，但亦无草率感，整体效果是"包豪斯和日本陶瓷文化的结合"。

盐烧之前先把坯体放入电窑中素烧，化妆土由高岭土和球土简单混合而成。泰普勒不仅对作品的细节非常关注，对放置填充物及装窑也保持一丝不苟的工作态度。每次烧窑会耗费大约13.6 kg粗盐，烧成温度为11号测温锥的熔点温度。6号测温锥熔倒时开始投盐，保持还原气氛直至烧成结束。

泰普勒勤于尝试，他经常在某座窑炉内的特定区域试烧某种坯料。他能驾轻就熟地掌控各种坯料和各种烧成方法，当他的窑炉无法烧制出理想的效果时，为达目的他会借用同行的窑炉做实验。

照片中的这些盒子虽然算不上泰普勒唯一拿手的，但却是人们提到其作品时脑海里最常浮现的。长久以来，我一直认为盐釉与小体量的器皿搭配效果最佳。盐釉的肌理和釉面下的造型联系紧密，他制作的器皿完美地展示了这一点——二者间的关系难以表述，也很少有人能彻底掌控，但他却深谙此理。

泰普勒擅长制作体量小巧、外观亲人的器皿，如前文所述，他乐于借助薄薄的盐釉展现拉坯器型的"随性"。黏土和个性化的拉坯手法赋予作品动态美，盐釉以展露一切的魔力进一步强化这种美，令作品充满神秘感和仪式感。

许多陶艺家能在同行、收藏家或评论家心中获得一定的"知名度"，但很少有人能像泰普勒那样广受赞誉。他是同胞艺术家心中的"传奇人物"，被誉为20世纪最重要的陶艺天才之一。他影响了美国整整一代陶艺家，受邀到全球各地驻场创作或开讲座。作品被诸多博物馆收藏，包括坐落在纽约的埃弗森博物馆、坐落在华盛顿的史密森学会（The Smithsonian），坐落在鹿特丹的布宁根博物馆（The Boymans-van Beuningen Museum）和坐落在台湾的台北市立美术馆。艾曼纽尔·库珀（Emmanuel Cooper）在《陶瓷评论》（*Ceramic Review*）中这样评价他的作品：

"泰普勒创作的器皿展现了现代美学的魅力，是传统的力量与注重过程及意义的现代意识的结合体——他的作品介于传统与现代之间——与我们的时代紧密相关。"

露丝安妮·图德波尔（Ruthanne Tudball）

"苏打烧能让我同时体验炼金术士和魔术师的快乐。黏土、窑火和钠元素结合后生成的釉面，会直观地展现出该烧成方法的随机性，给作品表面赋予难以想象的美。烧一件好器物虽然很难，但我已被这种充满魔力的、不确定的创造力所臣服。"

——露丝安妮·图德波尔（Ruthanne Tudball）

《盖罐》
高：33 cm。苏打烧和盐烧的区别之一，是蒸气在窑膛内的挥发方式不同。苏打不似盐那样容易挥发，因此其蒸气的流动路线较明确。盐蒸气会充斥到炉膛内的所有区域，容易生成均匀的釉面。但挥发速度较慢、分布范围较窄的苏打蒸气可以生成迷人的闪光肌理，这种极富吸引力的"光晕"效果令苏打成为盐的替代品。这只罐子的颜色由上至下逐渐从橙色转变为淡黄色，这表明罐子底部比顶部接触到更多苏打蒸气

《四足姜罐》

高：25 cm。罐身的成型方法是，先在拉坯成型的圆柱体外壁上切割侧面，之后将一只手伸入内部，一边转动拉坯机一边向外顶压，直至将外观塑造成饱满的罐型为止。将罐子的底部巧妙地向内推压，进而塑造出四个"底足"。这只罐子融动态美和柔软感于一身

填充物成分	份额
氢氧化铝	3
高岭土	1
垫片上涂的也是这两种材料，只是浓稠度如牛奶	

坯料成分	份额
海普拉斯（Hyplas）	
71球土	25
AT球土	7
高岭土	5
80目细硅砂	4

　　露丝安妮·图德波尔（Ruthanne Tudball）创作的器皿着实令人惊叹，每一件都能给人视觉和触觉的美好体验，每一次捧在掌心里都能给人不同的感受。希望观众每次触摸我的作品时，也能获得新的视觉或触觉感受。我家里收藏了很多她的作品，捧在手里时经常能从切割纹饰中发现新的韵律或动态，从无法接触蒸气的裂缝中发现之前未注意到的色差。她创作的器皿不仅展现了黏土的可塑性，还展现了她对这种柔软且柔韧的材料的热爱，薄薄的苏打釉完美地展现了外表面装饰的新鲜与活力。

图德波尔住在英国雷丁（Reading）市郊区，她在维多利亚晚期风格的大屋旁建造了一间小玻璃暖房，这便是她目前的工作室。窑炉建造在曾经的家用车库内，花园里的一座木质建筑是展厅。虽然空间有限，但她却是一位多产的陶艺家，每年的作品产量约为1 500件，英国和海外的诸多知名画廊均有出售。作为一名全职陶艺家，她凭借独特的成型方法、教学风格，以及渊博的苏打烧知识，在很短的时间内享誉全球。

1987年至1989年，图德波尔参加了伦敦金史密斯（Goldsmiths）学院开设的陶艺研究生课程，该课程现已停讲。无论是在学校还是在家里，周边的邻居和对环境的担忧让她决定以苏打烧代替盐烧，将苏打烧作为探索重点。她现已成为全球苏打烧运动的核心人物，在各类陶瓷期刊上发表了多篇论文，编著的《苏打烧》（Soda Glazing）一书是所有苏打烧爱好者的必备读物。

图德波尔的窑炉是一座容积为1 m³的弓形拱天然气窑。它配备了一根可拆卸的不锈钢长烟囱，使用时通过车库的天窗伸出室外，不使用时及时拆除并关闭天窗。窑身由轻质绝缘耐火砖砌筑而成，窑壁上涂着窑炉隔离剂，并安装了两个与窑炉容积相适宜的额定值为350 000 Btu的阿马尔（Amal）牌大型常压燃烧器。提及用轻质耐火砖建造盐釉窑或苏打窑，人们对这种砖的优点及使用寿命看法不一，以我的经验来看并不是好的选择。我见过的同行用这种砖建造的盐釉窑或苏打窑，使用效果

橙色化妆土成分	份额
球土	50
格罗莱戈（Grolleg）	
高岭土	50

使用铝含量超标，铁含量为1%～3%的球土时，橙色更浓郁。在英国，符合上述要求的球土包括AT球土和埃克塞尔西奥（Excelsior）球土，普拉弗洛（Puraflow）BLU型高硅球土或许也适用

白色化妆土成分	份额
SMD球土	50
高岭土	50

这种化妆土的发色从浅橙色至棕褐色不等，具体呈色取决于坯料、还原气氛的强度，以及投盐量

黑色化妆土成分	份额
AT球土	33
瓷器黏土（干粉）	33
钠长石	33
外加黑色着色剂	15

《三足茶壶》
高：17.5 cm。露丝安妮·图德波尔的茶壶由拉坯部件组装而成。对所有部件做保湿处理，待整个器型组装完成后从拉坯机的转盘上取下来，唯一的例外是底足，因为该部位需要具有一定硬度之后才能进行塑造

227

黑色着色剂成分	份额
氧化铬	54
红色氧化铁	26
二氧化锰	44
氧化钴	5

红色志野釉成分	份额
AT球土	33
霞石正长石	33
钠长石	33

柳树灰釉成分

灰

钠长石

SMD球土*

石英

膨润土

由于SMD球土*快停产了，所以建议尝试海普拉斯（Hyplas）71球土

都不太好。但图德波尔的窑炉已烧过120多次，目前的状态依然完好，她建议往轻质耐火砖窑壁上涂隔离剂，可以有效延长使用寿命。

"对于新建造的窑炉而言，以下操作非常重要：先烧一窑（非盐烧，且至少烧一次），之后往窑壁上涂一层薄薄的隔离剂，再之后才可以烧盐釉。任何一种耐火材料首次烧制时都会出现少许收缩。假如在耐火砖收缩之前涂隔离剂的话，涂层极有可能剥落。"图德波尔补充说道。

图德波尔的所有作品都不施釉，都靠苏打蒸汽"取"釉。正式烧窑的前一夜点燃燃烧器，到次日早上7点30分时，窑炉内的温度已达到大约400℃。预热期间，彻底打开烟囱挡板。在接下来的数小时内逐渐加大火力，窑温达到875℃后保温烧成1小时。窑温达到900℃时开始烧弱还原气氛，直至窑温升至1 150℃。紧接着，通过开启烟囱挡板营造氧化气氛。之前烧窑时炉膛内残留的苏打已生成碳颗粒，稍后正式烧苏打釉时，这些碳颗粒极易困在釉面中，图德波尔认为，此时烧氧化气氛非常必要，因为它能将碳颗粒燃烧殆尽。彼得·斯塔基（Peter Starkey）在其著作《盐烧》（*Salt glaze*）中首次提出这种烧成方法。

8号测温锥融熔弯曲时，图德波尔将碳酸氢钠（小苏打）溶液通过燃烧器上方的喷料孔喷入炉膛内。其他苏打烧陶艺家都是在窑体两侧设置喷料孔，而她却将喷料孔设在燃烧器上方。先将碳酸氢钠[1]溶于沸水中，之后借助金属园艺气压喷壶喷料，整个过程大约耗费2小时。

喷苏打环节结束时，9号测温锥通常已彻底熔倒，将环形试片从窑炉内取出以检测釉层的厚度是否达到理想状态，窑温达到10号测温锥的熔点温度后保温烧成1小时。快速降温至950℃后，将窑炉上的所有孔洞全部封堵住自然降温。

有一点非常重要，需注意：图德波尔往窑炉内喷苏打溶液时会让烟囱挡板呈半开状。她是在借助气流抽力的速度探索苏打蒸气所能生成的闪光肌理。当燃气和蒸气穿越窑炉流向烟囱时，它们总会寻找最简单、最直接的途径。假如把这些气体想象成溪流中的水，便很容易理解它们为何只会影响到器皿的某一侧了。

> 以下这一点也非常重要，请牢记：如果燃烧器未配备熄火安全装置的话，不建议同时点燃两个燃烧器预热窑炉。我建议所有使用天然气，特别是丙烷的人为燃烧器配备熄火安全装置。条件不允许时，可以只借助其中一个燃烧器预热窑炉，燃烧器意外熄灭时，先将泄漏的气体彻底排尽后再重新引燃。丙烷比空气重，泄漏的丙烷会沉积在炉膛底部，排尽后点火更安全。同时点燃两个燃烧器预热窑炉时，即便燃烧器上配备了熄火安全装置，在烧窑的早期阶段，也要格外小心。

1　碳酸氢钠的制备方法如下：先将盐水和氨水混合在一起，之后把二氧化碳"压"进溶液中。加热时，多余的水和二氧化碳被排出，只留下碳酸钠/纯碱。

图德波尔凭借坯料的柔软性和可塑性表达她对自然世界的感受。先在拉坯成型的圆柱体上切割块面，之后一边缓慢地转动拉坯机，一边从器皿的内部向外顶压，由此可见，上述成型及装饰手法需要用大量黏土拉制足够厚的雏形。反过来，器皿上的每一根线条和曲线也需依赖蒸气生成的釉面展现其动感与活力。

"我的创作灵感来自大自然的律动（潮汐、岩石及植被的形态）和人体。我借助钠元素展现器皿的律动美。在规划和组装造型的同时兼顾功能，这种做法不但是我直面问题的机遇和挑战，也是进一步提升造型和装饰风格的重要途径。我喜欢有对比效果的区域——亮光和亚光、光和影、粗糙和光滑——我凭借苏打和窑火强化上述特征。"图德波尔说道。

所有化妆土都施在半干的坯体上，图德波尔将其厚度描述为"适中"。她有两种釉料：一种是装饰器皿内壁的志野釉，另一种是装饰茶壶内壁的灰釉。在碗的外壁上和整个盘子上施灰釉，是为了突出釉色的美。她装窑时，会在每张硼板上摆放尺寸、形状各异的坯体，以便蒸气自由地穿梭其间。由高铝化妆土装饰的坯体被摆放在硼板的外围，原因是该部位能接触到更多苏打蒸气。

左图：
《茶碗》
高：11.5 cm。将圆珠笔内的弹簧拉长后，切割茶碗上的各个侧面

右图：
《四足盖罐》
高：17.5 cm。柔软且随性的拉坯造型与弧形切面相结合，令这只罐子展现出一种折纸般的美。揉泥时，混入坯料的长石颗粒熔融后生成酷似珍珠般的白色斑点

附录

烧窑日志

佩特拉·雷诺兹（Petra Reynolds）的"烧窑日志"

以下烧窑日志来自一座容积为 0.8 m³ 的奥尔森（Olsen）"速烧窑"，所有坯体都不施釉，只从苏打蒸气中"取"釉。把 1.8 kg 苏打和 3 L 水调和成光滑的稠浆，并涂在薄木板上。用于喷洒的苏打溶液由 800 g 苏打和 2.3 L 热水调和而成。

借助燃气燃烧器通宵预热。次日早上，窑炉内的温度大约为 150℃

时间	操作	温度
5：00	点燃第一间炉膛。在炉膛外的空地上引燃一堆小火	150℃
6：00	将烟囱挡板打开一半。以 60℃/小时的速度升温	210℃
7：00	继续保持 60℃/小时的升温速度	270℃
8：00	把炉膛外的火转移到炉膛内，缓慢地提升窑温	330℃
9：00	将窑炉上的所有孔洞封堵住。以 70℃/小时的速度升温	400℃
10：00		
11：00	点燃第二间炉膛。彻底开启烟囱挡板	480℃
12：00		
13：00		
14：00	放在窑室上部的 014 号测温锥熔倒。建议烧 1.5 小时氧化气氛，以便将残留的碳元素彻底烧尽	820℃
15：30	放在窑室下部的 012 号测温锥熔倒	900℃
16：30	快速升温，准备烧还原气氛	1 000℃
17：00	放在窑室上部的 05 号测温锥熔倒。通过频繁添柴营造弱还原气氛	1 060℃
17：30	放在窑室下部的 05 号测温锥熔倒	1 085℃
18：00	烧 1 小时还原气氛	1 130℃
19：30	再烧 2.5 小时还原气氛。放在窑室上部的 5 号测温锥熔倒。往两间炉膛内投涂苏打的木柴，保持弱还原气氛中速升温	1 270℃
21：30	涂苏打的木柴已投完，9 号测温锥熔倒。开始喷苏打溶液	1 280℃
22：00	停止喷苏打溶液，换用氧化气氛保温烧成	1 280℃
23：30	放在窑室上部的 12 号测温锥和放在窑室下部的 10 号测温锥均熔倒	1 310℃
	快速降温至 950～1 000℃，于 0：30 分结束烧窑	

上页图：
马克·休伊特（Mark Hewitt）和比尔·道（Bill Dow）正往窑炉内添柴。每次烧窑大约耗费 5 根原木。先用硬木预热 24 小时，之后用 1.8 m 长的黄松板将窑温提升至 12 号测温锥的熔点温度
摄影：凯利·卡尔佩珀（Kelly Culpepper）

231

迈克尔·卡森（Michael Casson）的"烧窑日志"

以下烧窑日志来自卡森的盐釉（苏打釉）气窑，该窑炉的容积为 0.85 m³。两个装窑区域的尺寸为 45 cm×60 cm×152 cm。所有坯体均经过素烧。

18：00		烧窑前夜点燃一个燃烧器缓慢预热。彻底开启烟囱挡板
8：30	156℃	点燃第二个燃烧器，气压值为 1 psi
10：00	442℃	点燃第二组燃烧器。所有燃烧器的气压值均为 3 psi
11：15	549℃	
11：30	574℃	
11：45	596℃	两组燃烧器的气压值均为 3.5 psi
12：15	655℃	两组燃烧器的气压值均为 4 psi
12：40	695℃	两组燃烧器的气压值均为 4.5 psi
13：00	733℃	两组燃烧器的气压值均为 5 psi
13：25	782℃	两组燃烧器的气压值均为 5.5 psi
14：00	823℃	保温烧成
15：00	892℃	1 小时保温烧成结束
15：25	932℃	两组燃烧器的气压值均为 6 psi
15：45	957℃	两组燃烧器的气压值均为 6.5 psi
16：00	987℃	两组燃烧器的气压值均为 7 psi
16：50	1 032℃	开始烧还原气氛。将所有二次风入口封堵住。将烟囱挡板闭合至"4"号标识处。上层孔洞（从窑门底部向上数第 7 层砖处）内冒出小火苗
17：50	1 128℃	烧 1 小时还原气氛。以 96℃/小时的速度快速升温！背压强劲，窑室下部的所有孔洞内都冒出火苗。微微开启烟囱挡板
18：50	1 181℃	再烧 1 小时还原气氛。以 53℃/小时的速度升温。放在窑室上部的 5 号测温锥熔倒
19：50	1 222℃	再烧 1 小时还原气氛。以 41℃/小时的速度升温。将烟囱挡板再打开一点
20：10	1 234℃	放在窑室上下方的 7 号测温锥均熔倒。开始投盐。往窑身两侧交替投盐，每隔 5 分钟投一次，每次的投盐量为 0.9 kg
21：20		至此刻为止，投盐量为 11.8 kg。取出环形试片，查看釉面的烧成状态
21：25		开始喷苏打溶液。由 400 g 碳酸钠（纯碱）和 2 L 热水调和而成。只往窑炉前部及两侧的喷料孔内喷，不往窑顶上的喷料孔内喷
21：40	1 266℃	所有苏打溶液已喷完。彻底开启 4 个二次风进风口。将烟囱挡板再打开一些。两组燃烧器的气压值均为 7 psi
22：40	1 290℃	保温烧成 1 小时。结束烧窑。将烟囱挡板彻底打开，快速降温至 993℃
23：30	993℃	将窑炉上的所有洞口封堵住。放在窑室上部的 11 号测温锥，以及放在窑室上下方的 10 号测温锥均彻底熔倒

菲尔·罗杰斯（Phil Rogers）的"烧窑日志"

日期：2001年1月23日。天气状况：晴朗、寒冷、无风。

这篇烧窑日志记录了我的窑炉使用情况。请注意，我从零点开始，以24小时为单位计时。这样做便于追踪烧窑进度，也便于和之前的烧窑日志加以比较。

每次投盐前，先把燃烧器的火力调小，同时把烟囱挡板彻底闭合住。之所以采取这两种措施，是为了将钠蒸气锁在窑炉内，在没有游离碳的情况下营造背压，确保窑炉内的钠蒸气均匀分布。5分钟后开启烟囱挡板，并把燃烧器的火力调回到之前的强度，下一次投盐前先让窑温适度回升一些。

时间	温度℃	燃烧器 上	下	备 注	烟囱挡板
0：00	150	2 psi	0	窑炉已经过整晚预热。只点燃1个燃烧器，火力很弱	半开
0：30	260	2 psi	0	点燃第二个燃烧器	
		2 psi			
1：00	285				
1：45	340				
3：00	492				
3：15	515	4 psi	0	将窑炉前部的辅助烟囱挡板打开一半	打开25%～50%
		4 psi			
4：00	660				
4：20	598			窑室后部显现暗红色	
5：45	725	9 psi	9 psi	点燃窑室后部的燃烧器	
		4 psi	4 psi		
7：00	818				
7：20	836				
7：40	856				
8：50	900				打开25%
8：55	920			开始烧还原气氛。闭合烟囱挡板。开启辅助烟囱挡板。将二次风进风口封堵住。长度为15 cm的火苗从窑炉顶部的观火孔内冒出。还原气氛非常强劲。窑炉上、中、下三处的观火孔内均有火苗冒出，底部的火苗较短。窑室内的火焰很清澈，无烟雾。背压强劲。窑炉最底部的观火孔内冒出小火苗。8号测温锥开始融熔弯曲。实际窑温高于测温仪的读数。开始投盐。关闭燃烧器，开启烟囱挡板，以营造最佳的氧化气氛	
9：35	956				
11：15	1 063				
12：45	1 165	6.5 psi	6.5 psi		
		4.5 psi	4.5 psi		
12：50	1 170	每侧投盐0.45 kg		2	
13：00	1 181	每侧投盐0.225 kg		1	
13：10	1 199	每侧投盐0.45 kg		2	
13：15	1 210	每侧投盐0.45 kg		2	
13：30	1 224	每侧投盐0.45 kg		2	
13：45	1 242	每侧投盐0.45 kg		2	
13：55	1 240	每侧投盐0.45 kg		2	
14：10	1 240	投盐结束。改烧氧化气氛以提升窑温		共计5.9 kg	
15：10	1 295	1小时后11号测温锥熔倒。快速降温至1 030℃。将窑炉上的所有洞口封堵住自然降温			只留一条宽度为1.3 cm的缝隙

配方

本部分收录的黏土、化妆土及釉料并未出现在正文中，而是出现在图片的注解里。

梅·琳·彼兹摩尔（May Ling Beadsmoore）

铜化妆土成分	份额
FFF 长石	45
碳酸钙	15
高岭土	13
白云石	2
燧石	20
碳酸铜	8
氧化铁	1
膨润土	2

铁化妆土成分	份额
FFF 长石	45
燧石	23
碳酸钙	17
高岭土	13
氧化锌	2
红色氧化铁	7

蓝色化妆土成分	份额
AT 球土	60
FFF 长石	20
碳酸钙	10
燧石	10
碳酸钴	2
碳酸铜	2

用于装饰作品内壁的志野釉成分	份额
FFF 长石	30
霞石正长石	30
AT 球土	30

浓郁的橙色化妆土成分	份额
AT 球土	60
碳酸钙	10
FFF 长石	20
燧石	10
金红石	10
红色化妆土	5

橙色化妆土成分	份额
海默德（Hymod）SM 型球土	30
AT 球土	30
格罗莱戈（Grolleg）高岭土	30

露丝玛丽·科克拉内（Rosemary Cochrane）

淡粉色至深橙色化妆土（烧成温度为10号至11号测温锥的熔点温度）成分	份额
海普拉斯（Hyplas）71 球土或任意一种浅色硅质球土	50
高岭土	50

蓝色化妆土（烧成温度为10号至11号测温锥的熔点温度）成分	份额
普拉弗洛（Puraflow）HV 型高硅球土（学名普拉弗洛 HVAR 型高硅球土）	70
高岭土	30
氧化钴	2.5

红色氧化铁 | 1.5

杰克·多尔蒂（Jack Doherty）

坯料是陶泥有限公司（Potclays）生产的哈里·弗雷泽（Harry Fraser）瓷器黏土。着色黏土中或许添加了多种氧化物。有些罐子坯料内添加了 2% 的氧化铜。使用的窑炉是一座容积为 0.54 m³ 的悬链线拱窑。所有作品均为一次烧成，从不到1 000℃时开始烧还原气氛直至烧成结束。将 2 kg 碳酸氢钠（小苏打）溶于 12 L 热水中，并于窑温达到8号测温锥的熔点温度后喷入窑炉内。喷料总时长约1.5小时。保温烧成0.5小时，10号测温锥彻底熔倒后结束烧成。

琼·多尔蒂（Joan Doherty）

深蓝色化妆土（烧成温度为10号测温锥的熔点温度）

往瓷器黏土干粉中添加 2.5% 费罗（Ferro）牌深蓝色着色剂

淡紫色/蓝色化妆土（烧成温度为10号测温锥的熔点温度）成分	份额
高岭土	80
氧化钴	3
钾长石	10
燧石	10
膨润土	10

马库斯·奥马奥尼（Marcus O'Mahony）

淡橙色化妆土成分	份额
瓷器黏土（干粉重量）	20
高岭土	10
氧化锡	3

橙色/棕色化妆土成分	份额
AT 球土	50
高岭土	50

干橙色化妆土成分	份额
球土	90
霞石正长石	10

用于装饰作品内壁的影青釉成分	份额
长石	22.7
康沃尔石	56.8
燧石	5.6
高岭土	11.3
氧化铁	3.4

志野釉成分	份额
霞石正长石	33
长石	33
含铁球土	33

上述所有化妆土均薄薄地施在素烧坯上。窑温达到950℃时开始烧还原气氛，烧1小时强还原气氛，11号测温锥熔倒后开始投盐，容积为 0.42 m³ 的悬链线拱窑共耗费 5.4 kg 盐。快速降温至1 000℃

菲尔·罗杰斯（Phil Rogers）

盐釉窑的烧成温度为11号测温锥的熔点温度。

淡橙色至粉色缎光化妆土成分	份额
埃克塞尔西奥（Excelsior）球土	26.5
高岭土	26.5
霞石正长石	26.5
普拉弗洛（Puraflow）HV 型高硅球土	13.2
长石	6.5

天目釉成分	份额
康沃尔石	85
碳酸钙	15
高岭土	8
红色氧化铁	6～8

用传统的炻器温度烧制时，涂层厚度适中；放入盐釉窑中烧制时，涂层须薄一些

青蓝色化妆土成分	份额
长石	58.6
高岭土	39
氧化钴	0.5
红色氧化铁	1.25
二氧化锰	0.5

亚瑟·罗瑟（Arthur Rosser）和卡罗尔·罗瑟（Carol Rosser）

坯料是亚瑟·罗瑟和卡罗尔·罗瑟从所在地挖掘的黏土，铁含量约为2%。为了降低铁元素对发色的不良影响，特在蓝色化妆土或其他化妆土层下先施1号化妆土，这样做可以有效提升装饰层的色调。

1号化妆土成分	份额
球土	51
二氧化硅	39
长石	10

蓝色化妆土成分	份额
长石	15
二氧化硅	8
瑟拉姆（Clay Ceram）球土	30.5
桉树灰	15.5
二氧化钛	0.5
碳酸钴	1

罩在蓝色化妆土层上的绿色化妆土成分	份额
长石	45.5
瑟拉姆（Clay Ceram）球土	11.5
高硅球土	43
二氧化钛	9
碳酸铜	3.5
碳酸钴	1

马克·夏皮罗（Mark Shapiro）

适用于盐烧的绿色铜釉（烧成温度为
9号至11号测温锥的熔点温度）成分　份额
成分	份额
E. P. K 高岭土	10.4
二氧化硅	28.2
碳酸钙	17.8
霞石正长石	37.1
碳酸铜	0.75
氧化铜	3.7
膨润土	2.0

琥珀色釉料（烧成温度为11号测温锥
的熔点温度）成分　份额
成分	份额
卡斯特（Custer）长石	30
碳酸钙	25
二氧化硅	25
球土	10
焦硼酸钠	3

成分	份额
黄色赭石	7
膨润土	2

库欣（Cushing）研发的黑色陶瓷
颜料（烧成温度为8号至11号测温锥的
熔点温度）成分　份额
成分	份额
霞石正长石	10
奥尔巴尼（Albany）黏土	65
碳酸钡	10
滑石	16
氧化铬	4
氧化锰	2

所有作品都是在一座双窑室交叉焰窑中烧制的，烧成总时长为16小时。8号测温锥彻底熔倒后，将5.4 kg细盐撒在与炉膛等长的角钢凹槽内并投入窑炉中，每隔20分钟投一次，共投3次

萨拉·沃尔顿（Sarah Walton）

适用于拉坯成型法的坯料成分　份额
成分	份额
海普拉斯（Hyplas）71球土	50
高岭土	25
耐火黏土	25
石英（200目）	5
细硅砂	10

"为了将器皿的外轮廓塑造得更圆润一些，以及将环形试片的内径缩小一些，我先把坯料调成稠浆，之后在坯体的外表面上浸一层"

三件作品上的化妆土成分　份额
成分	份额
海普拉斯（Hyplas）71球土	50
高岭土	50

所有作品都是用强还原气氛烧制的，烧成温度为1 300℃。窑温介于1 260～1 280℃之间时投盐

正文中提到的黏土介绍与分析

以下是本书正文中提到的一部分原料。把下述信息和陶瓷原料供应商提供的数据手册结合在一起，能帮助我们找到烧成效果较理想的原料。

产自不同国家的原料无法直接互换。观察图表中的瑟拉姆（Clay Ceram）球土数据可以发现，产地不同其各种成分的含量亦不同，即便是知名厂家的产品亦如是。球土是一种天然原料，其成分会因地域环境的变化而变化。以AT球土为例，铁含量范围极广，陶艺常用的AT球土铁含量介于1.3%～3%之间。除此之外，提及适用于盐烧的化妆土，原料的粒径也是影响特殊烧成效果的重要因素之一。我建议读者向原料制造商索要数据手册，以便进行更加深入的对比。

要想通过某种化妆土或釉料得到特殊的烧成效果，就必须分析成分。这对任何一种原料而言都很重要，特别是对于盐烧艺术家而言。因为他们会把不同的坯料和化妆土结合在一起使用，通过这种方式探索不同组合的烧成效果。虽然原料中的二氧化硅、氧化铝和铁对盐烧效果影响较大，但其他微量元素亦会产生影响，尤其是二氧化钛会影响作品的发色，镁和钙的含量过高不利于生成釉面。

参考下列表格，可以找到与某种原料成分最相似的替代品，但请记住，陶瓷作品应当具有"归属感"，即应当展现其原产地的区域性特征。产自某地的原料会赋予作品一定特征，这也是其他地域的原料无法做到的。这种多样性也是陶艺的

魅力之一。要善于运用身边的原料，而不是舍近求远总认为远方的原料更好。在探索的过程中，我们会对原料及其烧成效果有更深入、更深刻的理解。

卡西·杰斐逊（Cathi Jefferson）
《酱油壶和碗的套装》
高（酱油壶）：11.5 cm。经过改良的拉坯造型，托盘由泥板成型法制作而成

占比／成分 球土类型	SiO$_2$	Al$_2$O$_3$	FeO	TiO	CaO	MgO	K$_2$O	Na$_2$O	P$_2$O$_5$
AT 球土	54.0	29.0	2.30	1.20	0.30	0.40	3.10	0.50	
雪松山金艺（Cedar Heights Goldart）球土	56.78	27.33	1.42	1.75	0.22	0.42	1.88	0.16	
雪松山红艺（Cedar Heights Redart）球土	64.28	16.41	7.04	1.06	0.23	1.55	4.07	0.40	0.17
瑟拉姆（Clay Ceram）球土	48.0	37.0	0.77	0.28	0.06	0.27	0.36	0.03	
瑟拉姆（Clay Ceram）球土（Matrix 公司旗下产品）	53.48	30.15	0.64	0.91	0.06	0.39	0.71	0.24	
埃克塞尔西奥（Excelsior）球土	49.0	35.0	1.60	1.30	0.30	0.30	1.20	0.20	
方德瑞·希尔（Foundry Hill）球土	66.58	20.59	1.60	0.53	0.50	0.50	0.67	0.55	0.09
HC#5 球土	56.25	27.65	1.13	1.59	0.27	0.21	0.31	0.10	
海普拉斯（Hyplas）71 球土	69.0	20.0	0.90	1.70	0.10	0.40	2.00	0.50	
OM4 球土	55.9	27.2	1.10	1.20	0.40	0.40	1.10	0.20	
普拉弗洛（Puraflow）BLU 型球土，学名普拉弗洛 TWVD 型球土	52.90	32.20	1.00	1.10	0.20	0.30	2.70	0.40	
普拉弗洛（Puraflow）HV 型球土，学名普拉弗洛 HVAR 型球土	59.00	28.0	1.00	1.40	0.15	0.25	2.70	0.32	
普拉弗洛（Puraflow）WB 型球土	47.0	31.9	1.00	0.90	0.30	0.20	1.90	0.20	
帕斯泰勒（Pastelle）DM 型球土	53.30	31.80	1.00	1.10	0.10	0.20	1.60	0.02	
帕斯泰勒（Pastelle）BY 型球土	54.0	31.20	1.10	1.20	–	–	1.60	0.20	

* 普拉弗洛（Puraflow）和帕斯泰勒（Pastelle）球土是英国瓦茨·布雷克·比尔恩（Watts Blake Bearne）公司旗下产品。

占比／成分 高岭土类型	SiO$_2$	Al$_2$O$_3$	FeO	TiO	CaO	MgO	K$_2$O	Na$_2$O	P$_2$O$_5$
艾弗里（Avery）高岭土	46.82	37.54	0.74	0.06			0.89	0.16	
艾卡利特（Eckalite）高岭土	46.0	38.0	0.80	0.70			0.30		
E. P. K 高岭土	46.62	37.71	0.51	0.36	0.25	0.16	0.40		
格罗莱戈（Grolleg）高岭土	47.89	36.92	0.7	0.03	0.10	0.30	1.90	0.10	
H151 高岭土	33.20	1.10	1.10	0.08	0.30	0.20	0.08		
赫尔默（Helmer）高岭土	47.21	35.64	1.30	1.13	0.49	0.26	0.53	0.08	
泰勒（Tile）#6 高岭土	46.0	37.51	0.35	1.40	0.42	0.57		0.04	
超级瓷器高岭土	47.0	38.0	0.39	0.03	0.10	0.22	0.80	0.15	
XX 匣钵黏土	56.64	29.17	0.70	1.70	0.50	0.30	0.90	0.30	

占比　　　成分 其他类型原料类型	SiO$_2$	Al$_2$O$_3$	FeO	TiO	CaO	MgO	K$_2$O	Na$_2$O	P$_2$O$_5$
煅烧高岭土	53.26	43.62	1.02	0.08	0.10	0.10	1.72	0.10	
奥尔巴尼（Albany）黏土	57.48	14.62	5.19	0.80	5.77	2.67	3.24	0.80	
C-1黏土	74.43	15.09	0.41		1.33	0.50	1.73	0.20	
G200长石	66.3	18.5	0.08		0.81	0.05	10.75	3.04	
密苏里耐火黏土	52.00	30.00	1.00	1.5	0.05	0.03	0.20	0.05	
怀特菲尔德（Whitfields）202耐火黏土	77.10	11.90	1.57	2.26	0.32	0.27	0.57	0.09	0.04
哈拉姆（Hallam）耐火黏土	66.50	21.60	1.72	0.87	0.03	0.15	0.04	0.08	

理查德·杜瓦（Richard Dewar）开窑后看到的场景。这张照片展现了盐釉窑的最佳装窑密度。理查德·杜瓦故意将坯体摆放得很近，原因是它们相互遮挡阻碍钠蒸气流通，有利于生成闪光肌理。当然其他陶艺家或许并不喜欢这种高密度的摆法，他们认为将坯体摆放得稀疏一些有利于生成均匀的釉面！由于坯体会在烧制的过程中收缩，所以烧窑结束时它们之间的距离会被拉开。为了防止作品黏合在碳化硅硼板上，每个坯体下都夹垫了填充物

扩展阅读

Blacker, J. F., *The ABC of English Salt-Glaze Stoneware from Dwight to Doulton*, 1922.

Gregory, Ian, *Kiln Building*, A&C Black, London, 1996.

Hamer, Frank & Janet, *The Potter's Dictionary of Materials and Techniques*, A&C Black, London, 1995.

Leach, Bernard, *Hamada. Potter*. Kodansha, New York and Tokyo, 1975.

Mansfield, Janet, *Salt-Glaze Ceramics*, A&C Black, London, 1992.

Minogue, Coll & Sanderson, Robert, *Wood-fired Ceramics*, A&C Black, London, 2000.

Parmalee, Cullen W. *Ceramic Glazes*, Cahers Publishing Co. Boston.

Rogers, Phil, *Ash Glazes*, A&C Black, London, 1992.

Shaw, Simeon, *History of the Staffordshire Potteries*, 1829.

Solon, M. L., *The Art of the Old English Potter*, 1883.

Starkey, Peter, *Saltglaze*, Pitman, 1977.

Tristram, Fran, *Single Firing*, A&C Black, London, 1996.

Troy, Jack, *Salt-Glaze Ceramics*, Watson Guptill, NewYork, 1977.

Troy, Jack, *Wood-Fired Stoneware and Porcelain*, Chilton, USA, 1995.

Tudball, Ruthanne, *Soda Glazing*, A&C Black, London, 1995.

测温锥和温度换算表

　　除非特别标注之外，本书中提及的测温锥均为大号奥顿测温锥。在烧窑的关键节点上，不能彻底依赖测温计。测温计的测试结果多有误差，当陶艺家想以同样的烧成温度烧每一窑时，其读数尤其不可信。测温锥由陶瓷原料制作而成，它不能测量温度，但能反应热功量。测温锥上的编号与其融熔弯曲温度一一对应，在陶艺烧成实践中一直被作为可靠的参照物。

　　用同样的测温锥测量盐烧和普通烧成，前者的熔融弯曲速度更快。但此特征对于盐烧艺术家而言无关紧要，因为每次烧窑时测温锥的反应都一样。

　　可以借助测温计监测烧成进度。升温或降温速度过快，特别是烧成初期的升温速度过快极易引发烧成缺陷，因此，学习这方面的知识大有裨益。数字测温计十分灵敏，当我们对烧成方案做出调整时，它能即刻做出反应，因此能有效地节约燃料。

奥顿测温锥编号	每小时升温60℃	发色
09	915℃	橙色
08	945℃	
07	973℃	
06	991℃	
05	1 031℃	
04	1 050℃	
03	1 086℃	
02	1 101℃	
01	1 117℃	
1	1 136℃	黄色
2	1 142℃	
3	1 152℃	
4	1 168℃	
5	1 177℃	
6	1 201℃	
7	1 215℃	
8	1 236℃	
9	1 260℃	
10	1 285℃	
11	1 294℃	白色
12	1 306℃